U0242620

羊场提质增效解决方案

百家养羊经验教训辑要

王学君　张丽娜　于辉　主编

多少梦想发羊财的人，把养羊演绎成人间悲剧！

不重走前人失败的路，才能缩短理想至目标的距离。

不自负，不盲信，更不可生搬硬套，唯有实践出真知。

把执念放下，玩一把情趣，来一场修行，唯善唯诚，用心搭建对生命的关爱，知羊如命，爱羊如子，不因行情而悲欢，不因辛劳而痛苦，羊是快乐的，养羊也愉快。天道无亲，常与善人。慎终如始，则无败事。

中原农民出版社
·郑州·

图书在版编目（CIP）数据

　　羊场提质增效解决方案：百家养羊经验教训辑要 / 王学君，张丽娜，于辉主编 . —郑州：中原农民出版社，2023.10
　　ISBN 978-7-5542-2819-7

　　Ⅰ.①羊… Ⅱ.①王… ②张… ③于… Ⅲ.①羊–饲养管理 Ⅳ.①S826.4

　　中国国家版本馆CIP数据核字（2023）第185369号

羊场提质增效解决方案　百家养羊经验教训辑要

YANGCHANG TIZHI ZENGXIAO JIEJUE FANGAN　BAIJIA YANGYANG JINGYAN JIAOXUN JIYAO

出 版 人：刘宏伟

责任编辑：卞　晗

责任校对：张晓冰

责任印制：孙　瑞

装帧设计：杨　柳

出版发行：中原农民出版社

　　　　地址：郑州市郑东新区祥盛街 27 号　邮编：450016

　　　　电话：0371-65713859（发行部）　0371-65788652（编辑部）

经　销：全国新华书店

印　刷：辉县市伟业印务有限公司

开　本：710mm×1010mm　1/16

印　张：17

字　数：300 千字

版　次：2023 年 10 月第 1 版

印　次：2023 年 10 月第 1 次印刷

定　价：58.00 元

编 委 会

主　编：王学君　张丽娜　于　辉

副主编：王献伟　张守华　李建西　卢明娟

　　　　张振华　陈淑静　喻　霞　姜　梅

　　　　黄飞翔　段俊英　赵　静

编　者：王跃先　李承霖　马东立　朱慧媛

自 序

　　近二十年来，中国养羊业规模化、产业化进程加速，取得了巨大的成就，但与猪、禽等养殖业相比差距仍十分明显。笔者亲历了诸多养羊企业波澜壮阔的扩张和悲壮的结局，想告诉那些具有养羊致富梦想的人和养羊业发展的引导者一个真实的养羊业现状和内情，哪些关键技术需要突破，哪些重要资源要素需要占据优势和优化整合，哪些陷阱和泥潭需要警惕和规避。虽说失败是成功之母，但每个人试错的机会并不多。集大成者并不是因为幸运，而是善于吸取别人的经验教训。

　　本书是河南省肉羊产业技术体系项目（HARS-22-15-Z1）基金项目，分为三篇。第一篇阐述规模化养羊成功经营的十大要素，决策层面是发心正念，理念先进，适度规模，量力而为，因地制宜，用好资源，科学设计，设施适用；核心技术层面是注重育种，狠抓繁殖，营养平衡，精准饲喂，健康养殖，防重于治，产业延链，生态循环。第二篇从现实出发，深入探讨影响羊业利润的关键因素，分别是容易被忽略的饮水质量、不容易控制的羊舍空气环境质量、普遍存在的饲料霉变、难以克服的企业内耗，提出了系统解决方案。第三篇介绍了三个经过艰难曲折奋斗但结果迥异的案例，通过现身说法，帮助同仁理解这个看似简单却很难做好的行业，独辟蹊径，攀登行业巅峰。

编　者

2023 年 5 月

目录 /CONTENTS

第一篇 规模化养羊成功经营的十大要素 / 1

第一章 发心正念，量力而为 / 3

第一节 农户养羊之道 / 4

第二节 规模化养羊之道 / 6

第三节 正确看待羊价波动 / 7

第四节 养羊业发展趋势与策略 / 8

第二章 科学设计，设施为基 / 10

第一节 羊场生产基础指标 / 11

第二节 现代羊场分类、生产工艺及选择 / 11

第三节 羊场选址 / 19

第四节 羊场科学设计 / 19

第五节 现代化羊场规划设计问题与建议 / 24

第六节 羊场的智能化 / 35

第三章 适度规模，持续发展 / 44

第一节 避免超大型规模化养殖场"规模不经济" / 45

第二节 超大型规模的弊端 / 46

第三节 调整好大厌小的扶持方式 / 47

第四节 抱团发展，合作共赢 / 47

第五节 超大型规模化自繁自养羊场失败的原因 / 48

第四章 良种为先，优以致用 / 51

第一节 引种问题 / 52

第二节 育种技术 / 56

第三节 商品肉羊杂交生产模式介绍和科学选择 / 61

第四节 肉羊繁育体系建设 / 66

第五章 流水不断，繁殖是关键 / 69

　　第一节 羊的繁殖技术基础 / 70

　　第二节 人工授精技术 / 85

　　第三节 羊的冷冻精液 / 93

　　第四节 新技术推广 / 99

　　第五节 肉羊频密繁殖体系方案设计 / 106

第六章 因地制宜，用好资源 / 110

　　第一节 利用当地廉价资源降低饲养成本 / 111

　　第二节 既是"草"又是"药"的植物 / 113

　　第三节 科学调制粗饲料 / 115

　　第四节 重视饲料的化学污染 / 124

第七章 营养平衡，精准饲喂 / 126

　　第一节 肉羊日粮搭配 / 127

　　第二节 全混合日粮制作与饲喂技术 / 130

　　第三节 精准饲养管理 / 135

第八章 羊场福利化管理 / 138

　　第一节 知羊爱羊 / 139

　　第二节 羊舍巡察 / 141

　　第三节 日常管理 / 142

第九章 健康养殖，大道至简 / 144

　　第一节 简单实用的羊病识别方法 / 145

　　第二节 观察粪便，分析羊的健康状况 / 147

　　第三节 日常保健 / 149

　　第四节 防疫程序 / 150

　　第五节 驱虫程序 / 152

　　第六节 消毒程序 / 152

　　第七节 中草药在羊健康养殖中的应用 / 154

　　第八节 高度警惕布鲁氏菌病 / 163

第十章 产业链长，生态循环 / 167

　　第一节 多种经营主体打造全产业链 / 168

　　第二节 肉羊产业体系建设 / 170

第三节 生态循环经济模式案例 / 183

第二篇 影响羊业利润的关键因素 / 191

第十一章 严重的饮用水质量问题与控制 / 193

第一节 水对羊场的重要性无可替代 / 194

第二节 羊场饮水污染现状 / 194

第三节 饮用水处理 / 195

第四节 科学饮水管理措施 / 196

第五节 现代饮用水处理设备 / 198

第十二章 羊舍小气候环境问题与控制 / 199

第一节 影响羊舍小气候环境的因素 / 200

第二节 羊舍小气候环境控制 / 203

第十三章 常被忽视的饲料霉变后果严峻 / 208

第一节 霉菌毒素产生的条件因素 / 209

第二节 隐性霉菌毒素 / 211

第三节 霉菌毒素特性 / 212

第四节 霉菌毒素的危害 / 213

第五节 预防饲料霉变措施 / 216

第六节 饲料及原材料的脱毒 / 218

第七节 霉菌毒素中毒治疗 / 219

第十四章 内耗让企业气血两虚 / 221

第一节 农企"超规模病" / 222

第二节 企业规模越大越容易发生"超规模病" / 223

第三节 企业内耗治理方略 / 230

第三篇 羊业典型案例启示 / 233

第十五章 一个小白自创"四化放养模式" / 235

第一节 山区放牧养羊的峥嵘岁月与心路历程 / 236

第二节 "四化放养模式"的经验与教训 / 239

第十六章 孟武伟——九曲十八弯的养羊之路 / 247

第一节 九道弯路 / 248

第二节 十一条建议 / 249

第十七章 豫东牧业可持续健康发展纪实 / 252

第一节 山羊"育繁推"之星 / 253

第二节 贫苦"放羊娃"的艰辛创业路 / 254

第三节 脱贫"领头羊"的产业致富经 / 255

第四节 振兴"致富羊"的种业创新梦 / 257

参考文献 / 260

第一篇

规模化养羊成功经营的十大要素

　　我国养羊业在规模化舍饲方面进行了长期坚持不懈的探索，为保障羊肉供给做出了巨大贡献，积累了大量的经验教训。但是，我国规模化舍饲养羊企业真正实现盈利目标的为数不多，这种状况说明：规模化舍饲养羊在技术集成方面仍有较长的路要走；我国在世界养羊业赢得的地位来自勤劳和无畏，局部创新成果很多，但系统合成技术较少。只要坚持努力，中国实现规模化舍饲养羊的经济、技术目标指日可待。

第一章
发心正念，量力而为

　　理念是上升到理性高度的观念，是对事物、现象的基本认知，是行为的出发点。发展理念是企业关于自身发展方向、发展原则和发展规律的综合体现，是企业不断谋求壮大、寻求发展的思想观念，是企业文化组成的重要内容。科学的发展理念是企业实现可持续发展的保证。经营理念是管理者追求企业绩效的根据，对企业价值观、市场核心竞争力、应变能力、目标市场、经营行为的确认，并在此基础上形成企业基本设想与科技优势、发展方向、共同信念和企业追求的经营目标。

　　错误的理念导致错误的方法、途径和结果。养羊业产业化进程中，超大型规模化养殖企业60% 活不过5 年，90% 活不过10 年。正常盈利的养殖企业不超过5%，能够实现企业发展意愿的不超过1%。大部分人败在了理念错误或落后，正确的理念来自学习、思索和总结。

第一节
农户养羊之道

　　一分耕耘一分收获，做实体农业没有捷径可走，必须告诫打算靠养羊致富的农户：养羊需要平常心，如果想暴富请不要选择它，否则，现实与理想的极大落差会让人怀疑人生；养羊是一条非常辛苦操心的致富之路，如果想当"甩手掌柜"不要选择它；养羊需要初心和情怀，如果意志薄弱，忍受不了漫长的孤独与挫败也不要选择它。当你有了充分的思想准备，才能够历经磨难而不轻易放弃，冲破黑暗迎来光明。

　　农户养羊挣的是辛苦钱，由于养殖规模偏小、养殖技术落后、养的羊也不是名贵品种，最终通过养羊获取的收入非常有限。靠养羊实现大富大贵很难，最多能达到中产水平。养羊路上多艰辛、多磨难，本钱、场地、技术、经验、运气缺一不可。养羊是一个看似简单，但实际操作很考验信念和技术的行业，只有自己掌握了经验和技术，才能渐入佳境。不能急于求成，没有个三五年经验技术积累，根本指不上挣钱，亏得少已经算不错了。尤其对新手来说，一定不要盲目地去羡慕别人，好高骛远，而是要根据自己的实际情况来操作，最稳妥的办法就是刚开始养几十只，自己先慢慢练练手、探探路，再慢慢地扩大规模，这样才是最好的选择。农户养羊尽可能多地收集一些免费的草料，可以收集自己家或者邻居家的农作物秸秆，平时还可以割草喂羊，或者把草晒干存放起来等到冬季喂羊。选择廉价的饲料，但玉米、豆粕、添加剂等不能节省，可以补充缺乏的营养成分，能发挥四两拨千斤的效果，过于节省饲料成本，缺乏营养会影响羊的健康和生长速度。

　　没有高大上的羊舍和设施设备，只要肯用心，同样能养好羊。不能盲目地扩大规模，因为羊的数量多了以后就会照顾不过来，出现繁殖率下降、病死率上升的现象。但是，规模太小也不划算，应在力所能及的情况下扩大到适当的规模。要申报家庭农场，几家联合注册合作社，争取国家政策支持，但不要为了拿到国家补助而敷衍养羊。

　　一个网友发表了"养羊赚钱不容易，年轻人入行需慎重"一文，很具有代表性，所言也中肯，摘录如下：

每个人都有一颗创业者的心，作为一个农村娃，一直感觉养羊赚钱离我很近，很容易抓住。2012年8月开始养羊，到2016年12月14日把所有羊卖掉，耗费了我4年多的青春，不仅没有赚到钱，反而赔进去不少，但我不后悔，至少我去努力了。今天写下这篇文章，一来给我养羊创业画上一个句号，二来把我养羊过程中的一些误区与心得说出来给养羊创业的朋友一个参考。

1. 养羊没有想象中那么简单

农村养羊是老头老太太都能做的工作，在入行之前多数人都感觉这个工作很简单，自己一定可以胜任。可入行之后才发现一切是那么的困难。买羊容易受骗，羊买回来后手忙脚乱，羊病了痛苦无奈，羊卖了心酸流泪。

大家想象中，养羊也就是喂羊扫圈，然后就等着数钱。现实中每天起早贪黑，打料时七窍里都是灰尘，吐沫都是黑的，大雪封门为断草断粮发愁，暴风雨来了为摇摇欲坠的羊舍发愁，天天为层出不穷的羊病发愁。有时，好不容易熬到卖羊了，羊贩子给的价格连成本都不够。

2. 养羊没有专业技术行不通

养羊是一个需要专业技术的工作，不能想怎么喂就怎么喂。羊吃了科学配比的饲料才会长得快；防疫程序一定要做好；简单的羊病一定要自己会治；最好找一家羊场学习一年半载再入行，边实践边摸索养羊知识。

3. 养羊赚钱就是一场梦

对于我来说养羊赚钱就是一场梦，如今羊卖了梦也醒了。刚入行时羊价格行情好，羊没养好；现在羊养好了，羊的价格又回落了。虽然目前羊价在回升，但我却不想赌了。羊价能涨到什么程度我不敢说，但我清楚养羊赚钱难。

总结：养羊赚钱不容易，对很多人来说就是一场梦。说这些不是给大家泄劲，而是让大家正视养羊，只有敬畏养羊才有可能赚到钱！困顿中我反复拷问过自己，最终答案是养羊不是我想要的生活，也不是我的人生终极目标，所以我选择当了逃兵。但我相信，只要坚守初心，把一切置之度外，背水一战，也能打出一片属于自己的天地。

第二节
规模化养羊之道

2020 年养殖 1 只母羊年度净利润高达 1 500 元，1 只育肥羊净利润高达 200 元。中国肉羊养殖行业的个体经营者们大多获得了 20% 以上的年度投资回报率，但诸多大型肉羊养殖企业却稳定地处于亏损状态，说明大规模企业仍在探索盈利的模式。

澳大利亚、新西兰等养羊业发达的国家，有规模化、现代化的放牧模式，但几乎没有大规模的舍饲养殖。我们总是向一些发达国家学习规模化、现代化农业技术模式，但是大规模的舍饲养羊没有作业可抄。过去农区几乎家家户户都养几只羊贴补家用，因为它投资少、成本低、容易养活。怀揣养殖发财梦想的人始终把养羊作为优先选择，但是，猪、鸡养殖规模化程度已经很高，假如猪、鸡进入 4.0 时代，那么羊还在 2.0 时代。可以认为这是留给后来者的机会，但这是一块"硬骨头"，不是一般人随便能够攻克的，有清醒的头脑和充分的准备，经过不懈的努力才能胜利。然而，很多人重复别人的失败，茫然无知，却自命不凡，总认为天大的机会是专为自己准备的，以自己的能力唾手可得。机会为什么留给你？前人的能力一点也不比你差，想法比你还超前。前人交过的巨额学费，后来者应该充分地去借鉴、学习、分析。成功的经验值得学习，但是失败案例给我们的警示作用更大。

规模化养羊只有当人才、基础设施、装备、配套技术、经营管理、资金保障等要素配置到位才能实现盈利目标。

别人的成功经验可以学习借鉴，但不能生搬硬套。别人适合走的路你未必行得通。决策时应听取多方意见，特别是行家意见，一意孤行容易走上歧途。但自己要有明辨是非的能力，不要迷信专家权威，否则，也会出现选择错误。

养殖企业只要不是资本化运作，一定要牢记适度规模发展理念。养殖规模一定要与自身的管理能力、融资能力相匹配。养殖规模超出管理能力就会产生严重内耗，甚至发生分裂；养殖规模超出融资能力，当遭遇价格周期时，企业会因资金链断裂而崩溃。农业债务资金成本一般在 13% 以上，高的达到 20%

以上，养殖本身是微利行业，要是借钱扩大规模，首先要算一算利润是否够偿还利息。养殖规模还要与周边土地面积相匹配，养殖规模过大会造成饲草成本升高、粪污消纳成本升高。

全产业链发展的方向是正确的，企业产业链一体化发展应因地制宜，量力而行，长远规划分步实施，不能养殖环节还没有做好，就想到屠宰更赚钱，马上融资上屠宰项目，发现屠宰并不是自己擅长的，而后搞前端投入品生产，以图通过全产业链降低综合成本，增加产品附加值、循环经济效益。很多有理想、有抱负的企业风风光光地挂上了"XXX田园综合体""XXX科技示范基地""XXX三产融合园区""XXX数字化园区""XXX现代农业产业园区"等金字牌匾，几年过后留下一片狼藉。也有真正实现全产业链发展的企业，这些企业往往是背靠当地长期积淀的产业优势，把本业做好，利用富余人力、财力资源向上下游产业链延伸，同时，借助政策东风乘势发展壮大。

信心、定力很重要，如果你认定了这个行业，就踏踏实实往前走，一心扎入这个行业，不被一时的困难吓倒，不被别的行业暴利所诱惑，信心百倍地相信明天一定会更好。

第三节
正确看待羊价波动

2014年下半年到2016年年底羊价出现回落，经过去产能之后，价格回升并进一步冲高，到2019年价格再次下行，2020年受猪价影响拉高了羊价，2021年第二季度羊价开始走低。这说明羊的供求已经达到平衡点，进入了周期性市场调节阶段。"羊周期"已经形成：产能增加，价格降低，去产能，价格回升，周而复始。随着人口增加和生活水平的提高，虽然市场需求会有一些增加，但几十年只升不降的局面很难再有。

大批养殖场因长期亏损而倒闭，同时，精准扶贫，减少了一些商品羊的供给，使活羊价格上升。

正常情况下羊肉价格和活羊价格应该同时上涨或下降，但近几年羊肉价格基本稳定，活羊价格时有升降。这种情况说明：一是养殖环节与屠宰销售环节没有建立一体化的合作和利益合理分配的机制，是零和博弈；二是肉品的相互替代性强,老百姓常说"啥贵不吃啥",猪肉、鸡肉生产能力迅速增强,进口的羊肉对我国羊肉价格影响很大;三是我国羊肉在肉品消费中所占的比例高于世界平均水平,并且世界各国羊肉消费均呈下降趋势,我国逆势增加的幅度不会很大。

第四节
养羊业发展趋势与策略

进入养羊业的门槛低,规模化但不规范、低投入的舍饲羊场将逐渐被淘汰,大规模舍饲羊场将逐渐增多,但目前来看,超大型羊场的可持续性远远不如家庭羊场,我国很多地方分布着不同程度的放牧资源,由于放牧成本明显低于舍饲,所以农户散养将长期存在。尽管如此,肉羊产业仍将不断壮大,产销一体化合作共赢是必由之路,也是一条漫长的道路,需要几代人坚持不懈的努力。

规模养殖场在肉羊产业中不可或缺,应该大有作为。规模养殖场一定要高标准、高起点,用技术降低生产成本。投资养殖业,固定资产和流动资产比例是(2:8)~(3:7),如果固定资产投入太多,抵御风险的能力就会降低,容易造成资金链断裂。

小规模养殖户应积极参与合作经济组织,解决单个养殖户无法解决的问题,使自身利益得到保证,获得产业链的增益利润。合作组织中的成员可统一饲料配方、统一免疫、统一品种改良,从而统一肉羊的品质,为整个产业链的质量打好基础,加强肉羊产业的组织链管理。

发挥政府和协会的作用,统一规划,合理安排,建立战略联盟,加强信息沟通。产业链中各个参与者应该在加强交流、共同决策及完善内部合约的基础上,形成紧密有效合作的组织链。通过与销售商的沟通,了解市场上消费者的需求信息,并及时地反馈给养殖场,从而提高养殖场对市场供求关系的预测能力。

肉羊产业的物流链管理应克服多渠道、长距离、小批量的物流方式。产、供、销联合起来,减少物流成本。养殖环节、屠宰加工环节、销售环节建立起稳定的合作关系,及时沟通信息,掌握最新的库存及生产、销售信息,减少风险。

　　肉羊产业可持续发展，必须以质量安全为根本，以效益收益为前提，以科学发展为支撑，通过市场引导，政策扶持，走产业化、合作化经营的道路，促进肉羊产业健康发展。

　　最后给大家忠告：养羊要抗得住压力、耐得住寂寞，不可急功近利。

第二章
科学设计，设施为基

不要小看羊圈建设，有的盲目花钱却不实用，有的太过吝啬，羊在牢笼一样的羊舍内，遭受高湿、高温或寒冷、恶臭、蚊蝇等困扰，寝食难安，谈何健康生长发育？羊场设计科学经济实用是最终的追求，羊圈不建好，终身养不好羊。切不可考察几家先进羊场就比葫芦画瓢建造自己的羊场。科学设计需要专业技能，并应以产品方案、规模、饲养品种、繁育模式、生产工艺、生产技术指标、设备参数、行业标准为依据进行选择和优化布局。

第一节
羊场生产基础指标

产品方案是指产品种类、副产品种类、产品规格、数量等根据自己掌握的销路和营销能力来确定。规模的大小要符合自己的投融资能力、技术能力和管理能力。市场波动、疫病、技术管理等风险客观存在，经营者应具备一定的融资能力以抗风险。饲养品种及繁育模式是指根据产品方案选择饲养什么品种、几个品种、品种来源与更新、杂交模式、繁殖方法等。养殖场应按其在生产体系里面的分工进行专门化经营，每一个搞育种的场专对一个品种进行选育提高，种羊场进行纯种选育扩繁或杂交生产二元种用母羊，商品肉羊场利用纯种母羊或二元种用母羊与专门化肉羊父本杂交生产商品肉羊。规模化羊场最好采用人工授精技术、同期发情等技术，并在生产中广泛应用。

第二节
现代羊场分类、生产工艺及选择

现实中羊场分很多类型，每一种类型对应不同的生产工艺。生产工艺可以细分为羊舍工艺、羊床工艺、饲喂工艺、管理分段工艺、繁育工艺、环境控制工艺、清粪和粪污处理工艺等类型。每个生产工艺又包含多种方式，它们可以相互组合成数量繁多的总工艺。生产工艺与基础设施和技术水平科学匹配，可以提高生产效率，降低运营成本。

一、羊场分类

1. 按饲养规模分类

《规模化肉羊场建设规范》规定规模化肉羊场按存栏量分类：大型羊场≥3 000只，中型羊场1 000～2 999只，小型羊场500～999只。目前，存栏量1万只以上的超大型羊场也很多，有些羊场存栏量达30万只。

2.按生产方向分类

羊场按生产方向分类可分为种羊场、自繁自养商品羊场、专门育肥和异地育肥羊场。种羊场以繁育优良种用羊为主，并承担保护品种资源、培育及提供良种、开发新品种和新技术推广的任务，应采用科学、先进的管理、繁育、饲养技术，有明确的选育目标，必须建立健全完整、系统的档案制度。自繁自养商品羊场以繁殖、育肥商品肉羊为主，一般采用经济杂交技术。终端杂交所用种用公羊、母羊皆从种羊场引进；轮回杂交繁殖母羊自留自选，只引进种公羊。专门育肥羊场是将断奶羔羊集中快速育肥出栏，异地育肥是从牧区购买羔羊到农区舍饲育肥出栏。

3.按技术迭代分类

羊场按技术迭代分类可分为初级羊场、机械化羊场、现代化羊场、智能化羊场。初级羊场规模较小，投资水平较低，以人力劳动为主，基础设施简陋，配置少量的、简单的机械设备。机械化羊场以人工操作机械设备完成主要生产过程，人力辅助完成零杂工作，劳动效率比较高。现代化羊场全面实现机械化，基础设施水平较高，有完善的管理制度和技术规程，经营和生产应用了电脑、软件、应用平台、大数据、"互联网+"等现代技术。智能化羊场是在现代化羊场的基础上应用人工智能、5G、区块链、物联网等实现智慧决策、智能互联、自动控制等，体力劳动几乎全部由智能系统或机器人代替。

二、生产工艺

羊场生产工艺指羊场生产过程中使用的各种技术方法手段的组合。如栏舍工艺、羊床工艺、饲喂工艺、饮水工艺、分群工艺、育种工艺、繁殖工艺、环境控制工艺、清粪工艺、粪污处理工艺等。

1.栏舍工艺

栏舍工艺是指不同类型的羊或羊群采用的不同栏舍结构。按羊舍墙体建设方式分为开放羊舍、半开放羊舍、全密闭羊舍。开放羊舍四周没有实墙和挡风设施，具有防雨、防晒功能，通风良好，但寒冷季节不保暖。半开放羊舍两面或三面有实墙、卷帘等，通风良好，若坐北朝南，冬季有一定的保暖功能。全密闭羊舍四周有实墙或挡风设施，保暖性能好，通风需要开启窗户或卷帘，或采用自动机械通风。羊舍还可分为单栋羊舍、大联栋羊舍；单层羊舍、多层羊舍；单列羊舍、双列羊舍、多列羊舍。

羊舍外形的选择可根据当地环境而定，以适合羊生长环境和减少不必要的投资为基本原则。选择哪一种模式，取决于经营者的理念和产品方案等。

2. 羊床工艺

羊床是指羊在舍饲环境中活动、休息的平面，主要有高床、超高床、厚垫草羊床、硬化地面羊床等工艺。高床工艺是羊在漏粪板上活动、休息，漏粪板离地高度为 60~80 厘米，漏粪板有木制、竹制、塑料、钢网、水泥预制等多种，羊粪尿漏到高床下面定时有人工或机械收集，比较清洁、干燥。超高床漏粪板离地高度为 150 厘米以上，羊粪尿直接在超高床下堆积发酵，一年甚至更长时间清理出去一次，小型铲车可以进出作业，羊舍投资有所提高，但可以节省羊粪处理设施的投资。厚垫草羊床是直接在羊舍地面上铺垫粉碎秸秆、木屑等有机垫料，羊在上面活动，其粪尿混入垫料中发酵，当床面湿度较大时，及时增加抛撒干燥垫料。垫料初始厚度为 20~30 厘米，当羊粪和垫料的累积厚度达到 50~80 厘米时，可将混合发酵物清理出去作为有机肥使用。硬化地面羊床是原始的地面养殖升级版，地面用水泥、砖等硬化，北方干燥少雨、气温较低的地区应用较多。

3. 饲喂工艺

饲喂工艺包括饲料形态、投料工艺、投料时间与次数。饲料可分为干料、湿料，或粉碎饲料、颗粒饲料，或粗饲料、混合精饲料、全混合日粮。干料含水量低于 20%，湿料含水量高于 40%。粉碎饲料是秸秆、谷物等经过铡短、粉碎加工制成，颗粒饲料是把饲料加工成颗粒状。粗饲料是指饲料中天然含水量在 60% 以下，干物质中粗纤维含量等于或高于 18%，并以风干物形式饲喂的饲料，如牧草、农作物秸秆、酒糟等；混合精饲料是指用于草食家畜的一种补充精饲料，它主要由能量饲料、蛋白质饲料、矿物质饲料组成，用于补充草料中不足的营养成分；全混合日粮是一种将粗饲料、精饲料、矿物质、维生素和其他添加剂充分混合，能够提供足够的营养以满足羊需要的饲料。

投料工艺分为人工投料工艺、机械投料工艺、自动下料料筒投料工艺、智能化补饲工艺等。人工投料工艺适用于小规模养羊，一般是粗饲料、混合精饲料分别投喂。机械投料工艺分为发料车投料（图 2-1）、输送带投料（图 2-2）、行车投料等（图 2-3），被规模养殖场广泛使用，饲料形态为全混合日粮（含水量 60% 左右）。自动下料料筒（图 2-4）是全混合日粮颗粒饲料的专用设备，育肥场常用。智能化补饲工艺主要用于现代化放牧场，能够识别羊个体信息，根据每只羊的具体状况定量补饲精饲料。

图 2-1　发料车投料

图 2-2　输送带投料

图 2-3　行车投料

图 2-4　自动下料料筒

4. 饮水工艺

饮水工艺可分为自动饮水器工艺、自动水槽工艺和通槽人工放水工艺。饮水器包括鸭嘴式、乳头式、杯（碗）式。自动水槽中的水位控制器使水槽中始终保持一定量的饮水。人工放水使用的通槽通常为水泥通槽和不锈钢通槽。

空气能供热水工艺。冬春季节由于气温较低，若给羊喂冷水，甚至冰碴水，羊不愿饮用，会造成羊饮水不足。这样不仅使羊饲料消化过程放慢，体内代谢受阻，膘情下降，还会发生食滞或百叶干等疾病。冬春季节羊饮水的适宜温度为 20～30℃。空气源热泵热水器具有高效节能的特点，其节能效果是电热水器的 4 倍，是燃气热水器的 3 倍，是太阳能热水器的 2 倍。空气能供热水工艺是利用空气源热泵加热使水箱里的水保持恒温，多个羊舍的供水管道串联与水箱形成闭环循环，羊可以随时饮用热水，消耗掉的水由与水箱连接的供水干线补给。

5. 分群工艺

规模化养羊普遍采用的是分阶段饲养和全进全出的连续流水式生产方式。合理分群是精准饲喂的基础，分群工艺是羊场规划设计的关键技术指标。合理分群的基础是定期对羊群的体重测定，兼顾羊的年龄和具体的生理状况，将营养需要相似的羊分为一群。在既定的组群内，按照羊群不同的生长发育阶段进行阶段划分，不同阶段饲喂不同的全价日粮，每一阶段日粮的使用都应采取引导饲养法进行饲喂，日粮的更换要有适当的过渡期，避免突然换料，而且两阶段日粮之间的营养浓度相差不宜过大。按羊的性别、生产目的、生理阶段、羊群规模和设施设备合理分群，可分为：育肥群（育肥前期群、育肥后期群）、空怀母羊群、妊娠母羊群（妊娠前期群、妊娠后期群）、哺乳母羊群、后备母羊群、种公羊群、后备公羊群等。若羊舍配备专用转群设施使羊群可以按计划转群，并且科学制定生产节律，可大大提高工作效率和综合效益。

6. 育种工艺

育种工艺是指培育种用羊采用的工艺技术，包括本品种选育、杂交育种、基因工程育种等工艺技术。本品种选育指在品种内部通过选种选配、品系繁育，改善培养条件等措施，以提高品种性能的一种方法。本品种选育包括育成品种的纯种繁育（不排斥引入杂交）和地方品种的改造。工艺流程：建立核心群—选种选配—品系繁育及后裔测定—扩繁。杂交育种是将父母本杂交，形成不同的遗传多样性，再通过对杂交后代的筛选，获得具有父母本优良性状，且不带有父母本中不良性状的新品种的育种方法。工艺流程：杂交—横交固定—自群繁育—选育提高。基因工程育种是在分子水平上对基因进行操作，从而获得新物种的一种崭新技术。工艺流程：提取目的基因—装入载体—导入受体细胞—基因表达—筛选出符合要求的新品种。

7. 繁殖工艺

繁殖工艺指种羊选择、产羔间隔、生产节律、经济杂交模式、发情方式、配种方式等的方法以及操作规范的组合。种羊繁育场与商品羊繁育场的繁育工艺有较大的差异。种羊选择是根据系谱、体质外貌鉴定、生产性能测定等选择种用公羊、母羊。产羔间隔是指母羊两胎之间平均间隔天数，受产后发情时间、发情率、配种率、受胎率、哺乳期等指标的影响；生产节律或叫批次节奏，是指配种、转群、出栏等工作成批次按节奏有条不紊地进行，形成稳定的生产节律，是生产管理的最高境界，基础设施利用率最高。肉羊场采用的经济杂交模式主要有级进杂交、二元杂交、三元终端杂交、轮回杂交等。发情方式主要有自然发情、诱情、药物促情、同期发情等。配种方式分为本交和人工授精。

8.环境控制工艺

环境控制工艺主要是指控制（调节）羊舍光照、温度、湿度、有害气体、尘埃等，以及消毒环境。涉及羊舍透光、通风、过滤、降温、升温、加湿、除湿、除尘、除臭、消毒等工艺以及识别、判断、控制方法。每种工艺因为采用的技术、设施、设备不同，又有多种方式，目前分为3个层次，即人工、机械化、智能化。羊舍透光受羊舍朝向、檐高、透光带、照明等设计应用影响；温度控制受羊舍围挡、开窗方式、机械通风、冷暖系统等设计应用影响；有害气体控制主要靠传感系统启动通风换气；喷雾系统可加湿、除尘、除臭、消毒。

9.清粪工艺

羊舍清粪工艺有刮粪板清粪工艺、输送带清粪工艺、超高床下铲车清粪、定期人工清粪。刮粪板清粪工艺用于高床羊舍，每天定时把粪便刮向羊舍一端，通过二级刮粪板或人工运输到粪污处理区（图2-5）。优点是可以减轻劳动强度、节约劳动力，提高工效。缺点是机械工作环境恶劣，故障率高，维护费用高，羊舍臭味大。输送带清粪工艺也是每天定时把粪便输送到羊舍一端，它可以自动将羊粪尿分离，羊粪球较干燥且完整，可以直接装袋自然发酵，售价较高，机械故障率较低，但投资比刮粪板稍高。超高床下羊粪1~2年用铲车清理一次，工作效率较高，省工省时。人工清粪主要是地面养殖、活动漏粪板羊床，间隔半年左右清理一次，平时清闲，清理时需要把羊转移出去，高床养殖还要掀掉活动漏粪板，比较费力。

图2-5　刮粪板清粪

2019年河南省养羊行业协会对23家规模化羊场进行调研，有17家采用机械清粪和人工清粪联合清粪方式。如单舍内粪污由机械刮粪板清入集粪池，再由工人从集粪池清粪。该种清粪方式较为常见。超高架标准化两层羊舍（图2-6），上层用于肉羊饲养，肉羊排泄的粪便通过漏缝地板自行掉落至羊舍的下层，掉落至下层的粪便经过喷洒益生菌种自然堆积发酵后由铲车进行清理。

图 2-6　超高架标准化两层羊舍

机械化多羊舍并联二级机械清粪的方式，由支路上各羊舍的一级机械刮粪设备将该舍羊粪刮入集粪池，再由主路上的二级机械刮粪设备（图2-7）将各级粪池内的粪便刮到粪污处理区。

图2-7　二级机械刮粪

10. 粪污处理工艺

粪污处理工艺原则是雨污分流、固液分离、无害化处理、资源化利用。若做好饮水系统防漏和漏水收集设计，则羊舍内几乎没有污水产生。

固体废弃物处理工艺主要有以下 3 种：①自然发酵后直接还田。粪便在堆粪场或储粪池自然堆腐熟化，作为肥料就地消化。该处理方法简单，成本低，但机械化程度低，占地面积大，劳动效率低，卫生条件差。适合于小型规模化养殖场和养殖户，且周边有足够的土地消纳自然发酵后的粪便。②好氧堆肥法生产有机肥。粪便堆积经过机械翻抛或高压注入空气，好氧微生物发酵。特点是机械化操作，生产效率高，占地较少，发酵时间短。该技术适合各类大中型规模化养殖场，且场区建设用地充足。③自动化高温发酵法生产有机肥。采用耐高温菌连续搅拌发酵 24 小时。特点是节约空间、高温处理和生产效率高。该技术适用于资金实力雄厚的大规模养殖场，且场区建设用地紧张。

三、工艺选择

羊场生产工艺决定基础设施、设备的类型和样式以及投资水平。生产工艺是一套完整的系统，各种工艺之间要完美配套才能发挥出较大的优势。投资者应该根据自己的融资能力、理念、技术水平、管理能力、生产规模、产品方案、资源禀赋、建设条件等选择羊场生产工艺。建设现代化、规模化的羊场应具有较强的融资能力，流动资金应占总投资的 60%~70%，以防范市场、疫病等风险的发生。现代化羊场建筑标准较高、节能环保、机械化和智能化程度高、养殖效率高、养殖成本低、生物安全高、饲养环境好、粪污处理科学，通过物联网，管理人员对所有的养殖情况可以实现精确管理。初级羊场一个人只能管理 50~100 只母羊，现代化羊场一个人能管理 500 只以上母羊。在劳动力资源趋于紧张的情况下，用机械化、自动化、智能化代替人工是大规模羊场的首选，但要求员工具有较高的素养。

总之，各种养殖工艺组合有各自的优缺点，投资经营者应权衡利弊，在建场时合理选择，优化配套组合，才能达到效益最大化。

第三节
羊场选址

羊场场址不得位于相关法律法规明令禁止区域，并应符合当地土地使用规划。即要求建设羊场不得建在水源保护区、旅游区、自然保护区，并有合法的土地使用手续。选址宜在地势高燥、通风向阳、供水供电可靠、农牧结合方便、远离噪声的区域；周围距离生活水源地、动物屠宰加工场所、动物饲养场、动物交易场所、公路铁路交通干线、城镇居民区、公共场所 500 米以上；距离种畜禽场 1 000 米以上；距离动物隔离场所、无害化处理场所 3 000 米以上。

以上都是明面上的要求，在农区很难找到这样的地方，但并不意味着养殖场不能建设，问题可以灵活解决。应该考虑在 3 千米内有没有足够的玉米种植、5 千米内有没有充足的优质秸秆（花生秧、豆秆、甘薯秧等）、当地有没有其他廉价的饲料资源、周围的土地能不能形成种养结合等要素。

第四节
羊场科学设计

一、总体布局

规模肉羊场用地规模按 8 ~ 10 米^2/ 只存栏计算，羊舍建筑总面积按 1.5 ~ 1.9 米^2/ 只存栏计算，辅助建筑总面积按 0.2 ~ 0.4 米^2/ 只存栏计算。场区道路与外界应有专用道路相连通。场内道路分净道和污道，两者严格分开，不得交叉混用。路面宽度为 3.5 ~ 6 米，转变半径为 3 ~ 8 米。道路上空净高不低于 4 米。道路广场占地指标为 8% ~ 10%，羊场绿化率不少于 25%。

功能分区与布局：根据羊场生产流程、生物安全、环境控制等要求，一般划分为生活管理区、生产区、辅助生产区、隔离区、无害化处理区，并依次按主导风向和地势由高到低布局。每栋羊舍长度根据养羊数量而定，两栋羊舍间距不少于 12 米（防疫间距是 5 米，防火间距是 12 米）。

生活管理区包括办公用房、职工宿舍、餐厅、门卫值班室、进场消毒室、配电室及发电机房、水泵房、机修间、地磅房、车库、锅炉房等；生产区包括公羊舍、母羊舍、羔羊舍、育成羊舍、育肥羊舍、消毒室、技术室、药品库；辅助生产区包括青贮池、干草棚、精饲料库、草料加工间、装羊台等；隔离区包括兽医化验室、病羊隔离舍等；无害化处理区包括污水处理、粪污储存及病死羊无害化处理设施等。

二、羊舍及舍内设计

各地根据当地气候条件可建密闭式、半开放式、开放式或标准化棚圈。

不同性别和生长阶段的羊，其舍饲密度不同，为了便于计算及设计，羊舍建筑面积统一如下：种公羊（含后备种公羊）一般一羊一圈或两羊一圈，每只羊 5 米^2，并配有 10～20 米^2 的运动场；母羊按不同生理状况（空胎、怀孕或哺乳）分圈，配有运动场的羊舍羊床面积可适当减少，每只羊 1.5～2 米^2 即可，运动场面积按羊床的 1～2 倍配套；育成羊和育肥羊每只平均 1 米^2；羔羊断奶前一般与母羊同圈饲养，可不计面积。

羊舍按羊群分为三大类：成年羊舍、分娩羊舍和羔羊舍。成年羊舍：种公羊、后备羊、怀孕期母羊在此类舍分群饲养，一般采用双列式饲养。后备青年羊、空怀母羊、怀孕前期母羊可以分栏同栋、同列。种公羊最好单栋，一般不要与母羊同舍饲养，这对保持公羊性欲和母羊的发情鉴定有一定的益处。种公羊舍要求通风良好，保持一定强度的阳光（夏季有配种任务时能够有效降温，春夏季能够模仿秋季日照）。分娩羊舍：怀孕母羊产前一周进入分娩舍，每栏饲养 1～5 只，每 100 只成年羊舍准备 3～15 个分娩栏，并设置羔羊补饲设施。注意高架羊床漏粪板缝隙不能太大，地面羊床应厚垫褥草。母子舍需要考虑的是冬季保暖问题，对于羔羊来说，低温和冷风威胁是致命的。隔栏的宽度要以羔羊不能钻出来为度。羔羊舍：羔羊断奶后进入羔羊舍，合格的种用羔羊 6 月龄进入后备羊舍，其余羔羊育肥至出栏。羔羊应根据年龄段、强弱大小等进行分群饲养管理。饲养管理的关键在于保暖，盖羊舍一般采取封闭式机械通风，双列、单列均可。

羊舍内和运动场四周均设有围栏，其功能是将不同大小、不同性别和不同类型的羊进行隔离，并限制在一定的活动范围之内，以利于提高生产效率，便于科学管理。围栏可以用木栅栏、铁丝网等，但必须有足够的强度和牢固度。

饲喂通道单列式净宽度为 1.8～2.5 米，双列式净宽度为 2.5～3 米。地面应结实，易于冲刷。高架羊床可由竹片、方木、混凝土制品等材料制成。漏粪羊床下面设有粪槽，粪槽内可设刮粪机或输送带。粪槽高度为 40 厘米以上。

饲槽设于羊床前面即饲喂通道地面，羊采食站台与饲喂通道地面高差：成年羊为 25～30 厘米、羔羊为 10～20 厘米。饲喂挡墙高度为 15～20 厘米。

自来水饮水器供水管线应在两侧墙内，离羊床高度为 30～50 厘米。每个饮水器能供给 6～8 只基础母羊或 10～14 只育肥羊。羊舍和运动场均应有饮水器和饮水槽。饮水槽按每只羊 15～20 厘米的长度设计。

三、青贮池、草料库设计

1. 青贮池

我们看到的青贮池大多是随意而建，因而青贮饲料损坏、霉变经常发生，按照《农村秸秆青贮氨化设施建设标准》（NY/T 2771—2015）科学设计青贮池，可以有效减少因为青贮饲料存放不当而产生的生产成本。

2. 草料库

羊场青贮池容积一般为每只山羊 0.5 米^3，每只绵羊 1.0 米^3。草库干草储备量应满足 6～12 个月的需要。高密度草捆密度为 350 千克/米^3 左右，散放的饲草密度为 150 千克/米^3 左右。精饲料库储备量应能满足 1～2 个月的需要。

四、无害化处理与生态循环相结合的设计

羊粪、尿、病死尸体、垫料、污水及过期兽药、疫苗、包装物等会对环境构成污染，应积极主动地采取针对性处理措施。羊场应合理布局雨水明沟以防水淹，多雨的地方尽量不设室外运动场，以免产生大量污水。只要引水管线不漏水，羊舍内基本不存在污水。养羊场产生的废水主要有清洗羊舍场地和器具产生的废水及对羊进行清洗药浴后的废水。废水应通过地下排水设施进入废水池，不得排入附近的水产养殖水域或饮用水域，进行厌氧或有氧处理后返田。粪便进行好氧性高温发酵堆肥，处理后的粪便为优质的有机肥。

因病死亡的羊尸体含有大量病原体，严禁随意丢弃、出售或作为饲料，以防止疫病的传播与流行。如危害性较大的传染病病羊的尸体，应用密闭的容器运送到最近的化制站处理；一般性病尸或无条件运送病尸的羊场，应深坑填埋（深 2 米以上），填埋病尸时，尸体上覆盖一层石灰。

生态循环农牧结合模式的核心理念是把传统"资源—产品—污染排放"的单向单环式的线性农业改造成"资源—产品—再生资源—产品—再生资源"的多向多环式与多向循环式相结合的农业综合模式。生态循环农牧结合模式是一种通过废弃物或废旧物资的循环再生，达到生产和消费过程中投入的自然资源减少、向环境中排放的废弃物减少、对环境的危害或破坏很小的产业，即低投入、高效率和低排放的产业。养殖业本身风险大，比较效益低，如果对粪便过度处理，生产成本压力较大。种养结合，粪尿返田利用，化害为利，变废为宝，促进种植业增产增收，其综合效益远远大于独立的种植业、养殖业本身。因此，在做羊场规划设计时，不能简单地以出栏数量评估效益，要做综合效益评估。

五、生物安全系统设计

生物安全系统主要着眼于为羊生长提供一个舒适的生活环境，提高羊机体的抵抗力，同时尽可能地使羊远离病原体的攻击。很多羊场在设计和规划上的最大缺陷是没有系统考虑生物安全问题，生物安全距离、绿化防护、粪污处理规划设计不合理。

生产管理区、生产区入口处设消毒池，消毒池与门同宽，长至少是车轮的一周半。所有进出场区人员和车辆未经消毒不能进入；规模化羊场应实现全进全出制，不同功能的羊舍相对独立，分成若干单元，流水作业，定期空舍消毒。羊舍的空舍时间最短为7天，设计时应把空舍时间考虑进去；隔离饲养舍与兽医室应远离其他生产设施，安排在下风处；场区绿化率（草坪）达到30%以上；场区内分净道、污道，互不交叉，净道用于进羊及运送饲料、用具、用品，污道用于运送粪便、废弃物、死淘羊。育肥羊出栏有专门的装羊台和出口，避免社会运羊车辆进入场区。

总之，从总体规划到具体设计，都应以经济效益、社会效益和生态效益为中心，以安全、可持续为原则，使牧场建成后能为当地经济建设和大农业生态系统的正常运转发挥积极作用。

六、相关技术参数

1. 各类羊占栏位面积（表2-1）

表2-1　各类羊占栏位面积参考

（单位：米²/只）

类别	占栏位面积
种公羊（单栏）	4.0～6.0
种公羊（群饲）	2.0～2.5
种母羊（含妊娠、产羔母羊）	1.0～2.0
育成公羊	0.7～1.0
育成母羊	0.7～0.8
断奶羔羊	0.4～0.5
生长育肥羊	0.6～0.8

2. 羊舍空气卫生指标（表2-2）

表2-2　羊舍空气卫生指标

羊舍类别	氨/ （毫克/米³）	硫化氢/ （毫克/米³）	二氧化碳/ （毫克/米³）	细菌总数/ （万个/米³）	粉尘/ （毫克/米³）
种公羊舍	25.0	10.0	1 500.0	6.0	1.5
基础母羊舍	25.0	10.0	1 500.0	6.0	1.5
泌乳母羊舍	20.0	8.0	1 300.0	4.0	1.2
生长育肥舍	25.0	10.0	1 500.0	6.0	1.5

3. 羊场粪尿排泄量估计指标（表2-3）

表2-3　羊场粪尿排泄量估计指标

类别	每只羊日排泄量/千克		合计/千克
	粪	尿	
种公羊	1.5～2.5	1.0～2.0	2.5～4.5
空怀妊娠母羊	1.5～2.5	1.0～2.0	2.5～4.5

类别	每只羊日排泄量/千克		合计/千克
	粪	尿	
泌乳母羊	1.5~2.5	1.0~2.0	2.5~4.5
生长育肥羊	0.5~1.5	0.5~1.5	1.0~3.0

4.规模肉羊场生产消耗指标（表2-4）

表2-4　规模肉羊场生产消耗指标

项目名称	消耗指标
用水量/［米³/（年·只）］	3~4
用电量/［千瓦·时/（年·只）］	50~100
精饲料用量/［千克/（年·只）］	150~200
干草用量/［千克/（年·只）］	500~600
青贮饲料用量/［千克/（年·只）］	700~850

第五节
现代化羊场规划设计问题与建议

一、现代化羊场常见规划设计问题

1.基础设施过于简陋

受投资能力的制约，一般把控制建设成本作为羊场设施建设首要考虑的因素，为了省钱，怎么简单、怎么便宜就怎么做，导致基础设施简陋，甚至不能满足羊生存的基本要求。在这种生产条件下，即使获得了暂时的利润，也是以牺牲羊的健康和项目的生存年限为代价，不利于长期发展。

2.不借鉴成功的经验

成功的规划设计基本相似：遵守原则，科学严谨，统筹兼顾，因地制宜，适应自然。失败的规划设计则千姿百态：布局无章，系统紊乱，豪华不实或简陋不堪。

3. 追求先进，致良知难

有的专家做出的规划设计看似遵制合规、高端大气，实际上隐患很多；有的专家受利益的驱动，替卖家推销产品，做出的规划设计带有倾向性，实际上偏离了先进、适用的科学理念。

如某羊场在设计和布局上全盘接受某知名专家的有关羊场建设方面的建议，羊舍外观非常漂亮，但是，羊在羊舍里非常遭罪：大跨度屋顶加透光带，由于通风不良，夏天羊舍里像蒸笼；围栏和饲喂走道不合理，造成羔羊逸出和母羊采食障碍；远距离刮粪作业、二级刮粪板拉不动，造成整个刮粪系统报废。随着养羊生产运营的持续，它的生产效率、管理效果会越来越不理想。

4. 系统混乱

硬件配置与操作系统、管理系统、企业文化不兼容，经常发生冲突，造成内耗。如先进设备与落后的员工知识技能不配套、先进设备与基础设施不配套、设备与生产工艺不配套、多个操作管理系统标准不统一等。

5. 受知识偏见的制约

对建设一个现代化羊场的了解有限和准备不足，对健康养殖因素的考虑欠缺，关注焦点都集中在对羊本身的饲养管理上，而较少考虑羊场建设环境和设施布局的设计缺陷会给羊的安全和生产效率造成不良影响。如大多数羊场地下的排污沟渠是连接所有的羊舍，这样的设计可以节约建筑成本，但如果某一栋羊舍的羊群发生疫病，就很容易传染到其他羊舍，控制羊场内的疫病传播变得极为困难。此外，排污沟、地面、通风、采光和保温方面的微观环境设计也容易被忽略。

二、新建羊场健康盈利规划设计要求

1. 规划设计要具有前瞻性、先进性

设计时除了要考虑现在生产需要，还要考虑未来需要，使设计具有一定的前瞻性，能与以后的经济、技术、文化发展相衔接。设计的先进性还表现在尽可能利用已有的新技术、新工艺、新装备、新材料、新能源。规划设计方案不能当时先进，建成就落后，局部先进，总体落后。规划设计人员必须具备本领域全面的专业技术知识，了解国内外本行业发展水平、先进技术水平和发展趋势。

2.规划设计要具有全局性、战略性、可行性和可持续性

做好羊场规划设计首先要考虑国家产业政策、国家或行业制定的生产经济规模标准、政府产业聚集区规划和市场需求；必须考虑资源优化配置问题，把资源优化配置和国家的可持续发展目标联系起来；还要考虑配套服务体系状况、羊场与环境（生态）的协调、运输和地理位置因素、人口素质和人力的供应、原材料燃料供应、电力和水的供应、地质条件和外部建设条件等。

羊场的总体设计和羊舍的单体设计都应体现节约的原则，要求美观简朴、坚固耐用。主题工程和辅助工程要统一设计，不留尾巴。

3.规划设计要提高环境保护关注度

羊场的环境保护是指保护羊场环境，避免羊场受到外界污染物（工业废水、废气、废渣、农业化肥、农药等）的影响，防止牧场的废弃物及污水对周围环境造成污染。羊场的环境保护逐渐成为制约羊业生产的因素，因此要把这一问题作为羊场规划设计的重要组成部分。

加强羊场绿化、水源防护和水体净化设计可以明显改善羊场内的温度、湿度和气流等，净化空气，阻滞有害气体、尘埃和细菌，降低噪声，防火，防疫，美化环境等。

4.规划设计要体现科学与人文同步的思想

健康养殖是企业盈利的基本条件，也是持续长久发展的必备条件。羊场规划设计要尊重动物正常生理习惯，给羊提供一个安全、舒适的环境，尽可能地满足羊的个体需求和群体社会需求。

5.突出重点、系统完整、统筹兼顾

牧场的总体设计和单体设计、各单体的建设比例都要经过严格测算，恰到好处地满足生产需求，做到不缺项、不多余。各单体建筑物的设计与建造，能够适合设备安装的要求，且具有一定的超前性，便于先进饲养管理技术的运作。

6.规划设计要不断创新、与时俱进

技术进步带动生产工艺不断创新，现代化养殖业应以尊重动物自然生长法则为前提，利用科学技术和现代管理手段去追求单位产量最大化的效率型经营方式。高价引进优良品种，就一定要重视对羊场设施进行科学合理的系统性规划和设计。每个地区的地理环境和气候条件不同，羊场规划设计应根据客观条件进行创新，因地制宜、扬长避短。

从创新发展的管理考虑，除了在育种、营养和防疫领域需要持续的技术资

源投入外，生产设施方面也需要进行与产品和管理水平相匹配的改良创新，使之与产品的效能发挥形成良性互动，共同推动规模化养殖生产水平的不断提高。

三、新建羊场健康盈利规划设计建议

1. 羊舍采光问题

晒太阳不仅有一定的杀菌和促进细胞成熟的作用，还可以促进血液循环，提高抵抗力和免疫力，预防感冒，减轻关节酸痛感，对某些喜阴性寄生虫也有一定的杀灭或抑制作用。但必须掌握晒太阳的度。

舍内光照除具有光热效应外，还有光周期效应。羊的生理反应和行为习性等针头受光周期的变化影响，其中以繁殖机能所受的影响最大。不同类型的羊舍采光能力差异应根据羊舍情况、当地光照时间长短及羊对光照的敏感程度确定合理的光照时间。进入羊舍的太阳光线，有直射光和散射光。夏季为避免舍温升高，应防止直射光进入羊舍；而冬季为提高舍温，应尽量让阳光直射到羊床上。

2. 羊舍样式的选择

北方地区的羊舍多采取低矮暖棚、大运动场、大群地面饲养模式，舍高 4 ~ 4.5 米，冬季不清粪，其他季节定期清粪，比较适宜于寒冷、干燥、少雨的气候。中原地区多是漏粪地板机械刮粪模式，舍高 5.5 ~ 6 米，漏粪地板距刮粪槽地面 0.4 ~ 0.6 米。南方地区多是超高床养殖（图 2-8，图 2-9），漏粪地板距地面 2 米左右，羊粪直接在舍内堆积发酵，舍高 7 ~ 8 米，1 年或数月以人工或机械清除 1 次，比较适宜于湿热、多雨的气候。

图 2-8　超高床羊舍

图 2-9　超高床羊舍下层

3.地形、地势的巧妙利用

丘陵山坡等复杂地形无疑增加了养殖场的设计难度，但是，科学巧妙的设计，不但可以减少土方量，节约工程开支，而且便于生产管理，降低经营成本。例如：在梯田场地设计青贮池，可以在上一个台面开挖地壕，按地下式青贮池建设，壕底与下一个台面在一个平面上，并开一个口，这样既具有地下式青贮池装填、封压方便的优点，又有地上式青贮池排水、取料方便的优点；在斜坡上建设羊舍，设计成单列高架床式，可以减少地面平整工程量和清粪设施投资，并且减轻日常清粪管理工作量。

4.山羊全舍饲不要运动场

传统理论认为山羊喜爱运动，全舍饲羊舍必须设计运动场。带有运动场的全舍饲羊舍，不但增加了建设费用和日常饲养管理的成本，下雨的时候还要防止大量的粪污被水淋后形成污水污染环境。通过调研发现南方的山羊养殖场都有运动场，但山羊长时间圈养以后，在运动场的活动很少。有的羊场索性不再用运动场。一般要求一个羊栏里面饲养 10 只羊，理由是便于精细管理，群体过大容易造成母子不相认、打斗、不便于打疫苗等，所有的设计均遵循这个原则。想一想一个放牧的羊群几十只甚至几百只，有什么问题？所以一些现代化羊舍是几百只一群，因为大群大栏饲养可以提供较大的活动面积。运动场主要功能是让动物得到阳光直射和可以呼吸舍外新鲜的空气，如果羊舍设计时解决了采光和通风问题就可以不要运动场。

5. 饮水器的问题

目前，羊场普遍采用自动饮水器。有人主张用自动饮水器中的碗式饮水器，有人主张用鸭嘴式饮水器。碗式饮水器价格高，羊容易把粪便排到饮水碗里造成污染；鸭嘴式饮水器便宜，但羊在饮水过程中饮水器会大量漏水。由于羊场污水来源一是粪污被雨淋，二是饮水器漏水于粪道上，所以，采用鸭嘴式饮水器会产生污水污染环境。但是，把鸭嘴式饮水器设计安装在墙体立面，同时设计漏水回收通槽，就可以完美地解决上述问题，关键是要整体设计，否则，无法实现。许多羊场羊舍主体工程已经完成，才想起来安装饮水管线，所以只能走明线，因而管线容易损坏和冻塞（图2-10）。

图2-10 饮水管线明线安装

6. 钢网羊床和输送带收集的羊粪售价高

（1）外观完整的羊粪球可做高端花肥 羊粪（图2-11）有一个别称，叫作百草丹，说的就是它比较适合用作肥料。同样数量的羊粪施到土壤中，肥效远高于其他畜粪。如施用羊粪后的兰花，兰苗健壮，叶质厚，糯油绿。但是作为兰花肥料，外观完整的羊粪球更受欢迎，销售价格高于不成形的羊粪。因而采用钢网羊床和粪尿分离输送带收集的羊粪比较完整。

图 2-11 干羊粪球

（2）钢网羊床特点与安装 钢网有网孔均匀、结构美观、坚固耐用、耐磨、耐酸、耐碱、耐腐蚀、耐高湿环境等特点。钢网羊床（图 2-12）的优点是干净卫生不需要经常打扫，羔羊不夹蹄，夏季通风降温良好，经久耐用，铺设简单，

图 2-12 钢网羊床

平坦舒适。钢网羊床的缺点是投资略高。

钢网羊床的安装：

1）选择材料 钢网需要固定在羊床支撑梁上，支撑梁材料可选择木条、竹片、镀锌钢管、方钢、槽钢、工字钢等。注意：为了达到更高的卫生条件和力学承受能力，支撑梁接触面不能太宽；支撑梁间隙应为 15～25 厘米，否则会影响使用寿命。

2）铺设钢网 把钢网直接铺在做好的羊床支撑梁上面；两张钢网无缝对

接，不需要重叠交叉。（注意：钢网和支撑梁要垂直，如钢网为东西方向，支撑梁应为南北方向）

3）固定钢网　以木条支撑梁为例，把铁钉钉在木条上并打弯压住钢网，即起到固定作用；也可用铁丝由上穿下去拧紧固定；还可以用卡扣固定。

4）钢网包边　用模板或竹片、铁皮盖住接头和边，并用钉子固定，以免钢网毛边划伤羊蹄、羊腿。

（3）清粪输送带特点与安装

1）清粪输送带特点　结构简单，故障率低，操作简便。承粪带为强力耐腐蚀网布材料，能适应各种工作环境，韧性强，寿命长，同时能将粪尿进行分离，保持粪球完整。

2）清粪输送带安装　羊舍设计应满足安装要求，如羊床下应有 50 厘米以上的净高，羊舍长度不宜超过 100 米，羊舍一端应设计集粪池或二级收集羊粪设施（图 2-13），并防止漏雨、潲雨；根据羊场的净宽度定制输送带的宽度。

图 2-13　清粪输送带

7. 发酵床养羊

发酵床养羊（图 2-14）技术，因具有环保卫生、无污水、无臭味、节能节粮、省时省力等诸多优点，具有很好的经济效益和生态环保效益，受到欧美等地的欢迎，国内奶山羊养殖应用较多。随着福利化养殖的发展，发酵床养羊技术在生产中将被更多采用。

图 2-14　发酵床养羊

（1）发酵床养羊的优点

1）除臭节能省水　冬天节省取暖费，夏季通风凉爽，四季均可清除异臭味，羊圈变得卫生干净，极大改善人、羊生活环境。一只羊一年能节省九成以上的水。

2）灭害抗病促长　发酵床因内部高温发酵，能杀灭多种虫卵与病原菌，不滋生蚊蝇，使羊不易或很少生病，增重快，肉质好而香。无论是圈养还是放牧的羊，同样的饲料和饲养期羊的平均体重可以增加 10% 以上。

3）废物循环利用　锯末、秸秆粉等垫料与羊粪尿混合物经发酵后变成优质生物有机肥，可广泛用于苗木花卉、经济作物、果树、蔬菜等。

4）简单方便　"傻瓜式"操作，只需一剂一料（发酵剂和垫料），操作简单，成本低，效益好，环保安全。

（2）原理与过程　把垫料与发酵剂混合均匀，铺撒在圈舍内，总厚度约 50 厘米（冬季垫料适度厚些，夏季可薄一些），羊排出粪尿后，一般从第二天开始升温，经过 3～7 天，有益微生物活化定殖后大量繁殖，利用羊粪尿等作营养源，垫料混合物逐渐升温发酵。中心发酵层温度可达 35℃以上，表层温度长期稳定在 20℃左右，基本形成恒温床，节省取暖费用。下层发酵完成后，锯末等垫料会因发酵碳化颜色逐渐变深变黑，发酵产物能作肥料或粗饲料，发酵产物可分批清运出舍,如不需使用,则可长期不清运,时间一长垫料会逐渐变少,所以应定期补充垫料。

（3）发酵床制作

1）选址要求 由于羊生性喜清洁,要求饲料和饮水洁净新鲜,要求对圈舍干燥通风,低洼潮湿和空气污浊的环境容易导致羊患寄生虫病和蹄病。所以圈舍尽量选择干燥平坦、背风向阳的地方,如果圈舍周围地势较低,可将地面处理成有漏缝地板的"吊脚楼",下面留 10～20 厘米空间,避免多余水分浸泡垫料。

2）圈舍要求 单个圈舍面积不能过小,建议 40～50 米^2 为宜,养殖密度不能过高,建议每只羊占 2 米^2 左右。采用防漏水的饮水器或饮水槽,设置漏水收集引流设施,避免饮水漏入发酵床。

3）垫料准备 养羊发酵床垫料层厚度一般为 40～50 厘米,垫料可以单独用锯末或者用锯末、稻壳、秸秆的混合物。

4）菌种准备 一般每千克商品菌种可以铺建 10～12 米^2 的羊圈;菌种与米糠（或玉米粉）按 1∶5 的比例均匀混合稀释（新鲜米糠的营养效果优于陈旧米糠）。

5）发酵床铺建 将稀释后的菌种与备好的垫料混合成菌种混合料,菌种可采用多级稀释的办法。先将谷壳、锯末混合物垫底层 10 厘米左右,再均匀撒入米糠稀释的菌种覆盖,然后铺上 10 厘米稻壳、锯末的混合物,最后撒入稀释的菌种混合料直至达到 40～50 厘米厚垫层。有条件的可适当喷洒红糖水（可按 70 米^2/ 千克备用）到米糠菌剂混合物中。

6）日常维护 因为羊没有翻拱的习惯,同时还喜欢清洁干燥的环境,所以至少两天翻动一次发酵床垫料,翻动时注意掩埋羊的粪尿,这样有利于发酵,还能保持发酵床表面的清洁干燥。

7）垫料水分控制 由于羊喜欢较干爽的环境,原则上锯末垫料无须额外加水,表层垫料含水量以不扬尘为标准,扬尘的话容易带来羊的呼吸道疾病,影响羊的生长发育。最大湿度不能超过 65%,否则应采取相应措施。注意雨水或地下水均不能渗入发酵床内。

8）发酵温度控制 发酵时,用手伸入垫料,10 厘米以下有热度,即是发酵床工作所致,并伴有酒精和泥土的清香味。圈舍发酵温度可人为控制,要快速升温与发酵,可采取如下措施:增加发酵菌种用量、预先加红糖水活化发酵菌剂、多添加新鲜米糠或尿素水等营养物、增加垫料层厚度、增加翻动次数、适当调高垫料混合物含水量（但混合物湿度不能超过70%，否则会因腐败菌发酵分解而产生臭味）。

9）发酵状态　正常运行后的发酵床下层物料颜色逐渐变深变黑，无臭味而有淡淡酒香味，温度基本稳定，有时能见到白色菌丝。

10）出料　下层发酵成熟的物料可以取出作为有机肥使用。当发酵床厚度超过一定程度时，可部分清运出舍，不用全部清理。

（4）日常维护　发酵床的日常维护主要包括：通风、疏粪、垫料的翻动以及垫料的消耗与补充等。

1）通风　垫料发酵时会产生大量气体，密闭羊舍要及时通风换气。可以靠门窗自然通风，也可以用机械强制通风。

2）疏粪　羊在发酵床上的排粪点不均匀，应将集中的羊粪散开，进行及时填埋。

3）发酵床垫料的翻动　根据羊粪尿量确定翻动垫料的时间。一般情况2天翻动一次，如果密度不大可以5～7天翻动一次。阴雨天注意防止漏雨、飘雨淋湿发酵床。

4）垫料的消耗与补充　垫料的发酵以及羊的踩踏等会使垫料消耗一部分，所以发酵床运行一段时间就需要补充一部分垫料和适当的菌种。一般情况下，一年添加一次菌种与垫料即可。发酵床垫料不能明显低于40厘米。发酵床补充垫料的方式有集中补充、定期补充和随时补充三种。集中补充就是在一个批次的羊出栏或转圈后一次补齐消耗的垫料；定期补充就是每间隔一定时间补充一次，如间隔两个月左右；随时补充则是视圈内垫料的情况，如部分区域粪尿集中、垫料过湿，随时将新垫料铺到必要的地方。根据垫料量来确定补充的菌种量。

第六节
羊场的智能化

一、智慧养殖的概念

智慧养殖是大型羊场发展的必然趋势，也是养殖现代化的主要特征。未来数字化技术将打通数据链、重构供应链、提升价值链，实现在最佳时间做出最佳决策，以数据驱动畜牧业高质量发展。

智慧养殖是指现代科学技术与畜牧养殖相结合，从而实现无人化、自动化、智能化管理。它是将物联网技术运用到传统畜牧业中去，运用传感器和软件对畜牧生产进行控制，使传统畜牧业更具有"智慧"。除了精准感知、控制与决策管理外，从广泛意义上讲，智慧养殖还包括畜牧业电子商务、食品溯源防伪、畜牧业休闲旅游、畜牧业信息服务、金融服务、保险服务等方面的内容。

智慧养殖充分应用现代信息技术成果，集成应用计算机与网络技术、移动互联网、大数据、云计算、物联网技术、音视频技术、3S 技术、5G 技术及专家智慧与知识，依托部署在生产现场的各种传感节点（环境温湿度、氨气、二氧化碳、图像、声音等传感器）和无线通信网络实现养殖环境的智能身份识别、感知、智能预警、智能决策、智能分析、专家在线指导，为畜牧业生产提供精准饲养、可视化管理、智能化决策，实现畜牧业可视化远程诊断、远程控制、环境监控、疫情预警等智能管理。

二、智慧养羊的主要技术

1. 养殖环境监测控制技术

通过电子耳标、氨气传感器、二氧化碳传感器、甲烷传感器、温湿度传感器、光照度传感器等技术监测羊舍内环境参数，羊舍内的实时环境参数会传送至综合服务平台，联动控制卷帘、风机、冷暖设备、照明、清粪系统等协同工作，调控羊舍的环境条件，实现科学远程控制和系统自动化控制养殖场设备。同时收集数据，分析动物行为对环境舒适度的反应，建立评判综合环境舒适度的参数模型和阈值，分析建立环境参数与饲料转化率、生产性能等的关系。

2. 生物信息获取与行为监测技术

通过智能称重、智能测温、声音识别等技术，对羊生长状态的实时监测，饲养者可以及时掌握羊的生长、健康情况，及时采取相应的管理措施，提高养殖效益。

3. 精准饲喂管理技术

以精准、高效、个性化定制为主要特征，根据羊营养状态、生长状态、生长环境、效益目标等，形成针对不同状态羊的饲喂配方和饲喂方案。

4. 疫病防控决策技术

如何预警，减少养殖经济损失是当前亟待解决的问题。利用巡检机器人、防疫消毒机器人等手段可实现疫病远程诊断，收集的数据还能通过大数据分析及时发现问题，宏观上也有助于疫病防控监管。云平台对当地养殖行业实施有效监测和管理，经平台监控中心的远程视频监控、大数据分析，一旦出现疫情或其他突发事件，可以第一时间查到源头，进行有效管控。

5. 遗传育种信息化技术

研制统一计算框架的羊种质资源大数据云平台，融合人工智能、机器视觉等多种形态，为数据驱动和知识引导相结合的羊育种研究提供智能服务。智慧养羊的发展目标是要建立全生命周期养殖流程和保姆式的信息化解决方案，利用信息技术和智能装备实现羊全生命周期的科学管理。

6. 养殖溯源技术

开发和建立可追溯羊产业食品安全和质量的监管体系，实时掌握养殖存栏、用药、疫病等数据，全面提升羊产业的品质和安全。消费者通过动物产品二维码可以查询该动物产品的生产信息和监管信息数据库，了解该产品从动物繁殖—动物饲养—动物运输—动物屠宰—产品加工—产品销售等环节的生产、检疫和监管全过程，从而保障肉类质量安全、可靠。

7. 产业链生态技术

智慧养殖应用场景覆盖整个产业链（图2-15），产业上下游环节如饲料、动保、养殖技术服务、设备供应、收购、金融信贷等合作伙伴形成"互联网+养羊"的生态系统，降低产业链交易成本，提高养羊效益。

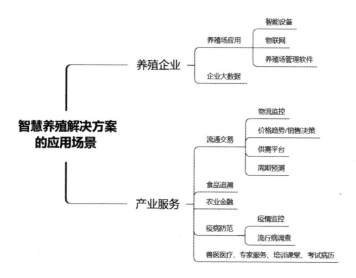

图 2-15　智慧养殖应用场景

三、存在的问题与建议

1.智慧养殖基础条件差

我国智慧养羊硬件设施薄弱、设备不全、性能良莠不齐、信息自动获取、共享程度低、个人经验依赖度高。

2.缺乏统一标准

我国平台繁多，各平台间兼容性较差，没有统一标准，缺少信息化、数字化管理手段，区域性统一大数据难以形成，数据分析、信息利用率不高。

3.信息技术人才缺乏

与传统养殖不同，发展智慧养殖亟待掌握信息技术的知识性农业技术人才。然而，目前养殖场主要劳动力科技文化素质低，科技创新意识和推广应用能力不强，发展智慧养殖望而生畏。

智慧养羊仍需要围绕环境、饲喂、疫病、行为分析、育种、废弃物处理等核心业务，实现数据之间的互联互通、共享共建，解决生羊养殖需求，提高动物福利。要加快易用、实用APP的开发，模拟不同的养殖场景，按照养殖全过程设置重要节点和参数，按照农民的养殖习惯优化应用流程。还要打通生产和经营的通道，通过移动互联网实现"扁平化"，借助在线传输方式，让消费者与养殖现场建立关联，实现养殖众筹、畜产品质量追溯、养殖现场视频调阅等功能简单化。

四、应用实例简介

1. 内蒙古青青草原牧业有限公司与金蝶软件合作打造数智化平台

内蒙古青青草原牧业有限公司与金蝶软件合作，共同搭建农牧行业数字化平台，在养殖、供应链等领域展开深入研究，深度融合了云计算、大数据、物联网、区块链、人工智能等技术，输出解决方案。全生产过程无须纸张记录，系统同时包含养殖产供销一体化、联户服务、产业链服务三个大的模块，支持扩展集成饲料配方系统、财务、库存管理、档案管理、销售管理、安防、环境检测等，电脑下达计划，手持终端执行饲喂、清粪、畜舍控制、配种、分娩、转群、调度、消毒、防疫、治疗、销售等一切既定计划工作，一键上传，经营状况微信推送，电脑查看所有报表。

（1）平台架构　平台由前台、中台、后台和互联网大数据组成（图2-16）。前台、中台分别是应用端1级、2级端口，后台是服务器和大数据平台。

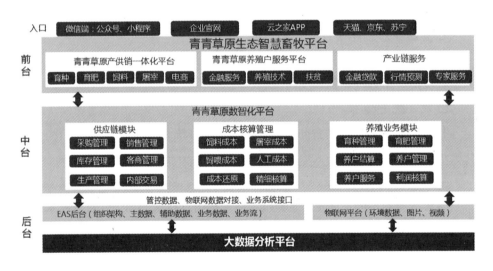

图2-16　内蒙古青青草原智慧畜牧平台架构

（2）数智化平台设计思路　即定制开发、业务一体化。借助互联网、物联网、大数据分析技术，基于金蝶业务操作系统（金蝶BOS）开发平台为企业量身定制；打造智慧养殖（客户端以及移动端）；打通企业价值链，养殖过程管理可与供应链企业资源计划（ERP）系统无缝对接，既满足业务管控，也提供经营管控。实现：①流程化。以养殖户为维度，贯穿羊全生命周期的业务管理，以流程化的运转方式管理看似零散的养殖业务。②计划驱动。系统后台运算饲料计划、配种计划、分娩计划以及断奶计划等，通过计划实现任务推送。③协同化。应用中台与业务前台协同使用，移动端和电脑端数据实时互通，保证数据实时、准确传递。④一体化。种羊养殖业务模块和供应链、成本模块相连接，打造一体化的数据平台。

（3）羊场智能硬件　智能设备的应用可以帮助养殖者实现精准饲喂、科学管理、自动盘点的目标。

电子耳标：羊携带的电子耳标可以让养殖者看到每只羊个体的详细信息，包括它的系谱、繁殖记录、生长记录、饲养记录、防疫情况、诊治记录、销售记录等，而这些都是制订生产计划、成本估算的依据。

手持信息采集器：饲养员佩带手持终端通过电子耳标对羊进行业务信息录入（图2-17），如发情鉴定、体温鉴定、疾病鉴定、分娩鉴定以及牲畜的体重鉴定，使工作效率大大提升。

传感器：氨气传感器、二氧化碳传感器、湿度传感器、光照度传感器、声音传感器、水传感器等。

巡检机器人：巡检机器人安装在羊舍顶棚（图2-18），并沿着巡检车轨道在顶部来回"走动"，利用摄像头巡检棚内的动向。巡检机器人使用专用的摄像头，"扫一眼"羊栏就能知道羊的数量，并对每头羊进行估重，这背后是AI算法的支持。

智能称重系统（图2-19）：此系统主要由电子耳标、称重传感器、电子耳标射频识别（RFID）读取器、动态称重控制仪表及电脑（工控触屏）组成。

图2-17　手持信息采集器

图2-18　巡检机器人

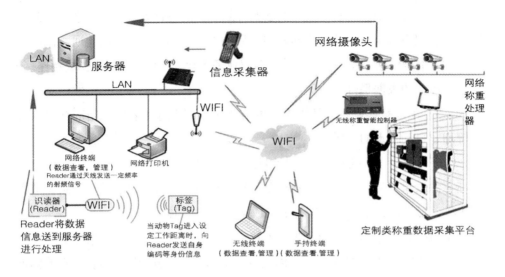

图 2-19　智能称重系统示意图

视频监控系统：由摄像、传输、控制、显示、记录登记组成。

养殖 APP：养殖业务终端 APP，业务数据实时传输，方便快捷。

（4）企业管理数据化驾驶舱　通过信息化手段让企业管理者对企业的管理能够找到在飞机或汽车驾驶舱里面驾驶的感觉。也就是基于业务数据的高层决策支持系统，通过详尽的指标体系，将采集的数据形象化、直观化、具体化，实时反映企业的运行状态，供企业中高层定期开会、回顾经营情况、找出差距、制订改进计划之用。

（5）企业管理数据化——移动端　手持终端主要指智能手机、掌上电脑、平板电脑等。在这些设备上可以进行流程化、模块化、库存一体化管理，实现全业务流程计划制定、信息上传、综合报表查询、羊场经营状况综合查询。

（6）生物资产金融化　用 AI 给"生物资产"定价，为信贷管理与贷款核算一体化提供了完整解决方案（图 2-20）。

（7）羊全生命周期管理　全周期流程化管理，实时进行分群预警、配种预警、妊检预警、分娩预警、断奶预警，管控到羊群所有阶段（图 2-21）。

（8）养殖业务系统预警平台　见图 2-22。

（9）财务信息透明化、核算精准化　运营平台、业务平台、报表平台（图2-23）覆盖所有财务工作。运营平台：整合了供应链、成本核算、种羊管理等全模块，实现了业务财务一体化。业务平台：包括饲料生产、屠宰加工、电子商务、种羊繁育、科学研究、育肥管理、采购管理、销售管理等。报表平台：实现了

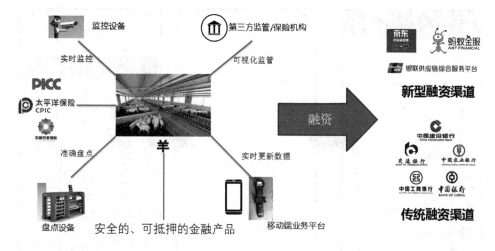

图 2-20 智能生物资产抵押贷款、保险一体化方案

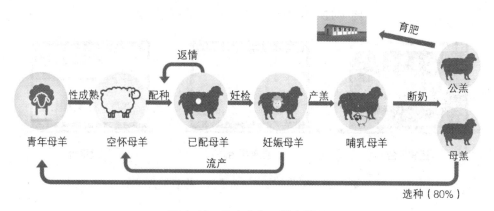

图 2-21 羊全生命周期流程图

报表实时分析、数据可视化、所有分类报表一键生成，高效快捷。金蝶 EAS 成本核算模块，助力青青草原实现精准核算，有效支撑了企业决策。

（10）数智化平台应用价值 建设现代化智慧羊场，将"数字化+"打造成为公司新的核心竞争优势。同时做到效率优先，将数字化管理全面应用在单位管理效率、干部管理效率、人均生产效率、家庭农场主饲养效率的提升上面。企业管理实现数据化、可视化，用数据分析驱动企业管理，赋能管理者。依托数据信用打通融资渠道，实现产业链规模化、标准化发展。财务信息透明化、财务核算精准化，为企业成功奠定基础。

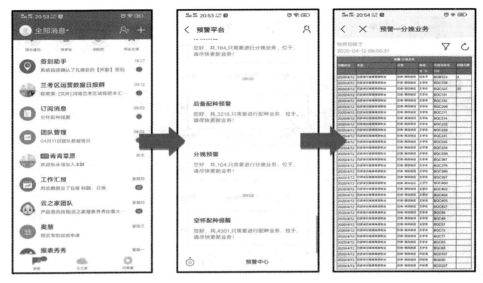

图 2-22 预警平台"云之家"手机连接界面

运营平台　　　　　　　　业务平台　　　　　　　　报表平台

图 2-23 运营平台、业务平台、报表平台界面

2.数字牧场——智慧草原

智慧牧场将牧民从传统的放牧方式中解放出来,通过一部手机"坐在屋里放羊",羊群当日行走距离、运动轨迹牧民都会实时掌握,这直接降低了牧民的劳动强度,带动当地由传统牧业向现代牧业生产方式转变。在"数字牧场——智慧草原"平台上,消费者向牧民支付领养费和养殖费后,自由选定羔羊,利用智能项圈和电子平台"亲眼"见证羊的成长过程,便可以清楚掌控、追溯绿色有机的原生态产品。到出栏时,牧民再根据消费者的需求,通过畜产品加工基地,将羊宰杀后加工成消费者的理想成品邮寄至消费者手中。而在这一过程中,牧民实际上是扮演了"帮养"的角色,虽然羔羊依然在牧户手中,但其作为一种资产,已经在都市牧羊人手中流通了。

基于物联网的新型草原自动化养殖监管技术,包括监控终端平台、气象单元、圈舍单元、补饲棚单元、体征监测单元等多个单元以及 GPS 移动定位、无线网络系统等功能设备。除了赶羊回圈，其他的所有工作利用手机均能完成，每只羊都有一张与耳标编号一致的数字身份证，配有相应的照片，从接羔到出栏，羊的生长全程都可进行溯源查询。棚圈周围，羊圈及牧场状况可以利用视频进行实时监控，系统还可以对牧场温度、湿度、氨气和水质等指标进行监测预警，利用总平台可以控制圈舍光照系统、饮水槽开关、棚圈自动门、羊群 GPS 定位以及草场周边环境监控。

GPS 智慧牧场综合解决方案是通过羊智能终端设备将羊 GPS+ 北斗双星定位数据、羊生活的周围环境数据以及羊生理指标等一系列数据采集下来，经由窄带物联网实时传输到大数据平台进行监控和数据分析。使用智慧牧场 APP，牧民可以随时随地实现放牧管理、羊群定位监控以及羊的健康状况查看等。通过智慧牧场大数据平台建立起羊档案，方便溯源，生成血缘关系谱，防止近亲繁殖，促进优生优育。同时运用大数据分析可研究影响羊的生长速度的因素，还可实现草场管控，为牧民的草场划定电子地图，每户牧民的草场边界清晰可辨，还可以帮助解决过度放牧而导致的草场退化问题。

3. 互联网养羊

互联网养羊是供都市人线上养羊的"互联网＋畜牧业"养羊平台。说白了就是你生活在城市里，在手机上养只羊，既有趣又有收益。互联网养羊平台有云联牧场、养羊啦等。通过这种新型模式，社会资本进入养羊实体，企业提前出售待出栏羊，解决了企业流动资金不足的难题。但平台资金安全性缺乏保险制度，仅靠企业诚信和行业自律无法长久，还需要法治保障；产品养殖到期的销路、售后完善等问题还有很长一段路要走，如果销路未达到预期或者利润受到市场因素等影响，很容易形成资金链断裂，导致投资人的资金入不敷出，久而久之形成坏账。

第三章
适度规模，持续发展

　　企业的急功近利与管理者的急需政绩，在无知、战略短视或利益输送下，超大养殖场建设一拍即合。几万只乃至几十万只的羊场一座座拔地而起，雄伟壮观，现代化气势扑面而来，参观学习者络绎不绝，各级领导频频视察，挣足了面子。噱头是高科技、智能化、高效益、污水达标排放、全国（全省）最大、带动多少农民致富等，各种支持资金滚滚而来。但是，超大规模养殖场可持续性往往很差，建大羊场容易，能管理好大羊场的人才却凤毛麟角。放眼世界，超大规模养殖场只能风靡一时，适度规模必将回归。

第一节
避免超大型规模化养殖场"规模不经济"

什么是超大型规模化养殖场？没有一个明确的数量界限，大到一定程度，超过了资源承载能力、超过了粪污就地消纳合理范围、超过了管理能力，可称为超大型规模。但是，一些采取分点布局的企业，虽然养殖总规模很大，也不算超大型规模化养殖场。

规模扩大后会使单位成本下降，但规模达到一个临界点后其效益又会随着规模呈反方向下降。但临界点不是一个定值，受许多因素影响。养殖场规模经营应该是在既有的约束条件下，适度扩大生产经营单位的饲养规模，使土地、资本、劳动力、设施设备、科技、饲草料等生产要素配置趋向合理，以达到最佳经营效益。

发展规模化经营要避免陷入"规模不经济"误区，不能片面认为单体大才是规模化，小单体组织化的大群体也是规模化。如单个家庭农场体量的确不够大，但在集约化、社会化、组织化的背景下，千万个家庭农场就是强大的规模化。

衡量养殖经营规模大小有很多指标，比如存栏量、出栏量、拥有的畜舍面积、草地或耕地面积、投入的资本、使用的劳动力和机械等。能够衡量经营规模大小最佳的可比指标是提供产品和所获利润的多少。但当前很多人仅以出栏量超过某设定值来判断养殖场是规模经营，养殖场的出栏量越多，其规模就越大，政府补贴只扶大扶强，大部分补到了大规模的场户，导致养殖场要么大建，要么大吹。

我国农业经营主体主要有六个类型：小农户、专业大户、家庭农场、农民合作社、社会化服务组织、龙头企业。不论哪种类型，都离不开家庭经营这个核心要素。家庭既是基本经营单元，也是主体、主力、主导。农户达到一定的规模即能称得上家庭农场，根据我国国情，家庭农场规模一般在 20～200 亩，配套养殖的话，能繁母羊适度规模应为 50～200 只。专门从事羔羊育肥的养殖规模控制在 200～1 000 只为宜。

小型种养结合的家庭农场，把养殖活动从庭院里迁出来，不再污染村庄庭院，解决了养殖垃圾对村庄庭院的污染问题。养殖场建在田间地头或林地里，这样饲草饲料可以就近饲喂畜禽，节省运输人工等投入。粪便作为肥料，就近施入家庭农场自有农田作肥料，达到了资源生态利用，还可以提升耕地的有机质。由于养殖承载量在合理的范围内，污物不会超载过量，可实现污物的容量控制，既生态化，还低廉。

不少地方政府利用行政力量强力推进土地集中连片，千方百计扶持所谓的龙头企业搞大规模经营，以为政府和企业才是农业经营的未来主体，这是十分荒谬的。大型单体规模化是传统工业化的产物，它适合人少地多的国家。这些畜牧业强国土地资源丰富，金钱资本雄厚，科学技术发达。采取规模化工厂化集约化的方式，单场发展养殖几千头牛、几万头猪、几百万只鸡的规模化，这种大型规模化，我们无法学，不能当榜样、做标杆。

第二节
超大型规模的弊端

金融资本和社会资源盲目发展"超大型牧场"，既造成了超大型牧场的规模不经济，又导致了广大中小型牧场因为得不到应有的扶持和组织，纷纷放弃饲养。同时，超大型养殖场严重污染环境，还易导致畜禽疫病药残等食物安全问题，与可持续发展相悖。工厂化大型单体规模化的畜禽养殖场或养殖小区，造成的环境污染十分严重。高密度大规模的集约化饲养，使单位土地面积上承载了数量超额的畜禽，周围环境容纳消化不了，就泛滥成灾了。污染了土地，污染了水源，污染了空气。养殖场杀蝇灭鼠需要不断地使用化学药物，也形成了持续不断的污染。采取规模化—工厂化—集约化方式建设的大型养殖场或养殖小区，对环境造成严重污染是不争的事实。背离了资源节约环境友好的大方向，尽管一些地方也在针对畜禽养殖小区的粪便污水进行无害化处理，但这走的是"先污染，后治理"的老路，是治标不治本的。采取工业化的方式治污，基建设备投入大，运行费用高，养殖企业不堪承受如此重负。即使此法在点上试验成功，也难以大面积地推广普及。

第三节
调整好大厌小的扶持方式

养殖业要想健康发展，应该是中小散养殖户和规模化养殖场齐头并进，各自在各自领域发挥出优势。相关人员已经意识到养殖的价格周期在中国的愈演愈烈，是资本、伪专家长期共同打击中小散养殖户的结果。今后在扶持政策顶层设计上会有方向性调整。国家对于中小散养殖户的支持主要来源于四个方面：一是把中小散养殖户组织起来，依托龙头企业的技术和市场优势，带动中小散养殖户增产增收。二是推广最近几年大放异彩的"公司＋农户"、托管租赁、入股加盟等养殖模式，支持龙头企业带动中小散养殖户发展生产。三是推动银行业金融机构积极探索"大带小"金融服务模式。四是加强技术指导，组织协会、专家进行培训，发放技术手册等资料，针对中小散养殖户管理水平低、动物疾病防护水平低的问题进行相应指导。

第四节
抱团发展，合作共赢

所谓规模化并不完全是要一家独大。专业的人做专业的事，多种经营主体组织化、产业化发展也是规模化。

养殖业进入新常态，无人置身于外！羊价格"天板"（羊价格远高于进口产品），成本"地板"（饲料价格、用地成本高于国外），两板压缩利润空间；环境、资源双重约束，两道"紧箍咒"；资金、研发两大"瓶颈"；国内、国际竞争两大"杀手"。小养殖户再像过去那样滚雪球式地发展较为困难，即便是已经上规模的企业，不在博弈中崛起，就在博弈中沉沦。

三十多年来，市场行情忽高忽低，每一轮都伤亡无数，能坚持到今天的不论规模大小，都是身怀绝技者，有自己的生存之道。大浪淘沙，少量从业者已经做大，成为行业的佼佼者，一批从业者找到了适合自己的模式，达到了小康水平。

现在看起来畜牧业产业链各环节从原粮农副产品种植、投入品制造供应、种畜禽生产、商品畜禽生产、畜产品加工到流通消费一应俱全，但依然是一种低水平产业链。各环节之间是一种被动的、松散的、没有约束力的合作关系，缺乏诚信和诚信的评价奖惩机制，缺乏风险共担、利益合理分配机制。行情好的时候大家合作愉快，行情不好的时候，互相转嫁风险，而受影响最大的则是养殖环节。

要规避风险，就要抱团发展，造就横向一体化的全产业链，提升行业的整体效益。一体化的全产业链可以延伸价值链，提高产品附加值，可以优化资源配置，循环利用，提高资源利用效率，从而降低经营成本。

第五节
超大型规模化自繁自养羊场失败的原因

超大型规模不是以存栏量或出栏量的大小来定义，但是超大型规模化养殖场存栏量或出栏量一般不会很小。

中国肉羊产业发展至今，超大型规模化肉羊养殖企业成功的案例很少见，其实这并不是肉羊行业本身的问题，而是因为企业管理与规模化、综合技术存在脱节。2019年至2021年初，中国肉羊行情以及肉羊养殖行业整体盈利水平均创造历史新高，中国肉羊养殖行业的家庭农场大多获得了高达30%以上的年度投资回报率，然而诸多超大型规模化肉羊养殖企业却依然稳定地处于亏损状态，事实证明过去十几年肉羊养殖行业的盈利水平是相对稳定可观的，平均年度投资回报率达15%~20%，是比较理想的投资项目。

真正的盈利主体一直都是个体经营者，个体经营者的养羊项目大多数都是盈利的，因为家庭经营模式完全是在经营家庭命运，所以经营者责任心极强！基本是不存在派系斗争与贪污腐败等问题的，所以个体经营者即使在基础设施、技术水平方面有不足之处，也依然可以获得比较好的经营效益！

超大型规模化肉羊养殖企业的管理需要划分多个部门，在多个部门的衔接过程中，任何环节衔接点出现问题均会给生产运营造成障碍与损失，甚至会滋生越来越多的漏洞以及内部派系斗争与贪污腐败等问题！

在这些失败案例当中不乏各路大资本，很多项目都是第一年声势浩大，第二年至第三年荣誉满墙，第三年至第五年乱象难掩、痛苦挣扎，以后大部分企业进入了维持—勉强维持—难以维持—倒闭的轨道。少数企业或经过战略收缩、浴火重生，或被资本抄底控制。

　　繁殖率较低是超大型规模自繁自养羊场的通病。中国肉用繁育母羊的饲养主要有全年放牧、半放牧半舍饲、全年舍饲三种养殖模式。草原牧区以及农牧交错带历来都是规模化繁育母羊养殖的优势产区；农区如山东、河南等地，农户小规模繁育母羊养殖占主导地位。

　　当前中国超大型规模化自繁自养羊场的年度平均产羔率不足 150%，而个体经营者繁育母羊养殖的年度平均产羔率水平为 200% 以上。据测算，规模化全舍饲自繁自养羊场平均产羔率低于 160% 就会赔钱。实际上，在当前的中国超大型规模化自繁自养项目中，有大约 10% 的繁育母羊是在"吃闲饭"的，还有近 50% 的繁育母羊是一年一胎。

　　根据中国的地理及自然资源条件大致可将肉羊养殖带划分为三个大的阶梯带，三个阶梯带的秸秆类干草资源价格差异巨大。2020 年北方粮食主产区主流价格为 350 ~ 600 元 / 吨，中原及华北地区主流价格为 600 ~ 900 元 / 吨，长江两侧地区以及粮食种植业面积较少的西部大部分地区主流价格为 1 000 ~ 1 400元 / 吨。2021 年秸秆类干草资源价格整体上涨 20% ~ 30%，2023 年价格可能会上涨更多。

　　粗饲料资源状况是超大型规模化自繁自养项目的命运基础，粗饲料资源极度匮乏的地区千万不要幻想去从事超大型规模化繁育母羊舍饲养殖，粗饲料资源匮乏或者粗饲料资源价格较高的地区从事超大型规模化繁育母羊舍饲养殖，一定是被"吃倒闭"的结局。如万宁东山羊肥羔的活重售价为 80 ~ 100 元 / 千克，由于粗饲料需要从河南等地购买，所调查的几家规模化自繁自养羊场都在亏损状态。

　　中国肉羊行情连续几十年都在持续曲折上涨，使整个行业都处于极度狂热的氛围之中，全国各地都出现了外行资本疯狂投资大型养羊项目的盲目过度布局现象，众多盲目过度布局的外行资本处于持续亏损状态，注定难以为继。肉羊行情的连续上涨短暂地掩盖了很多问题与隐患，待行情出现理性回落之时，这些问题与隐患都将集中暴露出来，甚至出现集中"暴雷"的场景。

　　虽然肉羊产业的根源在于繁育母羊养殖环节，但是我们不得不承认与面对一个残酷的现实，繁育母羊养殖主要存在资金占用率高、资金积压周期长、资金周转效率低、生产繁育系数低、变现速度慢等特点，令人感到煎熬。这也是中国肉羊价格持续上涨并居高不下的根本原因，所以并不是这块所谓的蓝海没人发现。

无论是在粗饲料资源相对匮乏的南方地区以及西部大部分地区，还是粗饲料资源相对充足的北方粮食主产区，规模化繁育母羊舍饲养殖企业要想健康地生存下去，就必须要将自繁自养技术本身的每一个环节都做到精细化，但事实却是目前仍然存在技术障碍和瓶颈，无法真正将羊饲养管理本身做到极致！

超大型规模化自繁自养项目是极度煎熬的一项事业，不是有钱就可以解决的问题。但是，如果资金储备不足，崩溃是早晚的事。按两年三胎，每胎平均两羔计算，平均年度产羔率的理论极限值约为300%，但是这仅仅是理论上的可能性，可行性研究报告都是基于这个理论根据做出财务分析的，投资者也是根据这个盈利预算去憧憬美好的未来。超大型规模化自繁自养羊场没有未来，遍布中国各地的海量家庭经营群体未来依然是中国养羊产业的主力军。超大型规模化自繁自养羊场依靠超强管理能力、超强政策资助、超强资本运作可以辉煌一时，但很难可持续发展。

第四章
良种为先，优以致用

　　有资料表明，畜禽生产力10%~20%取决于品种，所以说种业是畜牧业的芯片。育种技术既包含前沿的生物分子育种，也包含传统的留优淘劣。育种的目的是杂交利用，在产肉力方面，采用经济杂交比采用纯种繁育生产效率高，一般高30%~50%，最高的可达到75%。我国杂交生产尚未形成体系，羊场对所谓育种的理解就是杂交改良，引进国外产肉性能优良的羊与本地羊进行级进杂交，其结果是把地方品种的高繁性能改丢了，而国外良种的产肉性能退化了。目前，最大的乱象是每个羊场无论大小都在打着育种的旗号搞杂交，血统混乱到说不清的地步！国家花费很大的代价对地方品种资源进行保护，同时还要不断地引进国外良种。养羊人当前亟待解决的问题是理解育种与生产的关系，面对未来行业的竞争，结合自身规模及实际情况，明确定位，做自己专业的事情，如育种场专业育种，商品肉羊场搞好经济杂交。

第一节
引种问题

一、存在的问题

我国肉羊生产中有待进一步研究和解决的最为突出的问题是没有优质高产的专门化的父系品种。不少地区利用从国外引进的肉羊品种与本地羊杂交，拟培育地方性肉羊品种，但由于体制的原因和投入的不足，缺乏健全的良种培育和推广体系，国家对肉羊产业发展和肉羊品种培育缺乏统一的组织协调和宏观调控，极大地限制了我国肉羊良种培育、推广和应用。我国有众多高水平畜牧研究机构和大专院校，有大量高水平养羊学专家，各级畜牧行政部门也有技术推广机构和技术人员，但我国的考核机制导致从业人员急功近利、各自为战，没有组织形成区域性、持续性的育种和技术推广体系。近几年实施的科技支撑计划和产业技术体系项目，虽组织了部分专家开展工作，但因与各地产业发展规划和畜牧技术推广体系脱节，其工作仅与部分肉羊企业合作，没有与当地肉羊繁育体系建设和产业发展规划相结合，工作效果并不理想。从国外引进种羊的扩群繁育还普遍采用传统方法，繁育速度慢、效率低，在如何与国内相关品种形成优良配套组合，提高我国肉羊产品质量和效益方面做得很不够，从而在相当大的程度上制约着中国肉羊产业的发展。引进的肉羊品种品质参差不齐，有的甚至仅为炒种、倒种；种羊场出场的种羊没有统一标准，有的质量差、价格高，有的以杂种或低代杂种羊当作纯种出售，坑害用户。

有些科研、生产单位对引进良种肉羊品种进行适应性和经济杂交研究，但仅局限于试验和小规模推广与应用阶段，尚未培育出名副其实的优良肉羊品种，缺乏对肉羊改良效果进行系统研究。优质羔羊肉生产的经济杂交体系处于初级阶段，不同生产目的和适应不同生态条件的最佳杂交组合筛选仍在试验优化阶段，肉羊杂交模式的建立普遍停留在二元杂交，三元、四元杂交模式停留在试验的探索阶段，没有形成稳定的配套生产体系。

二、引种策略

要根据自己的财力，合理确定引羊数量，做到既有钱买羊又有钱养羊。准备购羊前要备足草料，修缮羊舍，配备必要的设施。

养殖户刚开始养羊不要追求太昂贵的种源，首先是把羊养好、养不死，减少前期投资和成本，积攒一些经验。这样就不会听信广告宣传跑那么远去买所谓的优质的种羊，就不会被羊贩子骗，就不会因为长途运输应激造成极大的损失。正确的选择是就近就熟，可以在本地市场购买一批健康的母羊，但种公羊就要不惜代价买正规种羊场的。当羊出现问题时，请来的专家、名师可能忽悠说引的羊品种不行，这批羊也许确实存在隐性疾病或质量较差，但并不一定是品种的问题。越是品种好的羊越娇气，不好养。等到你的技术与设施磨合好了，再买些好品种来改善羊群也不迟。即使你想推陈出新，也请你养几年羊有了经验和本钱再去做新的品种冒险，而且尽量多去几家，比较一下羊的质量和每个羊场的信誉，再做最后决定，付定金购羊。

千万不要迷信一些媒体广告宣传，天上掉馅饼的事不要去碰，否则必上当。有的地方名气很大，利用低价钓你上钩，一入了套路就由不得你了，不是实际交易价格大涨，就是以次充好。有的所谓种羊场就是一个幌子，养殖户或二道贩子把羊送到那里以后，经过整理包装就成了有身份的种羊了。这样的羊系谱造假，遗传不稳定，疫病隐患较大。

三、要明确生产定位

根据当地饲草饲料、地理位置等因素加以分析，有针对性地考察羊的品种特性及对当地的适应性，进而确定引进什么品种。种公羊都是要纯种，种母羊可以是纯种（原种场只能引进纯种进行本品种选育），也可以是杂种（商品羊场利用杂种母羊进行多元杂交生产）。

一种产品是否能占领市场取决于发展的初期能否占领周边的市场，针对养羊也不例外，如果你的羊在当地都不受欢迎，那么你就很难打开远方的市场。南方除了湖羊以外不适合其他品种绵羊的生存，花高价引进杜泊绵羊、萨福克羊等优良品种不会带来好的收益。海南市场黑山羊很受欢迎，在那里养波尔山羊就没有销路。在新疆有一家种羊场引进了杜泊绵羊、小尾寒羊，繁育出来的种羊在当地没人买（不能放牧），当作商品肉羊出售又因成本高而亏损大，后来因舍不得出售而一直养着，导致亏损越来越大。

四、引种技术

1. 引种要求

到种羊场去引种羊首先要了解该羊场是否有种畜禽生产经营许可证、种羊合格证以及种羊系谱档案卡，三者是否齐全。若到主产地收购，应主动与当地畜牧局联系，办理引种手续（检疫证）。运输路检还需要携带购羊合同、购羊发票、免疫记录、加盖公章的营业执照复印件、加盖公章的种畜禽生产经营许可证复印件、加盖公章的动物防疫条件合格证复印件。

2. 挑选技术

选羊要看羊的外貌特征是否符合本品种特征，如公羊要选择 1~2 岁龄的，手摸睾丸富有弹性，若手摸有痛感的羊多患有睾丸炎，膘情中上等但不要过肥或过瘦；母羊多选择 1 岁龄左右，这些羊多半正处在配种期，母羊要强壮，乳头要大而均匀。

3. 引种时间

一般情况，春、秋两季引种羊较好，这是因为春、秋两季气候适宜。最忌在夏季引种羊，这是因为 6~9 月天气炎热、多雨，大都不利于远距离运输。如果引种羊距离较近，运输不超过一天的时间，可不考虑引种羊的时间。对于引地方良种羊，这些羊大都集中在农民手中，所以要尽量避开麦收和三秋农忙时节，这时大部分农民顾不上卖羊，选择面窄，不利于引种。

4. 引种比例

确定引入品种后，还要考虑引种比例，一般引进育成羊（6 月龄以内）、青年孕羊（15 月龄以内）、成年孕羊（50~75 千克、4 岁龄以下），分别按照 3∶4∶3 的比例购买，这样的比例是西北农林科技大学硕士生导师王惠生老师的科学建议。小羊引种费用低；青年羊是中坚力量，是未来的希望；成年怀孕母羊多胎性能好、产羔成活率高，生一胎即便淘汰也不亏钱。一般这样的引种比例当年可见效益，仅靠出售繁殖的羔羊就可以收回引种投资。视群体大小确定公羊数，一般比例要求 1∶（15~20），老群体较小，可适当增加公羊数，以防近交。

5. 运输

装车前 12 小时开始禁食，车厢底要铺草或地毯以便防滑、吸尿。运输途中羊怕热不怕冷、最怕密封不通风，气温 5℃以上不必采取保暖措施。种羊到达后，必须先隔离 2~3 周才能进场混群饲养。

五、处理好引种应激

　　羊从一个环境到另外一个环境，不论距离远近都会出现大约半年的不适应阶段，所以 3~6 个月的精细管理非常关键。第一天，羊进圈安静休息（春、秋、冬季 1 小时，夏季 3 小时）后开始饮水，水中添加抗应激药物如电解多维、微生态制剂等，7 天后改为正常饮水。羊进圈休息 6~8 小时后，可供给少量花生秧，每天 0.1~0.2 千克 / 只；第二天供给少量优质干草，每天 0.2~0.3 千克 / 只；第三天至第七天饲喂花生秧、蒜皮和青贮饲料，采食量由每天 1 千克 / 只逐渐过渡到正常饲喂量，再加入饲喂精饲料，并在精饲料中拌入板蓝根粉、败毒散等，精饲料量由每天 0.2 千克 / 只逐渐过渡到每天 0.4 千克 / 只。第七天之后采用全混合日粮正常饲喂。第五天注射三联四防、羊痘疫苗；第九天至第十一天用阿苯达唑、伊维菌素预混剂拌料驱虫；第十二天注射小反刍、口蹄疫疫苗；第十五天至第十七天剪毛、修蹄、药浴；第十九天第二次用阿苯达唑、伊维菌素预混剂拌料驱虫；第二十天至第二十一天抽血进行布鲁氏菌检测、打耳标、B 型超声（B 超）孕检。按羊大小挑选分圈。治疗患消化不良、口炎、腐蹄、感冒、肺炎的羊。

六、要良种良方

　　正确看待地方品种，我们不能老是抱怨当地羊品种生产性能不好。杜泊绵羊、萨福克羊等品种是很优秀，如果把我们的哈萨克羊引种到它们的原产地驯化培养几百年，照样成为优秀品种。把杜泊绵羊、萨福克羊像哈萨克羊一样交给我们的牧民放牧，它们能不能活下来就是一个问题。都知道良种良方，关键是怎样做到良种良方，做到了良种良方还有没有效益？因此，要大力发挥地方优良种羊品种的优势，通过提纯复壮，建立起有地理标志品牌的优良肉羊生产体系，培育出具有抗逆性强、繁殖率高、生产性能高、饲料转化率高的肉羊品种。

七、不要走进"引种—退化—再引种"死胡同

　　没有建立规范的肉羊繁育体系，每个羊场对自己的定位不明确，往往一个羊场同时引进几个品种，由于种群规模太小无法科学选育和避免近交，所以退化很快，容易走进"引种—退化—再引种"死胡同。

培养繁殖率高、适应当地环境的品种并不难。只需用产肉性能高的引进品种与繁殖率高的本地品种杂交，然后进行横交固定，按照育种指标选育几代就成了。土办法是把杂交一代按比例封闭到某一个牧区，其他羊不准进入，让牧民自己选留繁衍，几代之后自然而成。这种土办法需要 5～10 年的时间，如果使用现代育种技术去干预，效果会更好。

第二节
育种技术

一、选种

1. 种羊选种

种公羊符合品种特征，外貌威武雄壮，产肉性能突出，必要时后裔进行屠宰测定。经过初生、断奶、6月龄、周岁、两岁进行外貌特征、日增重、繁殖性能、体尺体重等生产性能多次鉴定，分出等级。选用外来品种作为种公羊，首选的指标是日增重、料肉比、产肉性能和繁殖性能。

种母羊除外貌特征、体格大小、背膘状况、体尺体重外，还要对其乳房发育、产羔数量、母性行为、哺乳能力、产后发情等有关指标进行记录、考核，选择产羔多、母性好、哺乳能力强的个体作为种用。

2. 系谱选择

生产实践中，常常通过系谱审查来掌握被选个体的育种价值。根据系谱选择，主要考虑影响最大的是亲代即父母代的影响，随血缘关系越远，对子代的影响越小。因此，一般对祖父母代以上的祖先资料很少考虑。

3. 群体选择和个体选择

群体选择主要对整个羊群从外貌整齐度、体格大小、营养状况进行选择。个体选择主要对个体的品种特征、体形外貌、体高体重、生殖器官、系谱审查、后裔测定、基因测定等方面进行选择。对于母羊个体，进行绵羊多胎基因（FecB）基因型鉴定，做到早期（初生）选种。

二、选配

1. 表型选配

按公、母羊主要经济性状（选择肉羊标准为生长发育速度快和产肉性能高）的表现进行选配，重点考核生长发育速度、屠宰率、净肉率、羊肉品质、饲料转化率等性状。把优缺点相似的母羊进行归类，指定一只或数只能够改变母羊缺点的种公羊进行配种。自然交配时公羊的体高、体重要高于母本，人工授精时不受此限制，但需要重视公羊的精液品质。

2. 亲缘选配

选择健康状况良好、生产性能优良、没有严重缺陷、血缘关系相近的公母羊进行配种，取得纯度较高的后代。亲缘选配要进行严格鉴定，发现遗传缺陷的个体必须及时淘汰。

3. 同质选配

选择性状相同、性能表现一致、育种相似的优秀公、母羊交配，以获得与双亲相似的羔羊，将种公、母羊的优良特征固定下来。

4. 异质选配

选择体形外貌、生产性能等某一方面或某几方面表现不相同、不相类似的个体间组成交配组合。异质选配主要适用于以下两种情况：一是为结合公、母羊双方不同的优良性状，如选择生长快的公羊和产羔多的母羊形成交配组合，可获得生长快、繁殖力强的后代；二是用各方面表现优良的公羊来提高、改进群体或个体的某些缺点或不足。

三、品系育种

按血缘关系组群或按表型特征组群。如果品系基础建立后，需要进行闭锁繁育，不能引入外来种公羊。可对公羊、母羊进行 FecB 基因型鉴定，将 BB 型、B+ 型公羊和母羊分别组群，分别形成不同的品系，如高繁殖力品系和大个快长品系。在高繁殖力品系内，同质选配，即 BB 型公羊配 BB 型母羊。在品系间进行杂交，异质选配，可形成聚合高繁殖力和生长快特性的合成新品系。

四、本品种选育

选育原则是保持本品种的优点，克服本品种的缺陷，提高本品种的生产性能，实现优势更优、强势更强。主要方法为选种、选配、品系繁育等选育手段。如根据湖羊的优良特征，选育、选种侧重在高繁殖率和肉用性能两个方向进行。

本品种选育措施：建立核心群、原种羊群、商品羊繁殖群三大育种体系；针对品种的缺点加大选育的强度。核心群可以采用不同程度的近交，选育出理想个体。对优秀个体和核心群可以采用基因型鉴定方法，推进基因育种；强化饲养管理、防疫保健等综合措施，让优秀个体、核心群在良好的环境和饲养管理条件下充分发挥品种的优势。种羊本品种选育技术流程（图4-1）。

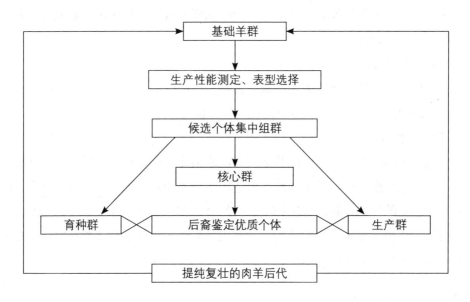

图 4-1　种羊本品种选育技术流程

五、杂交育种

以提高生产性能为目的的杂交，一般采用级进杂交，即用引进的优良肉羊品种的种公羊与当地的母羊进行杂交，杂交公羊淘汰作为肉羊屠宰，优良的杂交母羊留种，继续与优良肉羊品种进行杂交，这样连续几个世代地进行下去，杂交后代的生产性能越来越接近于父系品种；如果地方品种已基本满足了生产的需要，但是要纠正某个缺点，一般采用引入杂交，即引进少量的外来血液，与当地品种进行一个世代的杂交，在杂交后代中选择合乎标准的公、母羊留种，这些种羊再与当地品种的公、母羊进行回交，从中培育优秀的种公羊。通过引入杂交使当地品种的缺点得到了纠正，又不动摇原有品种的特点，因此也叫导入杂交。用几个不同的绵羊（山羊）品种杂交，目的是培育一个新的品种，这样的杂交叫育成杂交。

1. 级进杂交育种

从根本改变一个品种的生产方向，应用级进杂交是比较有效的方法。级进杂交是以两个品种杂交，即从第一代杂种开始，以后每代所产杂种母羊继续用该品种公羊交配，3～5代其杂种后代的生产性能基本上能达到预期目标。级进杂交并不是将原来的品种完全变成改良品种的复制品，而是创造性地利用。例如，我国有些山羊、绵羊品种的繁殖力很强，肉质很好，这些特性必须保留下来。因此，杂交的代数并不是绝对的，需根据当地的环境、育种目标和杂交效果确定，一般到基本上达到育种目标时，杂交就可停止。进一步提高生产性能有待于以后的育种工作。

级进杂交能否育成新品种，与原来品种和改良品种原产地之间的自然条件和饲养条件有关系，也与选种工作做得好坏有关。当引进的优良品种对饲养管理条件要求较高，或对当地的生态条件适应性较差时，则不能达到预期目的。如杂种羊体质不结实或生活能力弱，就应当重新考虑育种目标和育种方法是否切合实际。杂交代数越高越好的看法是不全面的，因为同代杂种羊的各种性能、生产速度、繁殖力等不是完全一致的，所需要的杂交代数也就不同。符合要求的杂种公、母羊可以进行横交，某些不符合要求的母羊还可以用纯种公羊继续杂交一两代。

在生产实践中，级进杂交常用归属的方法进行。即当级进杂交到一定程度，某些经济性状达到育种要求时，可归属为培育品种，然后进行横交固定。达不到育种要求的，继续用改良种公羊进行改进，至达到要求时，再行归属。当归属的培育品种达到育种要求，并有足够数量时，即可定为品种，进行纯繁固定。

2. 育成杂交

原有品种不能完全满足需要时，则利用两个或两个以上的品种，创造一个新的品种。用两个品种杂交培育新的品种称为简单育成杂交，用三个或三个以上品种育成新品种，称为复合育成杂交。

育成杂交的目的，是要把两个或几个品种的特点保留下来，克服它们的缺点，成为新的品种。也就是说，要争取把所要参与杂交育种的品种优点组合到育成品种身上，把不良的性状去掉，从而使育成的新品种具有几个品种的共同优点。育成杂交过程中所用品种各占的比重可以是均等的，也可以是不等的，要根据具体情况而定。

在育成杂交的过程中，改良品种的选择是非常重要的。不仅要注意其生产性能、适应能力，还要特别注意所需要的优良性状的表现情况。同时，由于品种内个体之间也是有很大差异的，所以不仅要注意品种的选择，还要特别注意个体的表现情况。

育成杂交培育新品种，根据育种过程中工作的重点不同可以分为三个阶段，即杂交改良阶段、横交固定阶段和选育提高阶段。但是这三个阶段不能完全分开，往往是交错进行的。在进行前一阶段工作时，就要努力为下一阶段准备条件，争取使育种工作有计划连续进行。

（1）杂交改良阶段　杂交是指将遗传基因不同的品种中的某些个体交配，把不同基因型结合在一起，从而使人们需要的各种优良性状结合在一起。

我国的绵羊、山羊主要是地方品种和一些杂种。培育新品种时，选择较好的基础母羊可以大大缩短杂交过程。一般杂交改良阶段要经过 3~4 代的时间，在这一阶段公羊不仅要选择合适的品种，也要注意选择优秀的个体。在杂交改良的过程中应不断整顿羊群，按质分群，根据当地情况逐渐改善饲养管理条件。随着级进代数的提高，相关的生产性能也随之提高。但杂种后代往往对环境的适应力会降低，出现羔羊毛短皮薄、体温调节能力差、生长速度加快的现象，导致发病率高，对饲养环境卫生的要求提高，如果不及时改善饲养管理条件，不仅生产性能得不到提高，而且羊成活率会降低。所以，在育成杂交中，特别是级进到二三代以上时，要根据羊的适应性，供给营养平衡的草料并设置性能良好的棚舍。

在杂交育成过程中，不仅要注意群体经济性状的变化，而且应注意个体的变化，及时发现遗传性能优秀的个体。杂交初期，群体性状出现参差不齐，经济性状不可能有很大提高。发现了突出个体，便有可能去提高群体，转入横交固定下来，育种才有较大的成功率。

（2）横交固定阶段　亦称自群繁育阶段。横交固定的时间应根据育种方向、横交用的公羊质量、母羊的基础和理想型羊的数量等来确定。一般要级进到三四代以上才进行横交固定，但以四代横交效果比较好。例如哈萨克羊和蒙古羊都是用细毛公羊杂交到四代，然后进行横交。如果基础母羊的生产性能较好，则达到理想型要求以后即可进行横交，不一定要到四代。

在育种中，进行横交固定的个体，其主要性状必须符合要求，不能以次充好。在开始横交时，个体常发生比较大的分离，要严格进行选择。对于经济性状表现明显、遗传稳定的羊留用；对于尚未达到育种目标的羊，应继续级进。这对遗传力高的性状，效果更好。

（3）选育提高阶段　当通过横交固定，理想型羊达到一定数量时，这个杂交群就可以称为一个品种群。作为一个品种群，不论是质量还是数量都需要提高，特别是数量要增加。选育提高阶段的数量扩大有两条途径：一是横交固定的个体通过纯繁增加后代，二是理想群的横交固定产生优秀个体。提高羊群的质量主要是通过不断选择去实现。

在横交固定时已建立了品系的羊群，则应扩繁优秀的品系；尚未建立品系的羊群，应统一类型，建立品系，扩大繁育地区。

六、育种新技术

未来较长一段时期里，常规育种技术仍是畜禽遗传改良的主要手段，但分子生物技术以及基因工程技术的发展，DNA分子遗传标记在遗传育种中的应用，将为羊遗传改良提供新的途径和方法，创造携带优良基因的新品种。对影响免疫功能、畜产品品质遗传基础的进一步认识，将使畜禽种不再停留在单纯地提高个体生产性能，品质育种、抗病育种将成为畜禽育种的重要内容。

第三节
商品肉羊杂交生产模式介绍和科学选择

经济杂交是利用各品种之间的杂种优势，提高肉羊的生产水平和适应性。不同的品种进行杂交，其杂种一代均具有生命力强、生长发育快、饲料利用率高、产品规格整齐划一等多方面的优点。所以，在商品肉羊的生产中，普遍采用经济杂交。经济杂交常用二元终端杂交、回交、级进杂交、三元终端杂交、多品种轮回杂交等。杂交模式是肉羊生产获利的主要手段。研究表明，通过杂交方式进行肉羊生产，产羔率一般可提高20%~30%，增重提高约20%，羔羊成活率可提高40%左右，另外，在羔羊生产中多元杂交效果更好。据美国农业部估计，羔羊肉生产收入的增加，15%是个体生产性能选育的结果，30%~60%是经济杂交的结果，25%是多胎的结果。

试验表明，两品种杂交产生的羔羊断奶体重的杂种优势率在13%以上，三品种杂交的杂种优势率在38%以上，四品种杂交的杂种优势率又超过了三品种杂交。在产肉能力方面，采用经济杂交比采用纯种繁育生产效率高，一般高30%~50%，最高的可达到75%。生产1吨羔羊肉所需的繁殖母羊数量：如果本品种选育（不存在杂种优势）为100只的话，那么二元杂交为93只，三元杂交为72只（有父本优势）和63只（有母本优势），四元杂交为60只。

杂交生产需要配套的纯种繁育作支撑，二元杂交需要2个纯种、三元杂交需要3个纯种、四元杂交需要4个纯种，需要的纯种越多，杂交生产体系的建立就越复杂，而且，终端经济杂交还需要专门生产杂种母畜。完美地开展这项工作，需要一个地区甚至一个国家分工协作。目前，我国杂交生产尚未形成体系，发达国家也仅做到三元杂交而已。

一、二元终端杂交

1. 概念

2个品种之间杂交所生后代为二元杂种，杂交后代不论公母全部用于商品生产而不作种用。杂种后代中100%的个体都会表现出杂种优势。

2. 特点

二元终端杂交简单易行，杂交优势明显，能迅速获得显著的经济效益，并只需一次配合力测定就可筛选最佳杂交组合。缺点是生产效率的提高不及三元杂交等，并且需要饲养两个纯种（系）。就母本品种群体而言，需要17%~20%用于纯繁生产种用羊，80%~83%用于杂交生产。

3. 推广建议

二元终端杂交适合中小规模养殖场，养殖场需要引进良种父本，以繁殖性能好的地方品种为母本，但必须保持一定数量的纯繁。二元终端杂交是最简单的杂交生产模式，经济效果显著但还有提升空间，适合没有配套社会化供种供精体系的情况。

二、回交

1. 概念

二元杂交的后代又叫杂一代，代表符号是 F_1。回交即用 F_1 母羊与原来任何一个亲本的公羊交配；也可以是 F_1 公羊与亲本母羊交配。

2. 特点

为了利用母羊繁殖力的杂种优势，实际生产中常用纯种公羊与杂种母羊交配，但回交后代中只有 50% 的杂种优势。虽然利用了杂交母羊，但生产效率有所降低。

3. 推广建议

回交只是利用了二元杂交的杂种母羊，是在没有配套社会化供种供精体系的情况下的权宜之计，最大化利用了现有的少量品种资源。回交多在杂交育种工作中应用，只为调整某亲本基因在新品种中的比重。

三、级进杂交

1. 概念

级进杂交就是两个品种杂交，其杂种后代连续几代与其中一个品种进行回交，最后所得的畜群基本上与此品种相近，同时亦吸收了另一品种的个别优点。级进杂交通常有两种方式，即改造杂交和引入杂交。若某一品种生产低劣，可将该品种母畜与另一高产品种的公畜杂交，其杂种后代连续 3～4 代与高产品种回交，后代保留低劣品种个别优点，生产性能接近或超过高产的优良品种。这种级进杂交方式常称为改造杂交。若某一品种基本上能满足需要，但个别性状不佳，难以通过纯繁得到改进，则选择此性状特别优良的另一品种进行杂交改良；杂种后代连续 3～4 代与原有品种回交，可纠正原有品种的个别缺点，以提高畜群的生产性能。此方式常称为引入杂交。

2. 特点

级进杂交是选择良种公羊与被改良品种的母羊交配，所得杂种母羊每代都用同一品种的公羊交配，直至被改良品种得到根本改造，达到预期目的为止，这种方法能迅速地改造生产力低、生产方向不理想、生长缓慢、体格小品种等问题。然后通过横交固定、目标选育等技术手段培育出新品种。级进杂交目的是育种，但是，我们往往错误地把它用于商品生产。如级进杂交二代以后杂交优势就没有了，只是越来越趋向于父本的经济性状，其母本的基因快速减少。如萨福克、无角道赛特、特克塞尔等品种与小尾寒羊的级进杂交二三代群体中高繁基因率严重下降，高繁性能几乎丧失（双羔率仅为7%）。

3. 推广建议

国内一般采用进口良种肉羊做父本、地方品种做母本进行级进杂交，由于容易开展工作，并且产肉性能改良效果明显，所以广泛被养殖户接受。进口良种肉羊产肉性能高，繁殖率低，地方品种刚好相反，采用适当杂交模式具有很好的互补作用，但是，高代次级进杂交会把地方品种的高繁性状逐渐排挤掉。规模化舍饲养羊不同于草原放牧，如果母羊繁殖率低，就不可能产生经济效益。近几十年来，进口良种通过无序的级进杂交，洪水猛兽般吞噬了我国无数的地方品种，已经造成了巨大的损失。商品肉羊生产场不建议采用级进杂交。

四、三元终端杂交

1. 概念

三元终端杂交是先用两个种群杂交，产生的杂种母本再与作为终端父本的第三个种群杂交，产生的三元杂种可作为商品肉羊。

2. 特点

三元杂交的优点在于它既能获得最大的个体杂种优势，又能获得效果显著的母体杂种优势，充分发挥三个品种（系）的基因加性互补效应。缺点是需要饲养三个纯种（系），培育较为复杂且时间较长，一般需要二次配合力测定以确定生产二元杂种母本和三元杂种肉羊的最佳组合。

三元杂交公认比二元杂交效果要好，说明参与杂交的品种越多，获得的经济效果越显著，但对于羊等繁殖率较低的动物来说并不太容易实现。发达国家做到三元终端杂交的也为数不多，而国内仅限于少数超大型规模化养殖企业生产和科研实验。

为什么三元终端杂交在商品猪的生产中得到了广泛应用，而在商品羊生产中难以实现呢？因为三元终端杂交生产不但需要保持三个品种一定数量的纯种繁育，还要有配套的二元母本制种场，猪的繁殖率高，仅需要按商品猪生产规模的4%进行配套二元母本制种场，而商品羊需要按生产规模的20%进行配套。由此可见，羊的三元终端杂交生产配套体系比较庞大，效率不高。

3. 推广建议

特大型养殖场、多场联合体、"公司＋农户"一体化等经营体可以推广三元终端杂交；具备完善的社会化供种供精体系的区域，有组织地推广三元终端杂交，可以达到很好的效果。

五、轮回杂交

1. 概念

轮回杂交系统是组合两个、三个或更多品种杂交生产的杂交系统。羊繁殖率低，比较适合轮回杂交模式。轮回杂交优点是可以直接利用杂种母畜，只需要引进或自繁少量种公羊。杂交生产体系必须采用人工授精技术。

二元轮回杂交：A 和 B 杂交产生 F_1，F_1 母羊与 B 品种公羊杂交产生 F_2，F_2 母羊再与 A 品种公羊杂交产生 F_3，F_3 母羊与 B 品种公羊杂交产生 F_4……（图 4-2）

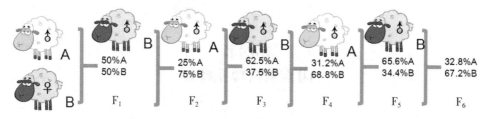

图 4-2　二元轮回杂交示意图

三元轮回杂交：A 和 B 杂交产生 F_1，F_1 母羊与 C 品种公羊杂交产生 F_2，F_2 母羊再与 B 品种公羊杂交产生 F_3，F_3 母羊与 A 品种公羊杂交产生 F_4，F_4 母羊与 C 品种公羊杂交产生 F_5……（图 4-3）

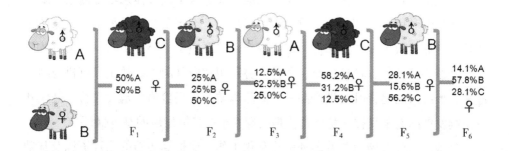

图 4-3　三元轮回杂交示意图

2. 特点

轮回杂交系统与终端杂交系统的前期过程相同，不同的是杂交所产下的母羔可用作后备母羊而不是全部作为商品羊。

三元轮回杂交时，当所有母羊含有第一个品种 5/8 的血统、第二个品种 2/8 的血统和第三个品种 1/8 的血统时，系统达到平衡状态。这一杂交系统的优点在于直接生产后备羊，保持母羊群的杂合度（F_1 群体中杂合度占 87.5%），其缺点是需要三个独立的种羊群，每年提供配种公羊。

3. 推广建议

轮回杂交可随时从杂交后代中留取繁殖用母羊，不再设立专门的母羊生产板块，只需要少量相关品种的纯种公羊供应，生产过程简单，并能保持效果良好的杂交优势。当具备完善的社会化供种供精体系时，这种模式更简单易行。各种类型的商品肉羊生产经营体都可以采用轮回杂交生产模式，更适合散养户、中小规模养殖场。

第四节
肉羊繁育体系建设

利用不同品种相杂交，产生的各代杂种，均具有生命力强、生长发育快、饲料利用率高、产品率高等优势，在肉羊业中被广泛利用。目前发达国家多采用三元或四元杂交生产肥羔。在美国，羔羊断奶后，即从草原转至农区育肥；在新西兰，专业化繁育场羔羊 5~6 周龄断奶，强度育肥后 4 月龄出栏。肥羔生产形成集约化、产业化、工厂化。当前，我国肉羊繁育体系很不健全，缺乏合理而持续利用的长期规划。重引进，轻培育，无序杂交，品种杂乱现象较为严重，进而导致羔羊成活率低、繁殖率低，羊群质量下降。肉羊良种繁育体系将纯种核心群选育、良种扩繁、杂种优势利用和商品肉羊高效生产有机地结合起来，最终目的是提升终端产品——商品肉羊的市场价值。建设完善、健康和可持续发展的肉羊良种繁育体系，是实现养羊业持续发展的基本保证。

我国农村要开展肉羊的杂种优势利用工作，应根据各地的品种资源及基础条件，在杂交试验的基础上，制定杂交规划，有组织、有计划、有步骤地开展经济杂交工作。盲目杂交不仅不能获得稳定的杂交优势，而且会把纯种搞混杂，破坏肉羊品种资源。因此，除进行配合力测定试验外，应有组织、有系统地建立起完善的纯繁和杂交繁育体系。在繁育体系中，开展杂交所需的纯种羊，有专门的羊场和科研单位进行选育和提供，杂种种羊也有专门的羊场制种，商品羊有专门的羊场进行繁殖、肥育，在良好的组织管理条件下，就能达到统一经营，充分利用杂种优势，提高产品数量和质量，以取得高额的社会经济效益。

在建立繁育体系工作中，应成立品种协会或品种育种委员会。制订育种计划和实施方案，负责技术和组织方面的协调工作。畜牧业发达国家十分重视家畜良种的选育和家畜良种繁育体系的建立，以充分发挥优良种畜的作用，不断提高畜牧业生产水平。

建立羊的繁育体系，是为了在较大范围内提高育种和杂种优势利用的效果。要建立一整套合理的组织结构，包括设置不同生产性质的羊场（如育种场、繁育场），确定他们的规模、经营方向和任务，互相配合协调发展，从而加快羊群的遗传改良，提高羊群的整体生产性能和经济效益。在现代养羊生产中，建立健全肉羊的繁育体系，能使肉羊的杂交利用工作有组织、有计划、有步骤地进行，有利于良种肉羊的选育提高和繁殖推广，可使在育种羊群中实现的育种进展逐年不断地传递并扩散到广泛的商品肉羊生产群中。

繁育体系应包括原种场、扩繁场、杂交制种场和商品场（包括经济场和养羊专业户）、人工授精技术服务网点、肉羊性能测定站、育种科研机构等。质量以原种场最高，数量以商品场和专业户为最多，呈金字塔形状排列，优秀基因流的方向同样从金字塔的顶端指向底端，不能反向，终端商品肉羊的品质是检验整个繁育体系最好的依据。

建立三级繁育体系，其中有两级种羊场和一级商品羊生产场。第一级为纯种繁育，一般由国家建立若干个品种的纯种繁育场，每个纯种繁育场饲养一个品种，一方面进行本品种选育提高，另一方面为第二级、第三级繁育场提供良种父本；第二级为杂种繁育场，一般为畜牧主管部门认定的种羊场，利用一级纯种繁育场提供的母本和第一父本进行杂交，专门生产杂种母本；第三级为商品羊生产场，利用第二级杂种繁育场提供的一代杂种母本与第一级纯种繁育提供的第三父本（终端父本）或人工授精站第三父本精液进行三个品种杂交，所产三元杂交后代进行羔羊育肥上市。也可以进行四元双杂交，只是需要四个品种参与。农户可以进行多元轮回，自留杂交母羊与人工授精站提供的不同父本精液配种，可以免除引种的麻烦，同样也享受了繁育体系的利益。

目前，我国羊的三级繁育体系还处在混乱状态，各级羊场定位不明确，往往一个规模化羊场饲养多个品种。杂交三代后，出现种羊退化、杂化、优势不明显现象。

第五章
流水不断，繁殖是关键

　　配种是家畜生产的总开关。现代肉羊生产体系的基本特征之一就是依托科技进步，提高母羊的生产效率，即提高母羊的繁殖效率。长期以来，我国肉羊生产一直延续常规的一年一胎的繁殖体系，母羊的繁殖生产效率低下，导致羊群扩繁慢，经济效益低，很大程度上制约了我国肉羊业发展。因此，推广现代繁殖技术，实施密集繁殖体系，对提高我国肉羊生产效率具有十分重要的作用。

　　现代繁殖新技术在发达国家被广泛推广应用于肉羊生产中，如调节光照促进肉羊早发情、提早配种、同期发情、统一配种、早期断奶、统一断奶、诱发分娩、集中强度育肥等措施，较好地缩短了羊的非繁殖期，可使羊肉大批量生产，做到均衡上市，全年供应。

第一节
羊的繁殖技术基础

一、公羊的生殖系统

公羊生殖系统主要由外生殖器官和内生殖器官两部分组成。外生殖器官包括阴茎、尿道和阴囊，内生殖器官包括睾丸、附睾、输精管、精囊腺和前列腺等（图5-1）。

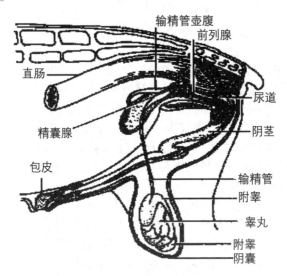

图 5-1　公羊生殖器官

1. 外生殖器官

（1）阴茎　阴茎有排精和排尿双重功能。由坐骨弓开始，经两股之间沿中线向前延伸至脐部。阴茎由两个阴茎海绵体和一个尿道海绵体构成，外包致密结缔组织和皮肤。海绵体内部有与血管相通的腔隙，当这些腔隙被血液充满时，阴茎就勃起。阴茎的前端称为阴茎头，自左向右扭转，尿道突长3~4厘米，有"S"状弯曲。射精时尿道突可迅速转动，将精液射在子宫颈口的周围。

（2）尿生殖道　公畜的尿道兼有排精的作用，所以称为尿生殖道。前端接膀胱颈，沿盆腔底壁向后延伸，绕过坐骨弓，再沿阴茎腹侧向前伸延至阴茎头，开口于外界。尿生殖道可分为骨盆部和阴茎部，两部分以坐骨弓为界。

（3）包皮 包皮为覆盖于阴茎游离部的管状皮肤套，有保护和容纳阴茎头的作用。

（4）阴囊 阴囊位于阴茎根部，是一皱皮囊袋，内藏睾丸、附睾、输精管起始段，中间由阴囊隔将两个睾丸分开。阴囊的皮肤薄而柔软，有丰富的汗腺、皮脂腺，被毛稀少，其壁含有肌肉纤维。阴囊对温度的变化特别敏感，冷时收缩，睾丸提升；热时松弛，睾丸下降，借以调节睾丸的温度，以利于精子的发育与生存。公羊睾丸的温度比体温低4℃。阴囊有保护睾丸和输精管的作用。

2.内生殖器官

（1）睾丸 睾丸在阴囊内，左右各一，呈卵圆形，胚胎时期，睾丸位于腹腔内，肾脏附近。出生前才通过腹股沟管下降至阴囊中，这一过程称为睾丸下降，如果一侧或两侧睾丸仍留在腹腔内，称为隐睾。隐睾家畜不宜作种公畜用。睾丸是公畜主要的生殖腺，其主要功能有两点。功能一是生成精子。在睾丸内部，有数千条弯弯曲曲的小管叫作生精小管，生精小管就是精子的"生产车间"。在生精小管的管壁内有许许多多的精原细胞。性成熟前，这些细胞都处于"睡眠状态"。一旦到了性成熟期，它们便开始从"酣睡"中"苏醒"过来，经过分裂、发育的复杂过程而成为精子，其生成能力之强，效率之高是相当惊人的。公羊每克睾丸组织平均每天可产生精子2 400万～2 700万个。在某些病理情况下或受某些物理、化学因素的影响，常可导致精子生成障碍，造成精液中精子数量不足甚至无精子，成为公畜不育症的常见原因之一。功能二是分泌雄激素。在睾丸内生精小管之间的结缔组织中，有一种体积较大的间质细胞，能分泌雄激素（主要成分是睾酮），它有促进生殖器官发育、调节性功能和保护公畜第二性征及促进第二性征出现的功能。

（2）附睾 附睾是个半月形小体，左右各一个，附着于睾丸上面，主要由许多曲折的附睾管组成。管内分泌精子发育成熟所需的营养物质，也是精子发育成熟的场所。睾丸内产生的精子，大约在这里生活20天才能完全成熟，因此可以说附睾是贮存精子的仓库。公羊附睾内贮存的精子在1 500亿个以上。精子在其中处于休眠状态，减少了能量消耗，精子在附睾内可以长时间存活，老化精子则会被吸收。

（3）输精管 输精管左右各一条，一端起于附睾，连接着附睾管，另一端和尿道相连，全长40～50厘米，是输送精子的通道。

（4）精囊腺　精囊腺为长椭圆形的囊状器官，位于膀胱底的后方，输精管外侧，左右各一个，长 3~4 厘米，直径 0.5~1.5 厘米。其微碱性分泌液是精液的一部分，有提供营养并促使精子活动的功能。

（5）前列腺　前列腺形似栗子，位于膀胱下方，包括尿道的起始部。其分泌物构成精液的主要组成成分，有稀释精液和利于精子活动的作用。

（6）尿道球腺　为一对圆形的实质性腺体。位于尿生殖道骨盆部末端背面的两侧，接近坐骨弓处，被尿道肌覆盖。每个腺体只有一条输出管，开口于尿生殖道背侧的黏膜，交配前阴茎勃起时，尿道球腺排出少量分泌物，冲洗尿生殖中残留的尿液，使精子不受尿液的危害。

二、母羊的生殖系统

母羊生殖系统主要由性腺（卵巢）、生殖道（输卵管、子宫和阴道）和外生殖器官（阴道前庭、阴唇、阴蒂）组成（图 5-2）。

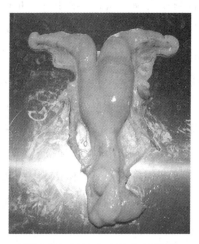

图 5-2　母羊生殖器官实体图

1. 卵巢

卵巢有一对，是产生卵细胞和性激素的器官。卵巢近似椭圆形，卵巢表面覆盖一层生殖上皮。在生殖上皮的深面，有一层由致密结缔组织构成的白膜。白膜内为卵巢的实质，实质分外周的皮质和中央的髓质两部分。皮质中含有许多大小不同、处于不同发育阶段的卵泡，按发育程度不同可分为初级卵泡、生长卵泡和成熟卵泡三种，每个卵泡都由位于中央的卵母细胞和围绕卵母细胞周围的卵泡细胞组成，在卵泡生长过程中，卵泡膜内膜分泌雌激素，引起发情。

排卵之后，卵泡膜形成皱襞，颗粒细胞增生形成黄体，黄体为内分泌腺，能分泌孕激素（孕酮），可刺激乳腺发育及子宫腺的分泌，并间接抑制卵泡的生长，维持妊娠；髓质位于中央，为疏松结缔组织，含有丰富的血管和神经等。

2. 生殖道

（1）输卵管　输卵管是一对细长而弯曲的管道，有输送卵子的作用，也是卵子受精的场所。输卵管上皮分泌物参与精子获能，也是精子、卵子及早期胚胎的培养液和运行载体。

（2）子宫　子宫是一个中空的肌质性器官，有伸展性，是胎儿生长发育和娩出的器官，成年羊的子宫几乎全在腹腔内，借子宫阔韧带悬吊于腰下区。子宫分为子宫角、子宫体和子宫颈三部分。子宫角一对，呈绵羊角状扭曲，单角长 10 ~ 12 厘米。前端变细，与输卵管之间无明显分界，后部被结缔组织连接；表面覆盖浆膜，从外表看很像子宫体，所以称该部分为伪子宫体。子宫体呈短管状，长约 2 厘米，夹于直肠与膀胱之间。子宫颈是子宫的后部，壁厚，触之有坚实感。其后部突出于阴道内，称子宫颈阴道部。子宫颈阴道部和阴道壁之间的空隙称阴道穹窿，羊的阴道穹窿仅背侧明显。子宫颈腔称子宫颈管，内有皱襞，彼此嵌合，使子宫颈管成为螺旋状，不发情时管腔封闭很紧，发情时仅稍微开放。其前端通子宫体的口称子宫颈内口，后端通阴道的口称子宫颈外口。宫颈外口为上下两片或三片突出于阴道中，上片较大，位置多偏于右侧，阴道穹窿下部不太明显（图 5-3、图 5-4）。

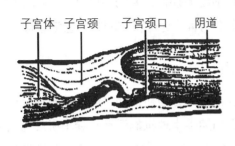

图 5-3　母羊子宫颈

图 5-4　子宫角、输卵管、卵巢实体图

子宫壁由黏膜、肌层和浆膜三层构成。黏膜又称子宫内膜，表面形成许多卵圆形的隆起，称子宫阜，顶部略凹陷，这是妊娠时胎膜与子宫壁相结合的部分。绵羊有 80~100 个子宫阜，山羊有 120 多个子宫阜。肌层是平滑肌，分内环、外纵两层，内环形肌较厚，子宫颈环形肌特别发达，形成子宫颈括约肌。浆膜是由腹膜延伸来的，被覆于子宫表面。浆膜在子宫角背侧和子宫体两侧形成浆膜褶，称子宫阔韧带。子宫阔韧带将子宫悬吊于腰下区，支持子宫，并使子宫在腹腔的一定范围内移动。怀孕时，子宫阔韧带也随着子宫的增大而伸长，分娩后可缩短，使子宫复位。

子宫的作用：①发情时，子宫肌节律性收缩，吸收精子或运送精子到受精部位，分娩时强力阵缩排出胎儿。②子宫内膜的分泌物可为精子获能提供环境，又可为早期孕体提供营养需要。③未孕时，子宫内膜在发情周期的一定时期产生前列腺素，对同侧卵巢发情周期的黄体有溶解作用，以致黄体机能减退，导致发情。④子宫颈是子宫的门户，平时子宫颈处于关闭状态，可防异物侵入子宫腔。发情时稍微开张，允许精子进入，同时子宫颈大量分泌黏液，是交配的润滑剂。妊娠时，子宫颈分泌黏液堵塞子宫颈管，防止感染物侵入。分娩时，子宫颈管开放，排出胎儿。⑤子宫颈是精子的贮库之一。子宫颈隐窝内贮存的精子比子宫内其他地方的精子存活时间长。子宫颈可以滤剔缺损和不活动的精子，所以它是防止过多精子进入受胎部位的"栅栏"。

（3）阴道　阴道为交配器官和产道，呈上、下略扁的管状，长 8~14 厘米。其背侧是直肠，腹侧是膀胱和尿道，前端连子宫，后端接阴道前庭。

3. 外生殖器官

阴道前庭是交配器官和产道，也是尿液排出的经路。长约 3 厘米，前端与阴道相连，二者之间的腹侧有一黏膜褶，称阴瓣。后端以阴门与外界相通，紧靠阴瓣的后方有尿道的外口。阴门是阴道前庭的外口，两阴唇的上、下端互相连合，形成上连合和下连合，在下连合中有阴蒂，为母畜交配时的感觉器官。

三、性成熟、适配年龄和利用年限

母羔羊发育到一定年龄，出现第一次性行为称为初情期。此时脑垂体开始有分泌促性腺激素的机能，性腺开始具有周期性生理机能活动。春季所产绵羔羊初情期为 7~9 月龄，秋季所产绵羔羊初情期为 10~12 月龄。山羊初情期为5~7 月龄。

在初情期，虽然具有发情表现，但这时的发情和发情周期是不正常、不完全的，且最初的发情不一定正常排卵。在初情期之后再经过一段时间才达到性成熟时期。性成熟是一个延续的过程，而没有一个截然的时间划分。生殖器官已基本发育完全，具有了繁衍后代的能力，这就是性的成熟。母羊到性成熟时，就开始出现正常的周期性发情，并排出卵子。

母羊性成熟时期由于受到垂体前叶分泌的促性腺激素，以及性腺所分泌的雌激素的作用，生殖器官的大小和质量均在急骤地增长。垂体前叶分泌的促卵泡素经血液运至卵巢促使其有卵泡发育；随着卵泡的发育成熟，卵巢的体积和质量亦在增加，卵巢内分泌的雌激素流经血液，又促使母畜生殖器官开始生长发育，母畜出现发情表现，直至卵泡成熟，排出卵子。性成熟的年龄受品种、个体、饲养管理条件、气候等因素的影响。早熟品种、气候温暖的地区以及饲养条件优越，均能使性成熟提早，一般情况下，小母羊在5～7月龄达到性成熟。

母羊达到性成熟年龄，并不等于已经可以进行配种繁殖，因为母羊开始达到性成熟的时候，其身体的生长发育还在继续，生殖器官的发育亦未完成，过早地妊娠会妨碍其自身的生长发育，产出的后代也是体质衰弱、发育不良者，甚至出现死胎，而且泌乳能力差，不能很好地哺育羔羊。母羊的适配年龄以体重达到成年体重的65%～70%为宜，一般母羊在9～13月龄，公羊在13月龄以上开始配种为宜。但是母羊的初配年龄不应过分地推迟。母羊最适于繁殖的年龄为2～6岁，7～8岁时逐渐衰退，10～15岁失去繁殖能力，但这也与饲养管理水平有很大关系。

四、季节、光照对繁殖的影响

为了保持世代繁衍，幼畜多出生于春季，营养供给充分，母畜乳汁充足，温度及自然环境适宜，成活率高，这是长期自然选择适应于自然环境的结果。所以野生动物均有一定时期的发情季节，但是经过驯化的动物发情季节已趋于不甚严格和明显，甚至全年都可以发情繁殖。山羊和小尾寒羊、湖羊发情以秋季最为集中，春末和夏季较少。环境气候条件较差的地区具有较强的繁殖季节。

五、发情周期、持续时间及产后发情

1.发情周期

母羊达到性成熟年龄以后，在非妊娠时期，卵巢会出现周期性的排卵现象，随着每次排卵，生殖器官也周期性地发生着系列变化，这种变化是按照一定顺序循环，周而复始，一直到母羊性机能衰退。因此把这一次排卵开始到下一次排卵开始称为发情周期。山羊的发情周期平均为 20 天，范围为 18~24 天；绵羊的发情周期平均为 17 天，范围为 14~20 天。一个发情周期可划分为四个阶段：

（1）发情前期　在促性腺激素的作用下，卵巢中的黄体开始萎缩，新的卵泡开始发育，整个生殖器官的腺体活动开始加强，生殖道上皮组织开始增生，分泌物开始增多，但还看不到从阴道中排出黏液，母羊没有性欲表现。

（2）发情盛期　雌激素分泌达到高峰，母羊有明显的发情表现。卵巢中的卵泡发育很快，在发情盛期结束前后达到成熟，破裂排卵，子宫蠕动加强，子宫颈口张开，可以看见阴道中排出黏液。母羊性欲旺盛。最后随着卵子排出以后，发情期母羊这些表现会逐渐消失。

（3）发情后期　排卵后的卵泡内黄体开始形成，发情期间母羊生殖道所发生的一系列变化逐渐消失而恢复原状，性欲显著减退。发情期结束后，如果卵子受精，便进入妊娠阶段，发情周期也就停止，直到分娩以后，再重新出现发情周期。如果卵子没有受精，就转入到休情期。

（4）休情期　也称间情期，是发情过后到下一次发情到来之前的一段时间。休情期为黄体活动阶段，黄体分泌孕酮保持母羊生殖器官的生理状态处于相对稳定的状态，母羊的精神状态正常。

2. 发情持续时间

山羊的发情持续时间一般为 24~48 小时，较绵羊发情持续时间长。绵羊发情持续时间一般为 18~40 小时。大部分母羊夜晚开始发情。

3. 产后发情

繁殖性能好的绵、山羊品种，如小尾寒羊、湖羊、黄淮山羊等，可在产后 35~60 天出现第一次发情，大部分品种羊产后第一次发情，需等到下一个发情季节。

六、母羊的发情表现与发情鉴定

1. 发情表现

处于发情期的母羊，全身性的行为变化较显著，表现为精神兴奋，情绪不安，不时地高声哞叫，爬墙、抵门并强烈地摇尾，用手按压其臀部摇尾更甚，泌乳量下降，食欲减退，反刍停止，放牧时常有离群现象，喜欢接近公羊，这种变化随着发情周期的发展由弱变强，然后又由强变弱。未交配的羊发情表现不太明显，所以应注意观察。发情母羊随着发情时间的发展，表现有强烈的交配欲，如主动接近公羊，接受爬跨，有时也爬跨其他母羊。发情母羊的外部表现常常在接近公羊时表现得最为明显。同时，公羊对发情母羊具有特殊灵敏的辨识能力，因此在生产实践中，常常采用公羊试情。

发情时生殖道的变化：输卵管在发情期主要的变化为上皮细胞由短变高，输卵管的管道变粗，分泌物增多，这些变化均有利于卵子和精子的运行与受精。发情期子宫的变化主要是为受精卵的发育做准备，黄体期这些变化更为明显。发情期母羊子宫颈的变化主要是为便于精子的通过和运行，如子宫颈变松弛，分泌物增多，分泌的黏液由稠变稀，当发情结束时，分泌物又变稠，同时子宫颈口收缩。黄体期间，子宫颈口收缩最紧，如果受胎，子宫颈管道便有黏稠的物质将管道封闭，使之与外界严密隔绝，以利保护胎儿。发情期母羊阴道变化主要是为了有利于接受交配，如阴道黏膜上皮细胞有显著的角质化现象，阴道变松弛、充血，且有大量黏液分泌。此外，阴道黏液的黏稠度、酸碱度也有显著变化，在休情期阴道黏液很稠，多为酸性，在发情前期黏液透明有牵缕性，量多、流出于阴门外，发情期黏液量稍减，较混浊而且为碱性。发情后期黏液变黏稠，呈白色糊状如猪油。发情结束后的休情期黏液是像软膏一样的凝块。发情母羊外阴部变松弛、充血、肿胀，阴蒂有充血和勃起现象，这些变化都有利于交配活动。

2. 发情鉴定

发情鉴定是一个重要的技术环节，其目的是及时发现发情母羊，正确掌握配种或人工授精时间，防止误配漏配，提高受胎率。由于母羊发情时间较短，发情鉴定一般采用外部观察法、阴道检查法和试情法等，也可以采取多种方法相结合的办法。

（1）外部观察法　绵羊的发情期短，外部表现也不太明显，发情母羊主要表现为喜欢接近公羊，并强烈摇动尾部，当被公羊爬跨时站立不动，外阴部分泌少量黏液。山羊发情表现明显，发情母羊兴奋不安，食欲减退，反刍停止，外阴部及阴道充血、肿胀、松弛，并有黏液排出。

（2）阴道检查法　进行阴道检查时，先将母羊保定好，外阴部清洗干净。开膣器经清洗、消毒、烘干后，涂上灭菌润滑剂或用生理盐水浸湿。操作人员左手横向持开膣器，闭合前端，慢慢插入，轻轻打开开膣器，通过反光镜或手电筒光线检查阴道变化，检查完后合拢开膣器，抽出。阴道检查法是通过观察阴道的黏膜、分泌物和子宫颈口的变化来判断发情与否。发情母羊阴道黏膜充血，表面光亮湿润，有透明黏液流出，子宫颈口充血、松弛、开张并有黏液流出。

（3）试情法　用公羊对母羊进行试情，根据母羊对公羊的行为反应，结合外部观察来判定母羊是否发情。试情公羊要求性欲旺盛，营养良好，健康无病，一般每100只母羊配备试情公羊2~3只。试情公羊需做输精管切断手术或戴试情布。试情布一般宽35厘米、长40厘米，在四角扎上带子，系在试情公羊腹部。然后把试情公羊放入母羊群，如果母羊已发情便会接受试情公羊的爬跨。

（4）"公羊瓶"试情法　公山羊的角基部与耳根之间会分泌一种性诱激素，可用毛巾用力擦拭后放入玻璃瓶中，这就是所谓的"公羊瓶"。试验者手持"公羊瓶"，利用毛巾上的性诱激素气味将发情母羊引诱出来。

七、生殖激素对发情周期的调节

当母羊达到性成熟并处于正常发情季节或适当的环境条件时，某些外界刺激及体内血液中的类固醇激素，可作用于下丘脑的神经纤维分泌促性腺释放激素，促性腺释放激素通过下丘脑——垂体门静脉循环直接进入垂体前叶的特异细胞，而促使其分泌促性腺激素。在发情开始前后，垂体的促性腺激素中的促卵泡素占优势，它作用于卵巢，促进卵泡的生长发育，卵泡内雌激素的产生增多而引起母羊发情。当卵泡分泌的雌激素在体内达到最高水平时（排卵前），通过反馈作用抑制垂体分泌促卵泡素，而刺激黄体生成素的分泌。当黄体生成素占主导地位时，会促进排卵的发生，然后形成黄体。因此雌激素分泌量的增加与促黄体素量的急剧升高有着非常密切的关系。通过正反馈作用又引起催乳素的分泌。

在催乳素和黄体生成素的协同作用下，促使黄体分泌孕酮。孕酮对下丘脑及垂体具有负反馈作用，以降低其对促性腺激素的分泌。此时母羊没有发情表现。在黄体期，促黄体素的含量一直维持在一个比较低的水平。黄体分泌的孕酮是由这个低值的促黄体素和催乳素来维持的。同时孕酮又作用于下丘脑抑制了促黄体素的过量释放。对处于黄体期的母羊，如除去黄体则能很快地使卵泡发育和排卵。

在未孕的情况下，当黄体分泌的孕酮达到一定程度时，通过反馈作用抑制垂体黄体生成素的分泌，使黄体组织失去了对促性腺激素的感受性，黄体随之萎缩，孕激素的分泌急剧降低。同时子宫内膜可产生前列腺素 $F_{2\alpha}$，通过子宫静脉直接渗透进与其相近的卵巢动脉而促使黄体消失。孕酮水平的降低，解除了对下丘脑及垂体的抑制作用，于是促卵泡素的分泌又开始增加，重新又占优势，母羊再次发情，又开始了一个新的发情周期。当血液中孕激素浓度降低，母羊经 2～4 天即表现发情。见图 5-5。

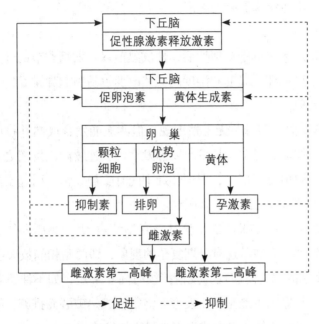

图 5-5　生殖激素对发情周期的调节示意图

八、乏情与异常发情

1. 乏情

乏情是指初情期后青年母羊或产后母羊不出现发情周期的现象。引起动物乏情的因素有生理性和病理性两类。

（1）生理性乏情　①季节性乏情。季节性发情动物在非发情季节无发情或无发情周期，卵巢和生殖道处于静止状态，绵羊为短日照动物，乏情往往发生于长日照的夏季。在乏情季节诱导母羊发情的办法，常用的是通过人工逐渐缩短光照，促进促性腺激素的释放。此外，注射促性腺激素也有一定效果。②动物妊娠、泌乳以及自然衰老所引起的乏情。绵羊的泌乳期乏情可持续 5～7 周，虽然有些哺乳母羊会开始发情，但大部分母羊要在羔羊断奶后约两周才发情。

（2）病理性乏情　①营养不良引起的乏情。日粮水平对卵巢活动有显著的影响，因为营养不良会抑制发情，青年母羊比成年母羊更为严重。羊因缺磷引起卵巢机能失调，从而导致初情期延迟，发情表现不明显，最后停止发情。缺乏维生素 A 和维生素 E 可引起发情周期无规律或不发情。②各种应激造成的乏情。如羊舍环境条件太差，运输应激等管理上的失误引起的乏情。③黄体囊肿、持久黄体等卵巢机能疾病引起的乏情。

2. 异常发情

母羊的异常发情多见于初情期后、性成熟前以及发情季节的开始阶段，营养不良、饲养不当和环境温度和湿度的突然改变也易引起异常发情。常见的异常发情有如下几种：

（1）安静发情　即母羊无发情表现，但卵泡能发育成熟并排卵。带羔的母羊或者年轻、体弱的母羊均易发生安静发情。当连续两次发情之间的间隔相当于正常间隔的两倍或三倍时，即可怀疑中间有安静发情。引起安静发情的原因可能是由于生殖激素分泌不平衡所致。

（2）假发情　个别母羊在怀孕时仍有发情表现，如绵羊在孕期中约有30% 会出现假发情；有些羊还有异期复孕的现象，即两胎相隔数天或一周。

（3）短促发情　主要表现为发情持续时间非常短，如不注意观察，常易错过配种机会。其原因可能是由于发育卵泡很快成熟破裂而排卵，缩短了发情期，也有可能由于卵泡停止发育或发育受阻而使发情停止。

（4）断续发情　母羊发情时续时断，整个过程延续很长，这是卵泡交替发育所致，先发育的卵泡中途发生退化，新的卵泡又再发育，因此产生了断续发情的现象。当其转入正常发情时，配种也可能受胎。

（5）短周期发情和无排卵发情　卵泡发育不完全而不排卵，或者排卵后没有形成黄体，往往在发情后 6 ~ 10 天再次出现发情。前一次发情如果进行了配种，肯定不会怀孕，再次出现发情应及时配种。

九、配种方法

肉羊的配种方法分为自由交配、人工辅助交配和人工授精三种。根据羊场目前种公羊存栏数量、技术力量等现实情况及今后发展趋势，规模化肉羊场配种方法应以人工授精为主，个别商品肉羊生产场可采用人工辅助交配的配种方法。自然交配按公、母羊比例 1：（25 ~ 30）配备种公羊，公、母羊可自由交配。

人工授精需培育试情公羊，每天早上和下午各试情 1 次，发情母羊挑出单独放置，早上发情的母羊上午和下午各输精 1 次，下午发情的母羊下午和翌日早上各输精 1 次。

十、妊娠诊断

1. 外部观察法

妊娠母羊食欲旺盛，被毛光顺，行动稳健，腹围增大，尤以右侧腹壁突出，阴门紧闭，阴道黏膜苍白、分泌黏液浓稠。配种后两个发情期内不再发情。

2. 摸胎法

配种后 60 天，可在早晨母羊空腹时进行妊娠诊断。诊断时操作者将母羊头颈夹在两腿中间，弯腰将两手从两侧放在母羊腹下乳房的前方，微微托起腹部，左手将母羊右腹向左微推。母羊妊娠 60 天可摸到胎儿似较硬的小块。如仅感有一硬块时为单羔，如感两边各有一硬块时为双羔，如在胸后方还感有一硬块时为三羔，如在左右胑部上方还感有一硬块时为四羔。诊断时手要轻柔灵活，以免造成流产。

3. 阴道检查法

阴道检查法主要检查阴道黏膜和黏液。用开膣器打开阴道，孕羊阴道黏膜为粉白色，但很快（几秒）变为粉红色，黏液量少而黏稠，能拉成线。空怀的为粉红色或白色，并且由红色变白色的速度较慢。黏液量多，稀薄，或色灰白而呈脓样，多代表未孕。

4. B 超检查法

B 型超声（B 超）诊断仪采用的是辉度调制型，以光点的亮暗反映信号的强弱。应用 B 超诊断仪能立即显示被查部位的二维图像。在用于妊娠诊断时，它产生一个子宫、胎液、胎儿心脏搏动和胎盘及其附属物的图像，反映该部位的活动状态，所以 B 超诊断仪又称为实时超声断层显像诊断仪。由于 B 超诊断仪对软组织的分辨率高，能实时显示探察部位的动态变化及其与周围组织的关系，在它的监护下能对被查部位进行处理等，因此它被誉为兽医诊断技术的革命性变化（图 5-6）。

早期妊娠诊断是与绵羊胚胎移植技术相配套的技术。B 超能够准确诊断胚胎移植受体母羊的早期妊娠情况，从而对妊娠母羊与未孕母羊做出相应的处理，达到减少损失的目的。

图 5-6　B 超妊娠诊断

B 超最早应用于判断绵羊是否妊娠，因为这对绵羊饲养，尤其是对于种公羊与母羊群的大规模混群放牧饲养（没有配种记录）具有重要的意义。在绵羊的发情季节，应用 B 超对绵羊进行妊娠诊断，可及时发现空怀母羊，并将它们重新配种或者在市场价格较高时出售。B 超在绵羊妊娠的早期就能做出准确的诊断。羊只需简单保定，并且判断准确率不依赖于操作者是否有经验，检查用时又少（1~2分）。所以应用 B 超进行绵羊妊娠诊断是一种快速、准确、安全、经济的方法。配种后 30~50 天，是 B 超通过直肠探查进行绵羊早期妊娠诊断的最佳时期；配种后 50~100 天，是通过腹壁探查进行绵羊妊娠诊断的最佳时期。B 超对绵羊妊娠阳性的诊断准确率几乎为 100%，对绵羊妊娠阴性（空怀）的诊断准确率大约为 95%。与直肠触诊、腹部触诊、直肠—腹部触诊、激素测定、X 线射影、活检、公羊试情等方法比较，采用 B 超进行妊娠诊断是最迅速、安全、有效、及时的方法。

B 超在绵羊妊娠诊断中的另一个重要运用就是对胎儿数量的判断。母羊的营养水平与胎儿的初生重具有直接关系。因此在母羊妊娠晚期根据怀胎数将其分成不同的群，并据此制订相应的饲养计划，这不仅可以降低饲养成本，提高经济效益，而且还可以避免由于饲养不合理而引起的胎儿窒息死亡及母羊的妊娠毒血症。B 超在识别多胎的能力上较其他超声波技术有明显的优势。区分单胎和多胎的准确率很高（95% 以上）。在农场大规模饲养条件下，最适宜的判断时间为怀孕后 45~100 天。

在大规模饲养条件下，饲养者为了降低饲养成本，不可能进行大群母羊的同期发情配种，因此就无法判断母羊的妊娠日期。而应用 B 超对母羊进行定期跟踪监测，不仅能够监测胎儿的发育情况，而且能够及时地发现死胎或胎儿发育异常等情况，并且能够通过测量胎儿的各项指标来确定胎儿的胎龄。这样可以将不同妊娠日期的母羊分开饲养，大大降低饲养成本，提高饲养效果，便于生产管理。

5. 激素对抗法

配种后 20 天肌内注射羊妊娠诊断试剂 1 支，5 天内不发情者为妊娠羊。

十一、母羊分娩、产羔管理

做好母羊的分娩产羔工作，对于维护母羊健康、提高幼羔的成活率、促进羔羊的健康生长具有重要作用。妊娠期满的母羊将子宫内的胎儿及其附属物排出体外的过程，称为产羔。一般根据母羊的配种记录，按妊娠期推测出母羊的预产期，对临产母羊加强饲养管理，并注意仔细观察，同时做好产羔前的准备。

1. 母羊分娩的预兆

母羊临近分娩时，部分生殖器官以及某些行为会发生一系列的变化，以适应胎儿的娩出以及新生羔羊哺乳的需要，这些变化即为分娩的预兆。对这些变化进行全面的观察，可以大致预测分娩时间，以便做好助产准备。

（1）乳房变化 母羊分娩前乳房会迅速发育，腺体充实，临近分娩时可从乳头中挤出少量清亮胶状液体或少量初乳，乳头增大变粗。

（2）外阴部变化 母羊临近分娩时，阴唇逐渐柔软、红肿、增大，阴唇皮肤上的皱襞展开，皮肤稍变红。阴道黏膜潮红，黏液由浓厚黏稠变为稀薄滑润，排尿频繁。

（3）骨盆变化 母羊临近分娩骨盆的耻骨联合、荐髂关节以及骨盆两侧的韧带活动性增强，在尾根及盆腔两侧肌肉松软，欣窝明显凹陷。

（4）行为变化 母羊精神不安、食欲减退、回顾腹部、起卧不安、排尿较频、不断努责和鸣叫、腹部明显下陷是临产的典型征兆，最后卧地不起，后肢伸直，呻吟。这时要将有预兆的母羊从羊群中分出来，安置在产房内，准备接羔。

2. 接产和助产

分娩是母羊的正常生理过程，最好让其自行产出，一般不需人工干预，接产人员的主要任务是监视分娩情况和护理初产羔羊。

一般情况下，经产母羊比初产母羊产羔快，羔羊能顺利产出。羔羊一般是两前肢先出，头部附于两前肢之上，随着母羊的努责，羔羊可自然产出。

（1）产舍准备　环境要进行彻底消毒。冬季注意升温（10~18℃）。

（2）接产准备　剪净临产母羊乳房周围和后肢内侧的羊毛，然后用温水洗净乳房，挤出几滴初乳。外阴部清洗和消毒在产前和产后都要进行，以防感染（宜用新洁尔灭或高锰酸钾等）。接（助）产时，遵守卫生操作规则，无菌操作，防止母羊生殖道感染，同时注意自身防护工作，防止感染疾病。

（3）观察和检查　正常分娩的胎位是羔羊先露出两前蹄，蹄掌向下，接着露出夹在两前肢之间的头嘴部，头颅通过外阴后，全躯随之顺利产出。羊膜破裂到完全娩出需30~40分，初产母羊需50分，而胎儿实际娩出的时间仅有4~8分。产双羔时，两羔间隔10~20分，个别间隔较长。当母羊产出第一只羔羊后，仍有努责、阵痛表现，是产双羔的表现，此时接产人员要仔细观察和认真检查。

（4）脐带处理　羔羊出生后，一般都自己扯断脐带，这时可用5%碘酊在扯断处消毒。如羔羊不能自己扯断脐带时，先把脐带内的血向羔羊脐部顺捋几次，在离羔羊腹部3~4厘米的适当部位人工扯断，并进行消毒处理。

（5）胎衣处理　母羊分娩后1小时左右，胎盘即会自然排出，应及时取走胎衣防止母羊吞食并养成恶习。若产后2~3小时母羊胎衣仍未排出，应及时采取措施。

（6）假死羔羊救治　羔羊出生后有心跳无呼吸称为假死。注意保温、除去口鼻中的黏液，可以进行人工呼吸，也可以在羔羊鼻子上涂酒精，刺激其呼吸。

3. 难产母羊的助产

母羊骨盆狭窄，阴道过小，胎儿过大或母羊身体虚弱，子宫收缩无力或胎位不正等均会造成难产。

羊膜破水30分，如母羊努责无力，羔羊仍未产出时，应立即助产。助产人员应将手指甲剪短，磨光，消毒手臂，涂上润滑油，根据难产情况采取相应的处理方法。如胎位不正，先将胎儿露出部分送回阴道，将母羊后躯抬高，手入产道校正胎位，然后才能随着母羊有节奏的努责将胎儿拉出。如胎儿过大，可将羔羊两前肢反复数次拉出和送入，然后一手拉前肢，一手扶头，随母羊努责缓慢向下方拉出。切忌用力过猛或不根据努责节奏硬拉，以免拉伤阴道。

4. 新生羔羊护理

羔羊出生后，先将羔羊口、鼻和耳内黏液擦净，以免误吞羊水，引起窒息或异物性肺炎。接产人员擦拭羔羊身上黏液，还要让母羊舔干，既可促进新生羔羊的血液循环，又有助于母羊认羔。

（1）保护脐带　脐带应于羔羊出生后一周左右脱落。在此期间，若发现从脐带内滴血，流尿要重新结扎，并做抗感染处理。

（2）保温　早春出生的羔羊，要注意防寒保暖；炎热天出生者则应防暑。

（3）早吃初乳　产后 1~3 天的母乳叫初乳，初乳对新生羔羊的存活与正常生长非常重要。新生羔羊未能吃到初乳或初乳的摄入量不足是引起腹泻、增加死亡的重要诱因之一。所以，应尽量让新生羔羊在出生后 0.5 小时内吃到初乳，吃足初乳。

（4）诱导哺乳　对于不会自己找乳头的新生羔羊，应给予协助。让母羊嗅闻羔羊，建立母子感情。

（5）人工哺乳　对失奶羔羊施行人工哺乳，可以喂给代乳粉。也可以喂给经过巴氏灭菌的鲜牛奶（要除去奶皮），奶温以 36~38℃为宜，并做适当的稀释，加入适量的白糖及速溶多维和少许食盐。

5. 产后母羊的处理

产后母羊应注意保暖、防潮、避风、预防感冒，保持安静休息。产后头几天应给予质量好、容易消化的饲料，量不宜太多，三天后即可转为正常。

第二节
人工授精技术

人工授精技术是先用器械采取种公羊的精液，经过精液品质检查和一系列处理后，再用器械将精液输入到发情母羊生殖道内，以达到使母羊受精妊娠的目的。优点是可大大提高优秀种公羊的利用率，节约大量种公羊的饲养费用，加速羊群的遗传进展，并可防止疾病的传播。人工授精的意义：①提高良种公羊利用率，加快改良速度，节省饲养开支，如自然交配山羊公、母比例为 1：（30~50），人工授精为 1：（1 000~2 000）。②可以做精液品质和母羊生殖器官状况检查，及时发现患有不孕症的羊，提高受胎率。③可预防羊生殖器官疾病的传播与寄生虫病的传播，如布鲁氏菌病、滴虫病等。④可克服由于公、母羊体格相差过大，或由于毛色气味不投而造成的交配困难。⑤运输方便，不受季节、地域等条件限制。

羊人工授精分为鲜精人工授精和冻精人工授精。目前，规模羊场鲜精人工授精技术较为普遍，冻精人工授精技术仍在实验推广阶段。

鲜精人工授精技术：鲜精1∶（2～4）低倍稀释，1只公羊一年可配母羊500～1000只，比用公羊本交提高10～20倍。将采出的精液不稀释或低倍稀释，立即给母羊输精，适用于母羊季节性发情较明显而且数量较多的地区。精液1∶（20～50）高倍稀释，1只公羊一年可配种母羊10000只以上，比本交提高200倍以上。

冷冻精液人工授精技术：把种公羊精液常年冷冻贮存起来，如制作颗粒或细管冷冻精液。1只种公羊一年所采出的精液可制作5000～10000剂冻精，可配母羊1500～3000只。此法不会造成精液浪费，但成本较高。

一、采精种公羊选择与管理

1. 种公羊的选择

种公羊应选择来源于双羔羊或多羔羊家族，年龄2～5岁，体质健壮，睾丸发育良好，性欲旺盛。外观表现：头大、耳宽、鼻梁拱、嘴齐、前胸宽广，体格高大，无生理损征（睾丸发育良好，阴囊紧缩，无单睾、隐睾）。正常使用时，精子的活力在0.7～0.8，畸形精子少，正常射精量为每次0.8～1.2毫升，密度中等以上。

2. 种公羊的管理

种公羊要单独饲养，保证圈舍宽敞，清洁干燥，阳光充分，远离母羊圈舍。饲料应多样化，保证青绿饲料和蛋白质饲料的供给。配种季节，配种前半月提高补饲量和营养水平，特别是提高饲料的蛋白质和维生素，注意钙、磷的平衡供应，每天保证喂给2～3枚新鲜的鸡蛋（带壳喂给）。配种3天后停配1天，循环进行，严禁过度配种；非配种期采取放牧为主、补饲为辅的饲养方法进行饲养，保持中等体况。在饲料日粮中，能量和蛋白质水平不宜过高，以免造成种公羊过肥影响它的性欲和精液品质。同时，加强运动，严格分群单独饲养管理，禁止与母羊混群饲养。

3.种公羊采精调教

种公羊性成熟年龄一般为 5～6 月龄，种公羊 10 月龄左右开始调教采精，有些初次配种的种公羊，采精时可能会遇到困难，此时可采取以下方法进行调教：①观摩诱导法，即在其他种公羊配种或采精时，让被调教公羊站在一旁观看，然后诱导它爬跨。②睾丸按摩法，即在调教期每天定时按摩睾丸 10～15 分，经过几天后则会提高公羊性欲。③发情母羊刺激法，用发情母羊做台羊，将发情母羊阴道黏液或尿液涂在公羊鼻端，刺激公羊性欲。④药物刺激法，即对性欲差的公羊，每只公羊隔天肌内注射人绒毛膜促性腺激素（HCG）500 国际单位和丙酸睾酮 1 毫升，每天定时按摩睾丸 15 分，夏季可用冷水湿布擦拭睾丸。

选择发情好、性情温驯、个体较大的母羊作台羊，让被调教公羊爬跨，经过几次训练后，再用公羊作台羊也能顺利采精。

二、器材准备

凡供采精、检查、输精及与精液接触的器械和用具，均应清洗干净，再进行消毒。尤其是新购的器械，应擦去上面的油质，除去一切积垢。器械和用具的洗涤，应用 2%～3% 碳酸氢钠热溶液，洗涤时可用试管刷、手刷或纱布。经过上述方法处理的器械、用具，再分别煮沸，并用酒精及火焰消毒。

假阴道（图5-7）先用 2%～3% 碳酸氢钠溶液洗涤，再用温开水冲洗数次（尤其要把内胎上的凡士林及污垢洗干净）后拿消毒纱布擦干，最后用 70% 酒精消毒，当酒精气味挥发完后用 1% 盐水棉球擦洗 2～3 次即可使用，不用时要用

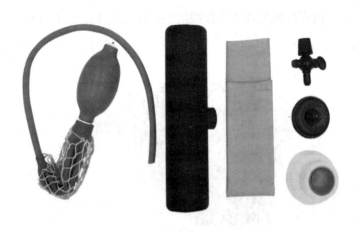

图 5-7　羊采精假阴道组件

消毒纱布盖好。集精瓶、输精器、吸管、玻璃棒、存放稀释液和生理盐水的玻璃器皿应煮沸消毒后擦干，一般煮沸时间为 15~20 分，临用前再用 1% 盐水冲洗 3~5 次，在操作过程中循环使用的集精瓶、输精器等器械，可用 1% 盐水冲洗数次后继续使用，最好不要与酒精接触。金属开膣器、镊子、瓷盘、瓷缸等均用酒精或酒精火焰烧烤。水温计每次操作前先用酒精消毒，酒精挥发后再用盐水棉球擦洗数次。相关组件涂抹 70% 酒精、1% 氯化钠溶液、碳酸氢钠溶液、各种棉球置于广口玻璃瓶内备用。种公羊精液品质检查表、母羊配种记录表、精液使用登记表、日常事务记录等也要放好备用。

三、采精

1. 台羊

选择发情好的健康母羊作台羊，后躯应擦干净，头部固定在采精架上（架子自制，离地一个羊体高）。训练好的种公羊用假台羊等作台羊也能采出精液来。

2. 种公羊准备

种公羊在采精前要用湿布将包皮周围擦干净。

3. 安装假阴道

将内胎用浸透生理盐水的棉球从里到外擦拭一遍，在假阴道一端扣上集精瓶（消毒后用生理盐水冲洗，在气温低于 25℃ 时，集精瓶夹层内要注入 30~35℃ 温水）。从假阴道外壳中部的注水孔注入 150 毫升左右的 50~55℃ 温水，拧上气塞，套上双连球打气，使假阴道的采精口形成三角形，并拧好气塞。最后把消毒好的温度计插入假阴道内测温，温度以 39~42℃ 为宜，在假阴道内胎的前 1/3 涂抹稀释液或生理盐水作润滑剂，便可用于采精（图 5-8）。

图 5-8　假阴道安装后状态

4. 采精操作

将公羊腹部的杂质用毛巾或纱布擦拭干净。采精员蹲在台羊右侧后方，以右手将假阴道横握，使假阴道与母羊臀部的水平线呈 35°~40° 角，口朝下，当公羊爬上台羊身上时，不要使假阴道外壳或手碰着公羊的阴茎、阴茎头，以左手将阴茎轻快导入假阴道内，让公羊自行抽动，握紧假阴道不动（图 5-9）。公羊射精后，立即将假阴道口朝上倾斜放气，取下集精瓶，加盖送到检查室。

图 5-9　采精操作

5. 采精应注意的问题

采精的时间、地点和采精员要固定，有利于种公羊养成良好的条件反射。采精次数要合理，种公羊每天可采精 1~2 次，特殊情况可采精 3~4 次。二次采精后种公羊要休息两小时，方可进行第三次采精。为增加种公羊射精量，应先让种公羊靠近台羊数分钟后再让种公羊爬跨射精。要一次爬跨即能采到精液。多次爬跨虽然可以增加采精量，但实际精子数增加的并不多，容易造成种公羊不良的条件反射。保持采精现场安静，不要影响种公羊性欲。注意保持假阴道的温度。

四、精液品质检查

1. 肉眼观察

公羊的正常射精量为 0.8~1.2 毫升。正常精液为乳白色，无味或略带腥味；凡带有腐败味，出现红色、褐色、绿色的精液均不可用于输精。用肉眼观察精液，可见由于精子活动所引起的翻腾滚动、极似云雾的状态，精子密度越大、活力越强，则云雾状越明显。

2. 精子活力检查

精子活力的检查方法是：在载玻片上滴原精液或稀释后的精液 1 滴，加盖玻片，在 38℃温度下用显微镜（可用显微镜恒温载物台）检查。精子活力是以呈前进运动精子所占百分率为依据的，通常用 0.1 ~ 1.0（10% ~ 100%）的十级评分法表示，原精液活力一般可达 0.8 以上。

3. 密度检查

正常情况下，羊每毫升精液中含精子数为 10 亿 ~ 50 亿个。在检查精子活力的同时也要进行精子密度的估测。在显微镜下根据精子稠密程度的不同，一般将精子密度评为稀、密、稠三级（图 5-10），其中，稠级为精子间空隙不足 1 个精子长度，密级为精子间空隙有 1 ~ 2 个精子长度，稀级为精子间空隙超过 2 个精子长度，稀级不可用于输精。

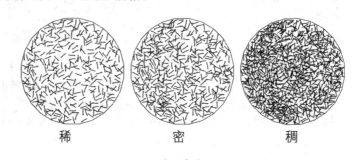

稀　　　　　　密　　　　　　稠

图 5-10　精液密度示意图

五、精液保存

1. 常温保存

常温保存的温度为 15 ~ 25℃，温度允许有一定变动，所以也称变温保存。常温保存所需的设备简单，便于普及推广。原理：利用一定范围的酸性环境抑制精子的活动，使精子保持在可逆的静止状态而不丧失受精能力。

稀释液。①明胶奶液：明胶 10 克，牛奶（羊奶）100 毫升，维生素 C 33 毫克，青霉素 1 000 国际单位 / 毫升，硫酸双氢链霉素 1 000 毫克 / 毫升。②英国变温稀释液：柠檬酸钠 2 克，碳酸氢钠 0.21 克，氯化钾 0.04 克，葡萄糖 0.3 克，氨苯磺胺 0.3 克，蒸馏水 100 毫升，青霉素 1 000 国际单位 / 毫升，双氢链霉素 1 000 毫克 / 毫升。③葡萄糖 3 克，柠檬酸钠 1.4 克，乙二胺四乙酸 0.4 克，加蒸馏水至 100 毫升，溶解后水浴煮沸消毒 20 分，冷却后加青霉素 10 万国际单位，链霉素 0.1 克。若再加 10～20 毫升卵黄，可延长精子存活时间。

常温保存方法通常将稀释后的精液放在等温的水中，降至室温。也可将贮精瓶直接放在室内、地窖或自来水中保存。

2. 低温保存

低温保存主要是在稀释液中添加抗冷物质，防止精子冷休克。添加抗冷物质可使稀释液缓慢降温至 3～5℃ 保存，利用低温来抑制精子活动，降低精子代谢和运动的能量消耗。当温度回升后，精子又逐渐恢复正常代谢机能并不丧失受精能力。精子对冷刺激敏感，特别是从正常体温急剧降至 10℃ 以下时，精子会发生不可逆的冷休克现象，因此可在稀释液中需添加卵黄、奶类等抗冷物质，采取缓慢降温的方法再进行低温保存。羊精液低温保存时间不得超过 2 天。

稀释液：①葡—柠—卵液。柠檬酸钠 2.8 克，葡萄糖 0.8 克，蒸馏水 100 毫升，青霉素 1 000 国际单位 / 毫升，链霉素 1 000 毫克 / 毫升，以上混合液取 80 毫升，再加入卵黄 20 毫升。②鲜奶适量，90℃ 水浴 10 分，冷凉后除去奶皮，每毫升添加恩诺沙星原粉 50 毫克。

3. 分装保存

分装保存有两种方法：一是小瓶中保存，即把高倍稀释精液，按需要量（数个输精剂量）装入小瓶，盖好盖，用蜡封口，包裹纱布，套上塑料袋，放在装有冰块的保温瓶（保存箱）中保存，保存温度为 0～5℃；二是塑料管中保存，即将 1 个输精剂量的精液（精液与稀释液以 1∶40 倍稀释，0.5 毫升为 1 个输精剂量）注入塑料吸管内（吸管剪成 20 厘米长，紫外线消毒），两端用塑料封口机封口，保存在自制的泡沫塑料的保存箱内（箱底放冻好的冰袋，再放泡沫塑料隔板，把精液管用纱布包好，放在隔板上面，固定好）盖上盖子，10 小时内使用，保存温度为 4～7℃，最高到 9℃。这种方法，可不用输精器，经济实用。无论哪种包装，必须固定好，尽可能减轻精液的振动。

精子发生冷休克的温度是 0～10℃，采取缓慢降温的方法，以每分钟降温0.2℃，把稀释液降至 0～5℃ 即可，大约用时 2 小时。精液稀释后，室温下分装成小瓶并用盖密封，再用数层纱布包裹，置于 0～5℃ 低温中。保存期间尽量维持温度恒定，防止升温。

液态精液保存、运输注意事项：①保存的精液应附有详细说明书，标明产地、公羊品种和编号、采精日期、精液剂量、稀释液种类、稀释倍数、精子活力和密度等。②包装应严密，并要有防水、防震衬垫。③维持温度恒定，切忌温度变化。④避免剧烈震动和碰撞。

六、输精

1. 输精量确定

原精液输精每只羊每次 0.05 ~ 0.1 毫升，低倍稀释为 0.1 ~ 0.2 毫升，高倍稀释为 0.2 ~ 0.5 毫升，冷冻精液为 0.2 毫升以上。输精时，母羊采取倒立保定法，保定人将母羊头夹紧在两腿之间，两手抓住母羊后腿，将其提到腹部，保定好不让羊动，母羊呈倒立状。用温布把母羊外阴部擦干净，即待输精。此法不受场地限制，任何地方都可输精。

2. 输精

输精方法有以下几种：

（1）子宫颈口内输精法　经消毒后的开膣器在 1% 氯化钠溶液内浸涮后装上照明灯（可自制），轻缓地插入阴道，找到子宫颈口，将吸有精液的输精器通过开膣器插入子宫颈口内（深度约 1 厘米）即可输精（图 5-11）。输入精液后，先把输精器退出，再退出开膣器。把开膣器放在清水中，用布洗去污物，擦干后再在 1% 氯化钠溶液中浸涮，再用生理盐水棉球或稀释液棉球将输精器上污物自口向后擦净即可再次使用。

图 5-11　子宫颈口内输精法

（2）阴道底部输精法　将装有精液的塑料管从保存箱中取出（需多少支取多少支，余下精液仍盖好），放在室温中升温 2 ~ 3 分后，将管子的一端封口剪开，挤 1 滴镜检，活率合格后，将剪开的一端从母羊阴门向阴道深部缓慢插入，到有阻力时停止，再剪去上端封口，精液流入阴道底部，拔出管子，把母羊轻轻放下，输精完毕。

（3）子宫内输精法 使用冻精做人工授精，受胎率低，而子宫内输精法（腹腔镜子宫深部输精法）则可以提高受胎水平。子宫内输精法采用子宫钳将子宫角部分引导于腹腔外，将精液注入子宫角内输精，输精操作器具较简单，方法便捷，受胎率高，易于推广应用（图5-12）。

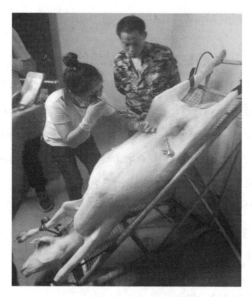

图5-12 子宫内输精法

第三节
羊的冷冻精液

一、羊的冷冻精液技术现状

冷冻精液是利用液氮（-196℃）作为冷源，将经过特殊处理后的精液冷冻保存，以达到长期保存的目的。精液冷冻保存是人工授精技术的一项重大革新。它解决了精液保存时间短的问题，使输精不受时间、地域和种公羊生命的限制。冷冻精液便于开展国际、国内种质交流，冷冻精液的使用极大地提高了优良公羊的利用效率，加速品种育成和改良的步伐，同时也大大降低了生产成本。

山羊、绵羊冷冻精液已在我国大规模使用，收到良好的受胎效果。新疆、青海、内蒙古、山西等地都有绵羊冷配受胎率超过55%的报道。波尔山羊的引进，促进了我国山羊冷冻精液的研究和推广，但受胎效果差异较大，一般是30%~50%。国外一些国家也在不断研究和改进人工授精和冷冻技术。芬兰、挪威等国试验认为乳糖稀释精液适合羊精液冷冻；英、美等国常用甘油（丙三醇）脱脂乳稀释精液；挪威用细管冷冻奶山羊精液。

小知识：

细管冷冻奶山羊精液的方法

用乳糖稀释液（11%乳糖75毫升，卵黄20毫升，甘油5毫升）把精液按1：（1~3）稀释后，放入冰箱，经1~2小时降温至平衡温度（3~5℃），然后用注射器将精液分装在聚氯乙烯细管或安瓿中，放入冰箱，再把精液放在液氮的挥发气中（-80℃左右）冷冻，或把降温至平衡温度的精液放在-80℃液氮纱网上滴冻成颗粒，经冷冻处理的精液，在超低温条件下（-196℃）可长期保存，用时解冻输精。通常奶山羊精液的稀释比例因稀释液的种类而异，在发情中期至末期采取子宫颈内输精，每只羊输入6 000万~7 500万个精子，即可获得最高的受胎率。

二、精液冷冻保存原理

精子在超低温条件下可完全停止代谢活动，生命处在静止状态，升温后又能复苏而不失去受精能力。精液经过特殊处理后在超低温下会玻璃化，要防止精液形成大的冰晶。冰晶的形成是造成精子死亡的主要物理因素。玻璃化中水分子保持原来无序状态，会形成纯粹玻璃样的超微粒结晶。精子在玻璃化冻结状态下避免了原生质脱水，膜结构也不受到破坏，解冻后仍可恢复活力。冰晶是在-60~0℃低温区域内，缓慢降温条件下形成的。降温越慢，冰晶越大，-25~-15℃对精子的危害最大。玻璃化必须在-250~-60℃超低温区域内进行，而且精子会从冰晶化区域内开始就以较快速度降温，迅速越过冰晶化进入玻璃化阶段。但这一过程是可逆的、不稳定的，当缓慢升温时又可能形成冰晶化。

在稀释液中添加抗冻物质（如甘油、二甲基亚砜）以增强精子的抗冻能力，可对防止冰晶发生起重要作用。甘油亲水性很强，它可在水结晶过程中限制和干扰水分子晶格排列。甘油渗入精子使部分水分和盐类排出，避免了电解质浓度增加的不良影响。但甘油和二甲基亚砜对精子有毒害作用，浓度过高会影响精子的活力和受精能力。

只有冷冻效果好的精液才能做冷冻保存。精液冷冻效果与稀释液的成分，特别是抗冻剂成分和浓度、冻前处理方式、冷冻方法、解冻方法等因素有很大关系。而季节、营养和采精频率对冷冻效果也都有影响。

三、冷冻精液稀释液配方

一种类型的稀释液以某一种糖为主（如葡萄糖、果糖、乳糖、蔗糖和棉子糖等），再加上卵黄和甘油，有的还加一些柠檬酸钠；另一种类型的稀释液以无机缓冲剂（如柠檬酸钠、磷酸盐等）或有机缓冲剂（如氨丁三醇）为主，配合以卵黄和甘油；还有一种类型的稀释液则以乳类为主。一些比较典型的配方如下：

配方一：11% 乳糖液 75 毫升，加甘油 5 毫升和卵黄 20 毫升。或者在 11% 乳糖液中再加 3% 的葡萄糖，甘油和卵黄含量不变。

配方二：一液，葡萄糖 3 克，柠檬酸钠 3 克，加水至 100 毫升，再加卵黄 25 毫升。二液，取一液 88 毫升，加甘油 12 毫升。

配方三：氨丁三醇 3.028 克，柠檬酸钠 1.7 克，蒸馏水 92 毫升，甘油 8 毫升，卵黄 25 毫升。

配方四：在 100 毫升蒸馏水中溶解氨丁三醇 3.634 克，葡萄糖 0.49 克。每 80 毫升溶液加甘油 5 毫升和卵黄 15 毫升。

配方五：在 100 毫升蒸馏水中溶解棉子糖 9.9 克，柠檬酸钠 2 克。每 80 毫升溶液加甘油 5 毫升和卵黄 15 毫升。

配方六：蔗糖 8 克，乙二胺四乙酸 0.8 克，氨丁三醇 0.28 克，氨苯磺胺 0.2 克，加蒸馏水至 76 毫升，再加卵黄 20 毫升和甘油 4 毫升。

四、冷冻技术

精液品质的优劣直接关系到精液冷冻后效果，用于冷冻保存的精液，活率要高，密度要大。

1. 精液稀释方法

精液稀释有一次稀释法和分步稀释法。一次稀释法：常用于制作颗粒冷冻精液，近年来也适用于细管冷冻精液。甘油温度在 10℃ 以上时对精子有毒害作用，而在 10℃ 以下其毒害作用不大。为了减少甘油对精子的毒害作用，常采用二次稀释法，也就是将精液分两次稀释。第一次用不含甘油的稀释液，经 1 ~ 2 小时缓慢降温至 4℃；第二次是用含甘油的稀释液在相同温度下做等量第二次稀释。有人主张甘油不参加平衡过程，而在临冷冻之前再加含有甘油的稀释液。但是也有不少人认为现在甘油的含量已由过去的 5% ~ 8% 降到 2% ~ 4%，在室温下一次加入影响不大。作者用不含甘油的稀释液稀释绵羊精液，在温度降至 4℃时，按稀释后精液量的 4% 加入等温的甘油，取得了良好的效果。经稀释后的精液活率应不低于原精液。

2. 降温和平衡

降温是从 30℃ 经 1 ~ 2 小时缓慢降至 4℃。平衡的目的是使精子有一段适应低温的过程，同时使甘油充分渗透进精子体内，达到抗冻保护作用。一般将降温至 4℃ 的精液放入 4℃ 冰箱内平衡 2 ~ 3 小时。

3. 精液的分装和冻结

冷冻精液可采用颗粒或细管的分装方法。

（1）颗粒法　将平衡后的精液直接滴在 −100℃ 金属板或聚四氟乙烯板上，在距液氮面 2 ~ 3 厘米处熏蒸 4 分，然后进行收集、抽检活力、包装、标记、贮存。颗粒剂量：0.1 毫升 ±0.01 毫升，有效精子数 1 200 万个，精子活力 >0.3，细菌数 <1 000 个。制作颗粒冷冻精液具有操作简便、容积小、易贮存、成本低等优点。但也有裸露易受污染、表面结霜、不能单独标记、不易识别、需用解冻液、输精时有残留等缺点。

（2）细管法　①稀释液的配制与保存。宜现配现用或者在使用前几小时配好后放在 4℃ 冰箱中保存，使用时放在 32℃ 水浴液中保温。②精液检查。精液采下后必须立即在 35 ~ 38℃ 下进行检查、稀释。检查时可用精子质量分析仪自动检查，或者用微量移液管取样制成玻片在常规显微镜下检查精子活力，用比色皿在精子密度仪下测定精子密度，以便根据每剂量所含有效精子数确定稀释倍数。③稀释与平衡。在精液检查完成后必须立即用预热的稀释液进行等温稀释，要求稀释后每剂量精液所含有效精子数 ≥ 3 500 万个。将稀释好的精液连同其盛装容器浸入盛有 32℃ 温水的量杯中缓慢降温（精液面稍低于温水面），再连同量杯一起置于带有细管封装机的 4℃ 低温操作柜内平衡 2 ~ 3 小时。④封装。对不同个体的精液选用不同颜色细管进行封装，以便于识别。打印标记，包括品种、羊号、采精时间、产地等。⑤细管冷冻采用平放自动熏蒸冷冻方式。先调整大口液氮罐（内径 800 毫升，容量 400 升）内的液氮面，使之低于将要放入托架上的细管精液平面 3~5 厘米；再调整金属网片上温度使之保持在 −100~−90℃，然后将低温操作柜中的托架移到大口液氮罐金属网片上，密封熏蒸 9 分。熏蒸结束后，迅速将细管精液放入用液氮预冷的塑料杯，再一起迅速浸入液氮里做预备保存。此时可抽样检查精子冻后活力，活力低于 0.3 者应废弃。⑥预备贮存。经检验合格的细管冻精装入标记鲜明的纱布袋内，再放入小液氮罐里暂时贮存。⑦包装贮存。24 小时后取出重新检查，合格的放入大口液氮罐中贮存。每个塑料细管中装 0.25 毫升精液（有效精子数 1 000 万个），在 4~5℃下用精液分装机分装，用封口粉、塑料球或超声波封口，平衡后冻结。细管冷冻精液不易污染，便于标记，冻结效果好，适于机械化生产。使用时解冻方便，无残留，但成本较颗粒法高。

五、冷冻精液的保存与运输

冻结的颗粒、细管精液，抽检样品经解冻检查合格后，按品种、编号、采精日期、型号标记，包装、转入液氮罐中贮存备用。为保证贮存器内的冷冻精液品质，在贮存及取用过程中必须注意：

第一，液氮罐为双层结构（图 5-13），真空保温，非压力容器，避免液氮

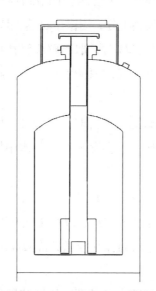

图 5-13　液氮罐结构示意图

罐震荡、撞击。有一定使用年限。液氮少于 1/3 时及时补充（40 天左右）液氮。

第二，从液氮罐取出冷冻精液时，提筒不得提出液氮罐口外，可将提筒置

于罐颈内部，用长柄镊子夹取冻精，动作要快。如果超过 5 秒取不出冻精，要回浸一下液氮再取。

第三，将冻精转移另一容器时，动作要迅速。冻精在空气中暴露的时间不得超过 5 秒。

第四，液氮罐放在通风、干燥、阴凉处；液氮罐每年要清洗一次。

六、解冻与输精

1. 解冻

（1）解冻液　2.9% 柠檬酸钠或维生素 B_{12} 或葡萄糖柠檬酸钠液等为常用解冻液。但是，解冻液用量过大会使受胎率显著下降，我国目前的生产条件不宜使用解冻液。因而精液在冻前只做 1 倍稀释，解冻时不加解冻液。

（2）解冻温度　通常用 35～40℃ 水浴解冻，但也有用冰水解冻（0～5℃）和高温解冻（50～70℃）。用高温解冻，精液升温较快，但火候掌握不好往往会把精子"烫死"。因此较好的方法是采用两步解冻法，先用较热的水解冻，待精液融化 1/2～2/3 时再把精液转移到与室温相近的水浴中继续解冻。

（3）解冻方法　分为颗粒解冻方法和细管解冻方法。

颗粒解冻方法：在解冻杯中注入热水，调节到 40℃，取适量解冻液放入解冻管，解冻管放入解冻杯中预热 1 分，用镊子迅速夹取 1 粒冻精投入解冻管中，摇动解冻管，待颗粒融化 1/2～2/3 时，取出解冻管在与室温相近的水浴中继续摇动至融化完毕，吸入输精管。每次只能解冻 1 粒，解冻后的精液温度不宜超过 15℃。

细管解冻方法：从液氮罐提桶中夹取 1 支细管，用力甩一下，使进入细管的液氮挥发掉，以免引起爆管，然后投入 42℃ 热水中摇动 7～10 秒，取出擦干水，剪去封口，装入羊细管输精枪。

用于输精的冷冻精液，解冻后镜检活率不得低于 0.3，一般解冻后 10 分之内完成输精。如需短时间保存必须注意：以冰水或 95% 酒精作散热媒介进行解冻，解冻后保持恒温；最好用低温保存液做解冻液解冻。

2. 输精方法

输精时先剪开细管的封端装入输精器，用开膣器将待配母羊的阴道扩开，然后把输精器的导管插进子宫颈口深 0.5～1.0 厘米输精。输精次数一般为 1～2 次，重复输精的间隔时间为 8～10 小时。

第四节
新技术推广

一、调节环境，控制发情时间

羊是短日照发情动物，秋天发情、春天产羔最有利于其繁衍，是自然选择的结果。采取一年两产，一次配种在繁殖季节，另一次配种是在非繁殖季节；采取两年三产，一次配种在繁殖季节，另两次配种在非繁殖季节。在非繁殖季节，多数羊场采用激素栓塞或给羊注射激素进行发情调节，虽然能达到发情配种的目的，但种羊利用年限会大大缩短，同时还会造成母羊体质下降、多病。

根据羊的生物学特性，采取环境调节（主要是光照调节和温度调节）促使母羊在非繁殖季节正常发情，效果好、成本低。春季光照长于秋季光照，为了模仿秋季光照时间，采取如下光照控制方案（以 2019 年为例）：

1 月 1 日起（天亮 07：05：33，天黑 17：29：55，亮光 10：24：22），利用感光器控制补光 03：36：00，每天递减灯光 1.4 分，每天维持光照 14 小时。

2 月 1 日起（天亮 06：54：22，天黑 18：01：22，亮光 11：07：22），此时补光减少到 02：53：00，每天递减灯光 3.86 分，每天维持光照减少 2 分。

3 月 1 日起（天亮 06：20：59，天黑 18：32：33，亮光 12：11：34），不再补光。3 月 2 日开始启用遮光帘，早上 06：22：00 卷起，下午 18：31：00 放下；3 月 3 日早上 06：23：00 卷起，下午 18：30：00 放下，照此类推，每天维持光照减少 2 分，直到配种结束。

二、药物诱导发情

药物诱导发情不但可以控制母羊的发情时间，缩短繁殖周期，增加产羔频率，而且可以调整母羊的产羔季节，使羔羊按计划出栏，按市场需要供应羔羊肉，从而提高经济效益。药物诱导发情的处理方法与同期发情基本相同，所不同的是诱导发情必须进行孕酮预处理，埋植阴道海绵栓的时间比同期发情长 1~4 天，马绒毛膜促性腺激素（PMSG）注射的剂量为 100 国际单位。据研究报道，采用催产素诱导山羊发情，每天早晚各皮下注射 5 国际单位，可使发情周期由原来的 17.5 天缩短到约 7 天。可用褪黑素处理代替短日照处理，但处理期至少要 5 周。

给泌乳山羊注射 PMSG，再肌内注射溴隐亭（促乳素拮抗剂）2 毫克 / 只，每 12 小时 1 次，共 2 次，诱导发情率可达 90% 以上。肌内注射牛初乳 16 ~ 20 毫升 / 只，也可诱导发情。

母羔出生当年体重可以达到成年母羊体重的 60% ~ 65%，7 月龄以上时采用生殖激素处理，可以使母羊成功繁殖。诱导发情可采用埋植阴道海绵栓和喂服孕酮和 PMSG（每只羊 PMSG 的喂服剂量应严格控制在 400 毫升以下）。

三、同期发情

同期发情实质是诱导群体母羊在同一时期发情排卵的方法，在生产中的主要意义是便于组织生产和管理，提高羊群的发情率和繁殖率。在人工授精技术和胚胎移植技术的推广应用中使用同期发情技术，特别是使用冷冻精液进行配种，并使用新鲜胚胎进行移植，效果较好。

同期发情的处理方案有以下几种。方案一：对青年母羊采用口服孕激素和促性腺激素处理。口服醋酸甲羟孕酮，连续 10 天，第九天肌内注射 PMSG，注射 PMSG 后 56 小时内配种。配种时静脉注射 HCG 或促排卵素 3 号（LRH–A3），每毫升精液加 1 国际单位催产素。第二次配种后的第十四天即可放入公羊开始试情。方案二：对成年母羊采用阴道孕激素和促性腺激素处理。埋植阴道孕酮释放装置第十二天（撤栓当天）肌内注射 PMSG。注射 PMSG 后 56 小时内配种，配种时静脉注射 HCG 或 LRH–A3，每毫升精液加 1 国际单位催产素提高受胎率。第二次配种后的第十四天即可放入公羊试情。方案三：子宫、阴唇注射前列腺素处理。山羊黄体对前列腺素的反应时间是在发情周期的第六天至第十七天，一般可在发情后的第十天至第十五天在每只羊颈部肌内注射氯前列烯醇制剂 0.1 毫克，或子宫颈内注入氯前列烯醇制剂 0.05 毫克，5 天内同期发情率可以达 90% 以上。在繁殖季节，如不能确定被处理羊的发情周期所处阶段，可采用两次注射氯前列烯醇法。第一次全群母羊注射，凡卵巢上有功能黄体的个体，即可在注射后发情，但对发情者不配种，间隔 9 ~ 12 天进行第二次注射，羊发情时间主要集中于第二次注射后的 24 ~ 48 小时，这样同期发情率和受胎率都较高。

同期发情常用药品主要有：性腺激素、阴道孕酮释放装置、PMSG、

LRH-A3、催产素、HCG 等。参考剂量：醋酸甲羟孕酮 40～60 毫克，醋酸甲地孕酮 80～150 毫克，氟孕酮 30～60 毫克，孕酮 150～300 毫克，炔诺孕酮 30～40 毫克。

除孕激素外，其余药物必须低温（5℃）保存。野外处理时，避免阳光直射和持续高温。运输中要注意温度变化。

四、诱产多羔技术

诱产多羔就是利用免疫或激素的方法引起母羊有控制地排卵，提高母羊羊群产双羔的比例。这项技术并不是要求母羊排卵越多越好，而是以提高母羊羊群产双羔的概率为目标。采用的方法和原理，一个是通过免疫技术增加母羊排卵，另一个是通过激素让母羊多排卵。

1. 免疫法促进产双羔

澳大利亚最先成功地研制出绵羊双羔素，应用该产品的母羊经过两次免疫后，平均产羔率可提高 20%，但对羔羊初生重无任何影响。后来中国农业科学院兰州畜牧与兽药研究所等单位研制出与澳大利亚双羔素相似的双羔苗，使用效果达到或超过了澳大利亚双羔素水平。应用兰州双羔苗的甘肃高山细毛羊，产羔率提高了 26.56%。

2. 激素法诱导产多羔

激素法对于产单羔的羊种非常适用。与同期发情采用的方法基本相似，但必须使用促进卵泡发育的激素。使用最多的为 PMSG，一般用量为每只羊 500～1 000 国际单位。对于产双羔的羊，使用激素让母羊多排卵易发生多胎，但死胎率也会增加，一般不提倡。不同品种、个体对 PMSG 的适用量不同，因而一般不给繁殖母羊直接使用 PMSG。

3. 母羊配种前优饲

通过优饲提高母羊的产羔率对以放牧为主的羊群非常有效。美国将配种前优饲作为安哥拉山羊饲养的一项规程，配种前优饲一方面可以使那些体重小、不够配种体重的青年羊能够配种，另一方面可以使成年母羊多排卵。根据饲养水平的差异，配种前优饲使安哥拉山羊的繁殖率提高到 150%～200%。配种前优饲对于常年处于高饲养标准的母羊效果小，但对处于低水平饲养条件下的山羊、绵羊群，配种前优饲很有效，可显著提高双羔率，而且对于提高羔羊初生重和母羊泌乳量均有好处。

五、胚胎移植技术

胚胎移植技术是一种应用于哺乳动物的繁殖技术，通过采用激素对优秀供体个体进行超排处理，在胚胎早期从输卵管或子宫内将胚胎冲洗出来，移植到另一只经同期化处理的未配种的受体内，使胚胎发育成为胎儿。胚胎移植充分发挥优良母畜的繁殖潜力；迅速扩大优良后代的数量，缩短世代间隔；代替种畜引进，减少引种费用；便于保存品种资源；克服不孕症。基本程序主要包括：供体和受体的选择，供体的超排，受体同期化处理，胚胎采集、鉴定和移植（图5-14）。早在1949年，世界首例羊胚胎移植便获得成功。如今，胚胎移植技术已发展成为羊繁殖生物工程中成熟度较高的技术之一，它在羊的纯种繁育、快速扩群及提高优质高产种羊繁殖率等方面具有重要作用。

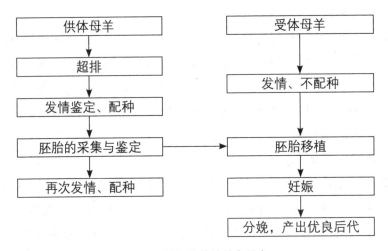

图 5-14 羊胚胎移植基本程序

1. 供、受体羊的选择

供体羊应选择表现型较好、生产水平高、遗传稳定、2～5岁龄、有正常繁殖史、发情周期正常、健康无病，尤其是无生殖道疾病的羊。初产羊通常由于超排效果较差，一般不宜选用，但周岁以上发育良好的个体也可选用。6岁以上的母羊，由于采食能力和体质下降，卵巢机能退化，其胚胎数量和质量都低于青壮年羊，一般也不选用，但体质和繁殖性能尚佳的个体例外。

受体羊要选择体形较大、繁殖率较高、哺乳力较强的品种，如绵羊胚胎移植应选择经产的小尾寒羊，山羊胚胎移植可选择关中奶山羊作为受体羊。体格大、产乳量高、健康无病，有1～2胎产羔史的2～4岁青壮年羊是理想的胚胎移植受体，而老龄羊及单胎品种羊移植效果较差。供、受体羊的计划配备以 1∶（12～13）为宜。受体羊和供体羊都必须是空怀母羊。

2. 供、受体羊的饲养管理

供、受体羊的饲养管理与正常繁殖生产母羊的要求基本一致。供、受体羊手术前两个月应进行配种前优饲，日采食干物质分别为 1.5 千克、1.1～1.3 千克。推荐饲料配方如下：羊草（干）65%、苜蓿草（干）15%、玉米 10%、豆粕 5%、磷酸钙 0.14%、石灰石粉 0.12%、预混料 4.74%。预混料中各成分占饲料比重：硫酸钴 2.5 毫克 / 千克，碘酸钾 0.9 毫克 / 千克，硫酸铜 9 毫克 / 千克，硫酸亚铁 7 毫克 / 千克，硫酸锌 35 毫克 / 千克，硫酸锰 40 毫克 / 千克，氧化镁 100 毫克 / 千克，亚硒酸钠 0.075 毫克 / 千克，维生素 E 12 毫克 / 千克，维生素 A 1 700 国际单位 / 千克。营养水平：粗蛋白质约占 8.71%，钙 3.06 克 / 千克，磷 1.86 克 / 千克，代谢能约 8.92 兆焦耳 / 千克，消化能约 10.87 兆焦耳 / 千克。术前要求羊身体健康，达到中上等膘情，防止过肥或过瘦导致乏情或不排卵，不要突然变换饲养管理环境、改变饲养方式及饲料，防止长途运输、意外惊吓等造成应激反应，导致供体羊不排卵、排卵少或胚胎退化、死亡，影响供体的超排卵效果，降低移植受胎率。因此，用于胚胎移植的供、受体羊的购进越早越好，并应注意饲料中各种营养成分的搭配和调制。缺硒地区的羊还应当每半年注射一次亚硒酸钠维生素 E 注射液。在进行同期发情处理前，完成所有疫苗的接种和驱虫工作。

3. 季节性选择

羊的繁殖时间主要集中在秋季，其次是春季。为了最大限度地利用羊潜在的自然繁殖性能，实现胚胎移植的高效益，羊的胚胎移植最好在秋季、冬季进行，春季次之，夏季和早秋不宜实施胚胎移植手术。

4. 超排卵和同期发情

目前国内用于动物同期发情和超排卵的激素类药物有国产的，也有进口的。从使用效果看，国产药虽然价格较低，但各批次质量差异较大，每批药物使用前需要进行试验。进口药物性能比较稳定，但价格较高，生产中应根据具体情况予以选择。供体羊超排卵处理用药以促卵泡素较为理想，处理时，采用递减法肌内注射羊臀部，这种方法操作起来比较麻烦。有报道称，用 15%～30% 聚乙烯吡咯烷酮溶液稀释促卵泡素后全量一次肌内注射，其效果与多次注射效果相同，可大大简化超排处理程序。受体羊的同期发情处理采用阴道栓和 PMSG

配合使用效果较好。

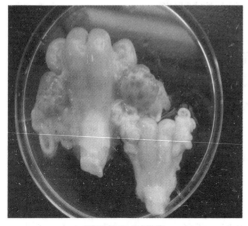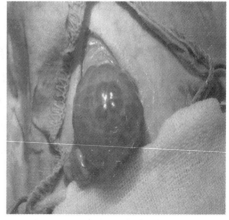

激素处理前卵巢　　　　　　　　　激素处理后卵巢

图5-15　激素处理前后卵巢情况

在进行超排卵时，应在选择好的供体羊阴道中放置阴道栓，放栓后第八天至第十天，每天早晚肌内注射促卵泡素，第十天晚上取栓，第十一天至第十二天观察母羊是否发情。超排卵供体羊发情后，每间隔 8~12 小时，用良种公羊配种 2~4 次（也可用人工输精方法）。在进行胚胎移植时，受体羊必须和供体羊处于相同的发情阶段。选择未发情受体羊和供体羊同时在阴道放置阴道栓［供、受体羊比例约为 1∶（12~13）］，放置后第十天早晨取栓（比供体羊约早 12 小时），供体羊与受体羊的发情同步差在 24 小时之内。

5.手术法移植技术

（1）暴露生殖器官　手术过程如供体母羊冲胚手术。

（2）胚胎的移植部位　与供体母羊冲胚部位一致。输卵管胚进行输卵管移植，子宫胚进行子宫移植。

（3）吸取胚胎　用移植器先吸约 1 厘米长的保存液，再吸约 0.5 厘米长的空气，最后吸取胚胎。含胚胎的液柱不超过 1.5 厘米。

（4）输卵管移植　将有黄体一侧的输卵管伞部拨开，找到管口，把装有胚胎的移植器从此插入 3~4 厘米，然后将胚胎轻轻推出即可。

（5）子宫移植（鲜胚和冻胚）　将有黄体一侧的子宫角取出，用尖端磨钝的 16 号针头在子宫壁上扎一孔，把装有胚胎的移植器从此孔插入子宫腔内直至子宫角尖端，再将胚胎轻轻推出即可。不要把移植器扎入子宫壁。

不论输卵管移植还是子宫移植，移植液量限制在 20 微升以内，移植后要检查移植器中是否有胚胎遗留，确认没有后受体才能缝合。

（6）受体创口缝合　操作步骤同于供体手术。

对受体羊可采用简易手术法移植胚胎（图 5-16）。术部消毒后，拉紧皮肤，在后肢鼠蹊部做 1.5～2 厘米切口，用一个手指伸进腹腔，摸到子宫角引导至切口外，确认排卵侧黄体发育状况，用钝形针头在黄体侧子宫角扎孔，将移植管顺子宫方向插入宫腔，推出胚胎，随即把子宫复位。皮肤复位后即将腹壁切口覆盖，皮肤切口用碘酒、酒精消毒，一般不需缝合。若切口增大或覆盖不严密，应进行缝合。受体羊术后可在小圈内观察 1～2 天。圈舍应干燥、清洁，防止感染。

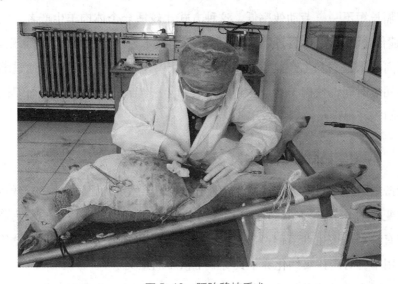

图 5-16　胚胎移植手术

6. 受体羊饲养管理

受体羊术后 1～2 个情期内，要注意观察返情情况。若返情，则应进行配种或移植；对没有返情的羊，应加强饲养管理。妊娠前期，应满足母羊对热量的摄取，防止胚胎因营养不良而引起早期死亡；妊娠后期，应保证母羊营养的全面需要，尤其是对蛋白质的需要，以满足胎儿的充分发育。

六、诱发分娩

在母羊妊娠末期或分娩前数天内，即妊娠 140 天以后，利用激素处理，诱发其提前分娩，有计划地控制分娩日期和时间。具体方法：傍晚给母羊注射 16 毫克糖皮质激素，12 小时后即有 70% 的羊产羔（品种不同，效果有差异），或在预产期前 3 天用雌二醇苯甲酸盐，90% 的母羊也能在 48 小时内产羔。

第五节
肉羊频密繁殖体系方案设计

目前，多数规模化羊场的繁殖仍然采用机会产羔模式。机会产羔模式的核心是对发情母羊进行配种，即没有计划地随即配种。优点是不做人工干预发情，管理简单。缺点是不能按批次生产产品上市、生产管理不能形成可循环流程、产羔间隔长短不一、劳动效率低。这种方式比较适合个体肉羊生产者。实践证明，集遗传育种、营养、管理、环境控制和繁殖技术为一体的肉羊频密繁殖技术，是提高肉羊繁殖率和生产效益的一项综合性技术体系，该技术体系通过缩短母羊产羔间隔时间，使肉羊达到一年两产、两年三产或三年五产，进而缩短母羊的产羔间隔，提高母羊繁殖效率。

一、频密繁殖体系的基本概念

频密繁殖是随着集约化养羊，特别是肉羊肥羔生产而迅速发展的繁殖体系，是指改变羊的季节性繁殖特性，根据羊的品种特征和当地环境条件，使繁殖母羊能够有计划地按生产节律产羔，大大提高母羊的繁殖效率及羊舍、设备、人工的利用率，对现代集约化养羊具有非常重要的意义。

根据国内外的成功经验，羊频密繁殖体系主要有一年两产、两年三产、三年五产等模式。这三种频密繁殖模式在提高母羊的繁殖效率、实施的难易程度、适宜的应用对象等方面各有特点。

二、频密繁殖体系配套技术措施

繁殖母羊要求选择四季发情的品种；设置功能羊舍单元数量应与频密繁殖体系匹配，满足羊群周转和空舍消毒需要；羊舍能够控制光照时间、温度、湿度等，促使母羊在夏季、冬季正常发情；具备人工促情和同期发情等技术条件；实施羔羊早期断奶，断奶越早母羊体能损耗越少，产后发情越早，并且第一情期受胎率可达 90% 左右。羔羊早期断奶技术要点：羔羊 3~5 日龄开始诱食补料，7~10 日龄开始补饲羔羊阶段全价饲料或颗粒饲料；弱羔断奶后补饲羔羊代乳粉，提高羔羊成活率。加强繁殖母羊管理，羔羊数量较多，膘情欠佳的母羊及时单独补饲或将羔羊寄养，保证母羊断奶后再配种时膘情适中，实现高发情率和高受孕率；母羊配种后45天及时进行妊娠诊断，没有受孕的母羊根据生产节律及时安排到合适的批次补配。多次配种不孕的母羊及时淘汰。

三、肉羊频密繁殖体系技术设计原理

不同的频密繁殖模式根据羊场基础母羊群的大小确定合理的生产节律，并结合生产节律合理分群，制订配种计划，尽量做到全年均衡提供产品。配种是生产流程的起始点和总开关，生产计划的核心是科学分配羊群的配种时间节点。

1. 确定合理的生产节律

生产节律是指按批次组织生产，实质上是以周、月等为一个时间段，在每一个时间段内按计划完成相应的工作，如配种、转群、出栏等，这种可以形成批次和循环的固定时间段叫生产节律。合理的生产节律是全进全出养殖工艺的前提，是有计划利用羊舍和合理组织劳动管理、批次生产商品肉羊的基础。

生产节律的天数可根据母羊产羔间隔、母羊产羔间隔与一年月数或天数比、母羊存栏规模、出栏上市时间等数据综合考虑确定，同时，还要考虑现有的羊舍配置、设备、管理水平等情况。

合理的生产节律不但有利于提高羊场母羊群体的繁殖水平，保证全年相对均衡的肉羊供应，且便于进行流程化的饲养管理，提高设施设备利用率和劳动生产率。

理论上讲，生产节律时间越短，羊舍、配种车间、人工投精室及其配套设备等利用率越高，相应的是转群越频繁，劳动力投入越多，每批次的生产规模越小。较短的生产节律也缩短了母羊群的平均无效饲养时间，生产成本降低。一般大型规模羊场可以月节律组织生产，中、小型规模化肉羊生产场则以2个月节律组织生产较为适宜，并根据生产节律和每种频密繁殖模式的各自分群安排确定配种计划。进行配种后，如果母羊在群组内怀孕失败，则按生产节律参加下一群组配种。

2. 合理设置生产群组数量

为了实现全年均衡生产，在频密繁殖体系的具体实施过程中，常依据生产节律将基础母羊分成若干个生产群组错开生产，适宜的生产群组数量可按下式进行估算：

$M=G/L$

式中：M 为生产群组数量（个）；G 为产羔间隔（月）；L 为生产节律（月）。

为了使生产群组数量为整数，确定生产节律时通常将能够整除产羔间隔作为考量因素之一。当生产群组数量不是整数时，可依据四舍五入的原则取整。例如在两年三产模式中，产羔间隔为 8 个月，按照月节律组织生产的大规模化肉羊生产场，可将基础母羊分成 8 个生产群组；按照 2 个月节律组织生产的中、小型规模化肉羊生产场，可将适繁母羊群分成 4 个生产群组。

3. 生产群组成员基数

每个生产群组成员数量应该是均等的，但实际由于淘汰、补栏和转入的上批次未孕母羊等因素会使各生产群组成员数量有一定差异。下面公式是生产群组成员基数。

$Z=N/M$

式中：Z 为生产群组成员基数（只 / 组）；N 为基础母羊总数（只）；M 为生产群组数量（个）。

4. 生产群组实际参加配种的母羊数量

只有生产群组怀孕母羊数相同，才能保证各批次出栏量基本相同。但受胎率、季节变化、个体差异也会导致出栏数量差异。由于转入的上批次未孕母羊，实际上每个生产群组参加配种的母羊数多于生产群组成员基数。

$P=Z+Z \times B$

式中：P 为生产群组实际参加配种的母羊数量（只 / 组）；Z 为生产群组成员基数（只 / 组）；B 为生产群组批次不受胎率平均值（%）。

生产群组批次不受胎率平均值受技术水平、管理差异、季节变化、羊群体况等方面影响，一般为 5% ~ 10%。

四、三种典型频密繁殖模式

1. 一年两产模式

技术要求：怀孕期平均为 150 天；哺乳期为 21 ~ 28 天；断奶后 3 ~ 15 天配种，第一情期受胎率可达 85%，总受胎率为 90%，产羔间隔期为 6 个月，即分娩后 1 个月之内羔羊断奶，母羊可再次配种而且妊娠。

把母羊的配种安排在春、秋两个季节，实行一年两产模式，配套的繁殖技术，如母羊的发情控制、早期妊娠诊断及羔羊超早期断奶技术、产后保健等，实施起来有一定的难度。但是，已经有部分羊场进行了探索，实践证明只要母羊营养管理、羔羊人工哺乳等措施跟得上，完全可以实现，并且使母羊的年繁殖率提高一倍。为了增加产品供应批次，可以把母羊分成2个或3个群组来组织生产，把配种工作安排在每年的3～5月和9～11月利于受孕的月份。上一群组配种不成功的母羊还可以安排转入下一群组再次配种。

2. 两年三产模式

两年三产模式有固定的配种和产羔计划，要求母羊必须8个月产羔一次才能实现该体系的目标。同时必须有母羊的发情控制、早期妊娠诊断、羔羊早期断奶及保健等配套技术措施才能实现。母羊分娩后，羔羊2个月内断奶，断奶后1个月内母羊配种。可以将基础母羊分成4个群组，以2个月为生产节律，每隔1个月出栏1批羔羊上市；也可以将基础母羊分成4个群组，以2个月为生产节律，每隔2个月就连续2个月出栏2批羔羊上市，这种安排可以将配种避开炎热的7～8月；大规模羊场可将基础母羊分成8个群组，以1个月为生产节律，每个月出栏一批羔羊上市。该模式的生产效率比常规的一年一产提高近40%。

3. 三年五产模式

三年五产模式又称星式产羔方案，是一种全年产羔方案，是根据母羊妊娠期的一半是73天，正好是一年的1/5，把繁殖母羊分成3组，第一组母羊在第一期产羔，第二期配种，第四期产羔，第五期配种；第二组母羊在第二期产羔，第三期配种，第五期产羔，第一期再次配种；第三组母羊在第三期产羔，第四期配种，第一期产羔，第二期再次配种。如第一组的母羊妊娠失败，则可转入下组再配，如此5期周而复始。如果母羊每胎产1胎，则每年平均可获1.67只羔羊；若母羊产双羔，则每年平均可获3.34只羔羊。配种和产羔安排（表5-1）。

表5-1　三年五产频密繁殖体系配种和产羔计划

胎次	配种与产羔	时间安排		
		第一组	第二组	第三组
第一胎	产羔	一期	二期	三期
	配种	二期	三期	四期
第二胎	产羔	四期	五期	一期
	配种	五期	一期	二期

第六章
因地制宜，用好资源

　　羊是资源依赖型家畜，在农区将养羊和种田相结合，形成秸秆回收、肉羊养殖、有机肥还田的绿色循环圈，实现"粮食安全＋环境安全＋农民增收＋企业增效"的多赢效果。大部分人想象的用秸秆喂羊不花钱、一本万利是错误的。秸秆经过加工、调制，再去除霉变、杂质等，吃到羊嘴里的秸秆相对于采购价格就提高很多。秸秆转化活羊体重的比例大于8∶1，如果养羊所用的粗饲料（秸秆）采购自外地，运输费用成倍增加，舍饲养羊很难赚钱。必须利用当地廉价资源降低饲养成本，还要对粗饲料进行必要的科学加工处理，提高饲料利用率。

第一节
利用当地廉价资源降低饲养成本

舍饲养羊饲料成本占总成本的 65%～70%，如果我们能科学利用手里的廉价资源有效降低饲料成本,也就降低了养羊的成本,提高了竞争力和抗风险能力。

一、发酵草粉

农区秸秆资源丰富,除了利用青贮技术处理部分秸秆外,大部分干秸秆养分含量低、适口性差,但通过粉碎、生物发酵处理后,可大大改善饲用效果。玉米秆、玉米芯、高粱秆、谷草、花生皮、花生秸、向日葵饼、各种豆秸和角皮、苜蓿、棉花秸秆、沙打旺、三叶草、驴食草及其他野草、树叶等,均可作草粉的原料。可用锤式粉碎机将秸秆粉碎成长 1～2 厘米的草粉。禾本科植物应与豆科植物分别粉碎,以便配制。

将粉碎好的禾本科草粉和豆科草粉,先按 3∶1 的比例充分混合均匀。再用 30～40℃的温水稀释生物发酵菌种（种类很多,用法可参考使用说明书）,喷洒草粉并拌匀,手捏成团,手松散开,装窖密封厌氧发酵,当堆内温度达 45℃左右、闻到有曲香味时,发酵即成功。饲用时按每 100 千克发酵草粉加入 0.5～1 千克食盐和 0.5 千克骨粉,再配入适量的玉米面、麸皮、胡萝卜或煮熟的甘薯、马铃薯等,混合均匀后即成。也可以利用全混合日粮设备和技术配制日粮,然后发酵 24 小时后喂羊,这种方法有待探索和推广。

二、糟渣

糟渣主要有制糖业的副产品糖饴渣和甜菜渣,酿酒业的副产品酒糟和啤酒糟,以及豆腐渣、酱渣、粉渣等。但是,这些糟渣能量含量是有缺陷的,如糖渣中的干物质含量在 22%～28%,适口性较差,饲喂时应逐渐增加,让羊适应。也可以在糖渣中添加尿素、矿物质和微量元素。甜菜渣中含有游离有机酸,易引起羊下泻,应控制饲喂量。酒糟中含水量较高,为 64%～76%,为了保存,应晒干或青贮。酒糟的营养价值变化很大,适口性差,羊的采食量不大。豆腐渣、酱渣、粉渣等含粗蛋白质较高,使用前最好进行适当的热处理。

河北省辛集市绿源农庄养羊场，羊喂的是果渣、酒糟和少量其他粗饲料混合精饲料。农庄有一个大大的发酵池，把果渣、酒糟、淀粉渣等七八种粮食加工企业的下脚料混合在一起，再添加一定量的草粉、微量元素和维生素，经过厌氧发酵，就成了营养丰富、成本低、适口性好、利用率高的饲料。

三、菌糠

菌糠发酵饲料是环保型、变废为宝的饲料新产品，富含蛋白质、氨基酸、钙、磷等矿物质，可作为基础饲料原料，添加适当的辅料进行营养平衡，用于配制不同用途的功能性饲料。废弃物循环利用，解决了食用菌产业的一大烦恼问题，同时也降低了养羊成本。

由于菌糠发酵饲料中含有酵母及其代谢产物，不仅适口性好，而且能促进动物肠道多种有益菌的繁殖，抑制病原菌，提高免疫功能，并能刺激动物分泌各种消化酶，促进动物的食欲，提高消化吸收率，从而促进动物的生长发育。攀枝花市农林科学研究院攻关"菌糠养羊关键技术及其利用研究"项目。菌糠养羊与传统常规粗饲料稻草相比，每只羊每年饲料成本可降低约 12 元；每只羊每年增重从 6.3 千克增加到 12.75 千克，养殖户每只羊新增收益可提高 1 倍以上。

四、树叶

羊喜采食的树叶有槐树叶、榆树叶、紫穗槐叶、白杨叶、合欢叶、桑树叶、柞树叶等。这些树叶中粗蛋白质含量按干物质计算都在 20% 左右，营养丰富，是羊抓膘和冬季保膘的物质来源。寒冬羊群不能远牧时可将羊赶至树林、河滩、道路旁，采食这些树叶。有些树叶含有单宁，有涩味，羊不爱吃；有些树叶有毒，如夹竹桃叶、蓖麻叶、漆树叶等，严禁饲喂。

五、利用有益的特殊植物资源

羊用嗅觉寻找食物，在饲料中可适当添加香附、花椒、辣椒、桂皮、姜、大蒜、葱、小茴香、芫荽、白芷、艾叶等增香剂、辣味剂，既能祛风散寒、健胃消食，长期添加又可以促进羊的采食量。

选择长有野韭菜、野蒜、山葱的牧场放牧。有以下好处：一是营养价值高；二是具有微辣味，羊吃后可调节其他牧草的苦味，且有健胃作用；三是长有这些野菜的地方地势高，空气清新，昆虫、蚊蝇少，牧草卫生。另外，野韭菜、野蒜、山葱都属于中草药，具有驱虫的功效，羊吃了后，有虫的驱虫，无虫的可预防体内寄生虫病的发生，对羊的生长发育和健康有利。

六、中草药药渣

中草药药渣不进行资源化利用就是污染源，用中草药药渣喂羊，废弃物得到循环利用，经济效益、生态效益非常好。俗话说，是药三分毒，羊吃中草药药渣会不会有毒物残留？这样的羊肉能不能食用？其实不用担心，中草药是植物，其中的药用物质被提取后，羊吃中草药与吃普通草料一样，不会对羊的品质产生影响。有人将 20 只断奶后 4 月龄肉羊分成试验组和对照组，试验组日粮中添加中草药药渣。结果，试验组与对照组比较，日增重提高 21.41 克，提高了 17.91 个百分点；羊每千克增重所食饲草料成本试验组比对照组节省 1.09 元。

中草药药渣发酵以后喂羊效果更好。生物饲料发酵剂的主要成分为乳酸菌、酵母菌、枯草芽孢杆菌、双歧杆菌、放线菌等。中草药药渣发酵后，纤维素等物质被降解分解，增加了药渣的营养价值，从而提高吸收率和消化率，促进羊的生长。

中草药药渣中含有大量氨基酸、多糖以及蛋白质、维生素等，在一定程度上可以促进动物的生长，调节动物的免疫力，但是药渣内有一定的残药量，我们需要用生物饲料发酵剂进行发酵，分解纤维素类物质产生低聚多糖，更有利于羊的吸收和消化。中草药药渣发酵步骤：①选择合适的发酵剂、红糖、水，活化开。②将活化开的菌兑水稀释，与 10% 左右的麸皮米糠或是玉米粉混合搅拌均匀，撒到药渣上面，再次搅拌均匀。③湿度控制到用手握不滴水、松开即散的状态，装入容器中密封 3 天左右，有股淡淡的果香味道即可喂羊。饲喂量为每只羊每天 0.5 ~ 1 千克。

第二节
既是"草"又是"药"的植物

放养羊由于吃百草（有些草本来就是药材），而且经常活动，一般体质都很好，不容易生病，羊肉质量高，味道鲜美，有弹性。而圈养羊给什么饲料就吃什么，它所需要的东西不能自主寻找，所以，身体抵抗力差，很容易生病。一些既是"草"又是"药"的植物，根据需要加入饲料中，可以起到促生长、提高羊肉品质的作用。

1. 构树

构树叶中的粗蛋白质含量高达 23.21%，粗脂肪含量为 5.31%，钙含量为 4.62%，营养价值很高。一般情况下，用构树饲养羊的时候，构树叶的最大饲喂量不宜超过 50%。另外的 50% 草类，应选择禾本科的黑麦草和墨西哥玉米草等。采集构树叶晾干，到冬天的时候将一少部分构树叶掺入牧草中喂羊，能够提高羊体的温度，促使羊增重，减少羊病的发生。

2. 葎草

葎草营养丰富，在我国分布非常广，有芒刺，人触碰易刺伤；适口性差，牛羊不喜食。用机械的方法把葎草的芒刺去掉，和麦秸一块进行微贮后，营养价值和适口性可大大提高。实践表明，葎草鲜叶喂奶山羊，可以提高产乳量，还有消炎止泻的作用。

3. 桑树

桑树在全国大部分地区多有种植，每年采过桑果后，将羊放进桑树林去吃叶子和嫩枝，第二年照样结果，树形也得到了有效控制，不会太高太大，有利于采摘。给羊饲喂桑叶既可以节省饲料，又可以有效预防羊的感冒以及咳嗽等。

4. 蒲公英

蒲公英在我国的分布也非常广泛，具有清热解毒、消肿散结、利湿通淋、抗菌消炎的功效，能防治羊的肠炎、腹泻、乳腺炎等。

5. 野葱

野葱分布于青海、甘肃、陕西、四川、湖北、云南和西藏等地。野葱具有发汗散寒、消肿健胃的作用。羊在野外放养时会主动吃葱，可以利用野葱预防和治疗消化不良，增进羊的食欲。

6. 野菊花

野菊花野生于山坡草地、田边、路旁等地带。羊有喜欢吃花的习惯，比如，放牧中遇到一株月季，它会首先把花吃掉，再吃月季的叶子。而到了秋季，野菊花的花头是羊很喜欢的食物。羊吃野菊花对于预防和治疗链球菌、金黄色葡萄球菌、巴氏杆菌所引起的疾病有一定的效果。通过在饲料中添加一定比例的天然野菊花等中草药可以使羊肉更加鲜嫩，无膻味。

7. 金银花

金银花能宣散风热、清解血毒，可用于治疗各种热性病，在养羊中适当喂食可以预防羊流行性感冒、呼吸道感染、菌痢等病症。

8. 小蓬草

小蓬草生命力特别强，在我国分布地域较广，几乎田野里随处可见，由于分布的地域广，地方名也非常多。全草入药可消炎止血、祛风湿，治血尿、水肿、肝炎、胆囊炎等症。给羊喂小蓬草可以起到预防和治疗羊的肠道疾病的作用，羊很喜欢吃这种草。

9. 马齿苋

马齿苋是田间常见杂草。全草供药用，有清热利湿、解毒消肿、消炎、止渴、利尿作用。春、夏、秋三季用马齿苋喂羊，可有效预防腹泻的发生。

10. 鬼针草

鬼针草繁殖率和生命力极强，生长于村旁、路边及荒地中。有清热解毒、散瘀活血的功效，整株粉碎加入饲料喂羊，可以提高羊免疫抗病能力，防治羊结膜炎、乳腺炎、口炎、肠炎等。

11. 青蒿

青蒿粉粗蛋白质含量为 21.5%，粗纤维低于 10.5%，氨基酸含量丰富，可用于制作羊等动物的浓缩饲料；全价饲料中用量可达日粮的 5%~20%，逐渐添加可代替麦麸。初夏时开始每周给羊饲喂一次青蒿粉（150 克 / 次），可以避免发生各种热性疾病，避免羊中暑。

12. 牵牛花

羊爱吃牵牛花秧、叶、种子，每只羊每天喂 300 克牵牛花，可止泻。

第三节
科学调制粗饲料

羊作为反刍动物，其消化器官具有利用粗饲料的能力，粗饲料饲喂量不足容易引起羊黄脂病与尿结石。充分利用农作物秸秆可以有效降低饲养成本，但是营养素含量低，需要加工处理才能转化为优质的粗饲料。玉米秸秆、麦秸、水稻秸秆、花生秧等都可以作为粗饲料用于肉羊饲喂。据报道，我国约有 50%

的秸秆作为生活能源被烧掉，15% 经过农民简单处理还田，另有 5% 用于造纸、建筑和编织，仅 20% 的秸秆用于饲喂家畜。

农作物秸秆适口性差，消化率低，可以通过碱化、氨化、青贮、微贮、热喷等方法把它转化为优质的粗饲料。秸秆碱化处理存在污染环境问题，不宜推广；秸秆热喷技术工艺复杂，投资较大，也不利于向农户大面积推广。而氨化、青贮、微贮操作比较简单，千家万户都可以做，并且成本低，效果好。所以，在这里仅介绍秸秆的氨化、青贮、微贮技术。花生秧、甘薯秧、大蒜秸秆等质地较好，及时晒干，可作为优质粗饲料；刚收割的玉米秸秆宜做青贮保存；稻草、麦秸、干玉米秸秆等有效能量、蛋白质、矿物质、维生素含量低，适口性差，宜做氨化或微贮处理；豆秸秆等经揉碎或微贮后可以喂羊。

一、粗饲料青贮

1. 青贮的意义

饲草青贮能有效保存青绿植物的营养成分。一般青绿植物在成熟或晒干后，营养价值会降低 30% ~ 50%，但经过青贮处理，只降低 3% ~ 10%。青贮的特点是能有效保存青绿植物中的蛋白质和维生素（胡萝卜素等）；青贮能保持原料的鲜嫩汁液，干草含水量只有 7% ~ 14%，而青贮饲料的含水量为 60% ~ 70%，适口性好，消化率高。青贮饲料可使羊群常年保持高水平的营养状况和最高的生产力；扩大了饲料来源。青贮处理后，适口性差而营养价值高的饲草就可以变成羊喜欢采食的优质饲草，还增加了饲草可食部分，提高了饲草的利用率和消化率，如向日葵、玉米秸秆等；青贮处理能够灭除有害微生物、农作物害虫和杂草种子；青贮处理可以将菜籽饼等有毒植物及加工副产品的毒性物质脱毒发酵。

2. 青贮的原理

（1）新鲜青绿饲料青贮　新鲜青绿饲料切段装入青贮窖或青贮袋，密闭压实后经过生物发酵作用，制成具有特殊芳香气味且营养丰富的青贮饲料。对原料的要求是含糖量不低于 2% ~ 3%，含水量 60% ~ 75%。

收获后的青绿饲料，表面上带有大量微生物，如腐败菌、乳酸菌、酵母、酪酸梭菌、霉菌等。

青贮饲料的发酵一般分三个阶段：

第一个阶段是好气性活动阶段。新鲜的青贮原料装入青贮窖后，由于在青贮原料间还有少许空气，各种好气性和兼性厌氧细菌迅速繁殖，使得青贮原料中遗留下少量的氧气很快耗尽，形成了厌氧环境。与此同时，微生物的活动，产生了大量的二氧化碳、氢气和一些有机酸，使饲料变成酸性环境，这个环境不利于腐败菌、酪酸梭菌、霉菌等生长，乳酸菌则大量繁殖占优势。当 pH 下降到 5 以下时，绝大多数微生物的活动都被抑制，这个阶段一般维持 2 天左右。

第二个阶段是乳酸发酵阶段。厌氧条件形成后，乳酸菌迅速繁殖形成优势，并产生大量乳酸，其他细菌不能再生长活动，当 pH 下降到 4.2 以下时，乳酸菌的活动也渐渐慢下来，还有少量的酵母存活下来，这时的青贮饲料发酵趋于成熟。一般情况下，发酵 5 ~ 7 天时，微生物总数达高峰，其中以乳酸菌为主，正常青贮时，乳酸发酵阶段为 2 ~ 3 周。

第三个阶段是青贮饲料保存阶段。当乳酸菌产生的乳酸积累到一定程度时，乳酸菌活动受到抑制，并开始逐渐消亡，青贮饲料处于厌氧和酸性环境中，青贮得以长期保存下来。

青贮饲料失败的原因：①青贮时，青饲料压得不实，上面盖得不严，有渗气、渗水现象，窖内氧气量过多，植物呼吸时间过长，好气性微生物活动旺盛，会使窖温升高，有时会达 60℃，因而削弱了乳酸菌与其他细菌微生物的竞争能力，使青贮营养成分遭到破坏，降低了饲料品质，严重的会造成烂窖，导致青贮失败。②青贮原料中糖分较少，乳酸菌活动受营养所限，产生的乳酸量不足。③原料中水分太多，或者青贮时窖温偏高，都可能导致酪酸梭菌发酵，使饲料品质下降。④青贮窖大，人手和机械不够，装料时间过长，不能很快密封。

（2）半干青贮　半干青贮是将青贮原料收割后放 1 ~ 2 天，使其含水量降低到 40% ~ 55% 时，再缺氧保存。这种青贮方式的基本原理是原料的水分少，造成对微生物的生理干燥。这样的风干植物均可使腐生菌、酪酸梭菌及乳酸菌形成生理干燥状态，使其生长繁殖受到限制。因此，在青贮过程中，微生物发酵弱，蛋白质不分解，有机酸生成量小。虽然有些微生物如霉菌等在风干物质内仍可大量繁殖，但在切短压实的厌氧条件下，其活动很快停止。所以，低水分青贮的本质是在高度厌氧条件下进行。由于低水分青贮是微生物处于干燥状态下及生长繁殖受到限制的情况下进行的，所以原料中的糖分或乳酸的多少以及 pH 的高低对其无关紧要，从而扩大了青贮的适用范围，使一般不易青贮的原料，如豆科植物苜蓿，也可顺利青贮。

3. 青贮的设施

青贮设施要选择在地势高燥、地下水位较低、距畜舍较近、远离水源和粪坑的地方。装填青贮饲料的建筑物要坚固耐用、不透气、不漏水。建筑材料可就地取材，节约成本。有一定饲养规模的养殖场、养殖户，应建造长方形的青贮窖，农户可以采用塑料袋青贮。

4. 青贮的具体步骤

青贮前要把青贮窖、青贮切碎机准备好，并组织好劳力，以便在尽可能短的时间内突击完成。青贮时要做到随割、随运、随切，一边装一边压实，装满即封。原料要切碎，装填要踩实，顶部要封严。具体步骤是：

（1）抓好青贮时机　青贮原料要在成熟阶段进行收割，植物的成熟是有时限的，错过了时机就会老化，营养价值会降低，含水量会减少，不易成功。参考天气预报，尽量避开阴雨天，避免堆积发热，保证原料的新鲜和青绿。

（2）整理青贮设施　已用过的青贮设施在重新使用前必须将脏土和剩余的饲料清理干净，有破损处应加以维修。

（3）适度切碎青贮原料　一般切成 2 厘米以下为宜，以利于压实和以后家畜的采食。

（4）控制原料水分　青贮时的含水量以 60%～70% 为宜。玉米秸秆在收获玉米穗后，含水量保持在 60% 左右。新鲜青草和豆科牧草的含水量一般为 75%～80%，拉运前要适当晾晒，待水分降低 10%～15% 后才能用于制作青贮。

调节原料含水量的方法：当原料含水量过多时，适量加入干草粉、秸秆粉等含水量少的原料，调节其含水量至合适程度；当原料水分较低时，将新割的鲜嫩青草交替装填入窖，混合贮存，或加入适量的清水。

（5）青贮原料的快装与压实　一旦开始装填青贮原料，速度要快，尽可能在 3～4 天结束装填，并及时封顶。装填时，应在 20 厘米时一层一层地铺平，加入尿素等添加剂，并用履带拖拉机碾压或人力踩踏压实。特别注意避免将拖拉机上的泥土、油污、金属等杂物带入窖内。用拖拉机压过的边角，仍需人工再踩一遍，防止漏气。

（6）密封和覆盖　青贮原料装满后要高出窖上口 30～40 厘米。压实后，必须尽快密封和覆盖窖顶，以隔断空气，抑制好需氧性微生物的发酵。密封和覆盖窖顶时，先在一层细软的青草或青贮上覆盖塑料薄膜，而后堆土 30～40 厘米，用拖拉机压实。密封和覆盖窖顶后，连续 5～10 天检查青贮窖的下沉情况，及时把裂缝用湿土封好，窖顶的泥土必须高出青贮窖边缘，防止雨水、雪水流入窖内。

5. 青贮饲料添加非蛋白氮

非蛋白氮是指尿素、磷酸脲等含氮化合物，是常用作提高玉米、高粱等禾谷类青贮饲料质量的添加剂，可提高粗蛋白质含量，降低好氧微生物的生长潜力。

尿素是增加玉米、高粱青贮饲料中粗蛋白质含量的添加剂，一般添加量为5克/千克，可使青贮饲料中的蛋白质含量达12%以上。

磷酸脲可作为青贮饲料的氮、磷添加剂和加酸剂。添加0.35%~0.40%磷酸脲，可使青贮饲料的粗蛋白质增加，酸味变淡、色嫩黄绿、叶茎脉清晰。

6. 青贮饲料的品质鉴定

一般情况下可采用气味、颜色和结构3项指标鉴定青贮饲料的品质。品质良好的青贮饲料呈青绿色或黄绿色，有醇香气味；品质低劣的青贮饲料多为暗色、褐色、墨绿色或黑色，气味难闻。从结构上来讲，品质良好的青贮饲料压得很紧密，但拿到手上又很松散，质地柔软，略带湿润。若青贮饲料黏成一团好像一块污泥，则是不良的青贮饲料。

7. 青贮饲料的取用

用玉米、向日葵等含糖量高的易青贮原料，3周后就能制成优质的青贮饲料，而不易青贮的原料2~3个月才能完成。

使用青贮饲料应注意以下两个问题。第一，要防止二次发酵。青贮饲料的二次发酵又叫好氧性腐败。在温暖季节开启青贮窖后，空气随之进入，好氧性微生物开始大量繁殖，青贮饲料中养分遭受大量损失，出现好氧性腐败、霉变，产生热量。设计青贮窖的时候，截面不要做得太大。下雨时要防止往窖内灌水。第二，青贮饲料含水量大，每天饲喂量不要超过家畜体重的10%。

二、农作物秸秆生物处理

利用铡短与粉碎的物理方法及生物发酵方法均有利于提高秸秆的利用率，具有节本增效的效果，每千克增重成本可降低1~2元。

1. 利用益生菌与酶制剂发酵干秸秆

在封闭的环境内发酵麦秸或水稻秸秆，同时添加尿素等非蛋白氮物质及麸皮等农副产品，可将粗蛋白质含量提高至10%以上，发酵时水分应调节在45%左右并密封发酵。秸秆发酵剂在秸秆发酵贮存中，可大大促进微生物的生物化学作用，控制发酵过程，调节各种有机酸的比例，抑制有害微生物繁殖，有效提高微贮饲料 B 族维生素和胡萝卜素的含量，使微贮饲料 pH 稳定在 4.2 ~ 4.5，不发生过酸和霉烂现象，并可预防羊酸中毒和酮中毒。

2. 常用发酵剂种类

选择适宜的益生菌，如芽孢杆菌、酵母等。这些产品的作用基本大同小异。秸秆发酵剂适用范围广，不管是含糖量高的禾本科植物秸秆，还是含糖量低的豆科秸秆；也不管是青绿秸秆，还是干秸秆，均可作微贮原料。

3. 发酵剂在保存和使用过程中应注意的问题

第一，发酵剂应保存在 5 ~ 15℃稳定的凉暗处，严防冻结和日晒。第二，微生物发酵剂都有一定的有效期，过期产品不能用。第三，包装密封应完好，放置时间过长或保存不善，发现有臭味就不能再用，开封后尽快用完。第四，微生物发酵剂不能与抗生素和杀菌药物同时使用。第五，使用的水以井水或放置 24 小时的自来水为好。

4. 利用复合酶制剂提高饲料利用率

有针对性地选择复合酶制剂，喷洒到秸秆上放置 1 ~ 2 小时饲喂，有助于提高饲料利用率。

5. 生物处理的操作步骤

每一个厂家生产的微生物发酵剂使用方法都有不同之处，应严格按产品说明书操作。

6. 生物处理饲料的品质判断

优质生物处理青玉米秸秆的色泽为橄榄绿，稻、麦秸秆呈金褐色。如果变成褐色或黑绿色则质量低劣。

生物处理饲料以带醇香和果香气味，并呈弱酸为佳。若有强酸味，表明醋酸较多，这是由于水分过多和高温发酵所造成的。若带有腐臭的丁酸味、发霉味则不能饲喂。

优质的生物处理饲料，拿到手里很松散，而且质地柔软湿润。与此相反，拿到手里发黏或者黏在一块，说明质量不佳。有的松散，但干燥粗硬，也属不良的饲料。生物处理饲料所用的活干菌属厌氧菌，只要正确操作，掌握好微贮饲料的水分，并将微贮饲料尽量压实，排除多余空气，密封发酵，即可获得满意的优质微贮饲料。

7. 生物处理秸秆的取用

封窖后 30 天左右即可完成发酵过程。开窖时应从窖一端开始，先去掉上面覆盖的部分土层、草层，然后揭开塑料薄膜，从上到下垂直逐段取出。每次取完后，要用塑料薄膜将窖口封严，尽量避免微贮饲料与空气接触，以防二次发酵与变质。生物处理饲料在饲喂前最好再用茎秆揉碎机或手工揉搓，使其成细碎丝状物，进一步提高羊的消化率。

三、农作物秸秆氨化

1. 秸秆氨化

所谓秸秆氨化就是在秸秆中加入一定量的氨水、无水氨、尿素等溶液进行处理，以提高秸秆消化率和营养价值的方法。其原理是利用碱和氨与秸秆发生碱解和氨解反应，破坏连接木质素与多糖的酯键，提高秸秆的可消化性。氨与秸秆中的有机物质发生化学变化，形成有机铵盐，被瘤胃微生物利用，形成菌体蛋白被消化吸收，提高秸秆的营养价值。氨化还可使秸秆的木质化纤维膨胀、疏松，增加渗透性，提高适口性和采食量。

2. 秸秆氨化的意义

氨化处理可以使秸秆有机物质消化率提高 20%～30%，粗蛋白质含量由 3%～4% 提高到 8% 或更高，羊采食量增加 20%；氨可以防止饲料霉变，还能杀死野草籽，能很好地保存高含水量的粗饲料；氨化处理秸秆成本低，方法简便，容易推广，经济效益高。

3. 秸秆氨化使用的主要氨源

秸秆氨化使用的氨源主要有尿素、液氨、碳酸氢铵、氨水。如尿素就是农村普遍使用的氮肥，用尿素作为氨化秸秆的氨源，其好处在于可以方便在常温常压下运输，氨化时不需复杂的特殊设备，对人、畜健康无害。氨化秸秆时，对封闭条件的要求也不像液氨那样严格，且用量适当，一般为秸秆干物质量的 4%～5%，很适合我国广大农村地区应用。

4. 适宜作氨化处理的秸秆类型

氨化处理主要适宜于晒干后的禾本科植物，如麦秸、稻草等。豆科植物秸秆一般不做氨化。

5. 秸秆氨化处理方法

麦秸和稻草是比较柔软的秸秆，可以铡为 2～3 厘米碎段。但玉米秸秆高大、粗硬，体积太大，不易压实，应铡成1厘米左右碎段。

边堆垛边调整秸秆含水量。如用液氨作氨源，含水量可调整到20%左右；若用尿素、碳酸氢铵作氨源，含水量应调整到40%~50%。水与秸秆要搅拌均匀，堆垛法适宜用液氨作氨源。

由于秸秆体积大、数量多，不可能用秤测重，往往估算秸秆的质量。一般新麦秸垛（均为未切碎秸秆）每立方米为55千克，旧垛为79千克；新玉米秸垛为79千克，旧垛为99千克。

秸秆氨化时，要用一种办法把秸秆密封起来，主要有堆垛法、窖、池法和氨化炉法等。堆垛法是指在平地上将秸秆堆成长方形垛，用塑料薄膜覆盖密封。其优点是不需建造基本设施，投资较少，适宜大量制作，堆放与取用方便，适宜我国南方和夏季气温较高的季节采用。主要缺点是塑料薄膜容易破损，使氨气逸出，影响氨化效果；在北方仅能在6~8月使用，气温低于20℃时就不宜采用。

窖、池法是利用砖、石、水泥等材料建筑建成的像青贮窖一样的窖。建造永久性的氨化窖、池，可以与青贮饲料轮换使用，即夏、秋季氨化，冬、春季青贮。也可以2~3个窖、池轮换制作氨化饲料。永久窖、池不受鼠虫危害，也不受水、火、人、畜等灾害威胁，适合我国广大农村小规模饲养户使用。

氨化炉是一种密闭式氨化设备，它可将秸秆快速氨化处理。但氨化炉投资较大，不易在农户中推广。

6. 尿素氨化秸秆

用尿素氨化秸秆，每吨秸秆需尿素40~50千克，溶于400~500千克清水中，待充分溶解后，用喷雾器或水瓢泼洒，与秸秆搅拌均匀后，一批批装入窖内，摊平、踩实。原料要高出窖口30~40厘米，长方形窖呈鱼脊背式，圆形窖呈馒头状，再覆盖塑料薄膜。盖膜要大于窖口，封闭严实。先在四周填压泥土，再逐渐向上均匀填压湿润的碎土，轻轻盖上，切勿将塑料薄膜打破，造成氨气泄出。也可以将秸秆堆垛，用塑料膜覆盖，将四周与底膜连接在一起，用湿土或泥土压好，防止氨气逸出。封闭好后用绳在罩膜外横竖捆扎若干条，以防风吹破损。氨化过程中，发现有破口或漏气，及时补好。

7. 氨化秸秆的取用

秸秆氨化的时间与环境温度有密切的相关性，当环境温度低于5℃时，处理时间应大于8周；当环境温度为5~15℃时，处理时间为4~8周；当环境温度为 15 ～ 30℃时，处理时间为 1 ～ 4 周；当环境温度高于 30℃时，处理时间小于 1 周；当环境温度高于 90℃时，处理时间小于 1 天。

8. 氨化秸秆品质感观评定

氨化后的秸秆质地变软，颜色呈棕黄色或浅褐色。释放余氨后有糊香气味。如果秸秆颜色变白、灰色，发黏或结块等，说明秸秆已经霉变，不能再喂羊。如果氨化后的秸秆与氨化前基本一样，证明没有氨化好。

9. 饲喂氨化秸秆应注意的问题

第一，喂前摊开秸秆，经常翻动，使氨气挥发。第二，喂量由少到多，喂后不能立即喂水。第三，不要重复使用非蛋白氮，以免发生中毒。第四，用氨化秸秆喂羊需同时添加适量精饲料，以满足羊的生长、繁殖需要。

四、农作物秸秆膨化

农作物秸秆膨化是一种物理生化复合处理方法，其机制是利用螺杆挤压方式把玉米秸秆送入膨化机中，螺杆螺旋推动物料形成轴向流动，同时由于螺旋与物料、物料与机筒以及物料内部的机械摩擦，物料被强烈挤压、搅拌、剪切，使物料被细化、均化。随着压力的增大，温度相应升高，在高温、高压、高剪切作用力的条件下，物料的物理特性发生变化，由粉状变成糊状。当糊状物料从模孔喷出的瞬间，在强大压力差作用下，物料被膨化、失水、降温，产生出结构疏松、多孔、酥脆的膨化物，其较好的适口性和风味受到羊的喜爱。从生化过程看，挤压膨化时最高温度可达 130 ～ 160℃。不仅可以杀灭病菌、微生物、虫卵，提高卫生指标，还可使各种有害因子失活，提高了饲料品质，适口性好，易吸收，脂肪、可消化蛋白增加近一倍，排除了促成物料变质的各种有害因素，延长了保质期。

五、农作物秸秆揉丝

秸秆揉丝的目的是提高羊的采食率、吃净率和消化率。就是用揉丝机把作物秸秆揉搓成无整齐切口、无硬结、手感柔软、呈粉丝粗细、3 ～ 5 厘米长的丝条。如过粗，会加大羊咀嚼量，使羊口腔两侧的咀嚼肌大力咀嚼，造成不必要的能量流失。如过细过短，羊咀嚼不够，唾液不能充分分泌，与饲料混合不均匀，可能会引起羊前胃弛缓、瘤胃积食等病，甚至引起真胃阻塞（饲料在瘤胃中快速通过，发酵时间过短，会降低饲料的有效转化率）。

六、农作物秸秆揉丝压块

秸秆压块饲料以玉米秸秆、苜蓿草、豆秸、花生秧等为原料，经铡切、混合、高压、高温轧制而成。密度一般为 0.6～0.8 吨／米³。该压块饲料适合于牛、羊等反刍类动物的饲养。特点是：①秸秆压块饲料的密度比自然堆放的秸秆提高 10～15 倍，便于运输和贮存，储运成本可降低 70% 以上。②秸秆压块饲料在高压下把半纤维素和木质素撕碎变软，从而易于消化吸收，比铡切后直接饲喂的消化率明显提高。③秸秆压块饲料在高温下加以烘干压缩，具有一定的糊香味，其适口性明显提高，采食率高达 100%，大大地节约了饲草。④加工后的秸秆压块饲料，由于含水量低，更便于长期存放，在正常情况下长期保存不变质。⑤秸秆压块饲料在饲喂时方便省力，可以直接饲喂，被称为牛羊的"压缩饼干"。⑥秸秆压块饲草的附加值较高，有较高的综合经济效益、社会效益和生态效益。

第四节
重视饲料的化学污染

一、白色污染

羊吃塑料薄膜的原因较多，主要分为三种：一是误食，塑料袋、塑料薄膜或其他塑料制品进入羊舍、运动场地或放牧环境，羊看到后出于好奇会进行咬玩甚至吃下；二是异食癖，羊群缺乏矿物质、微量元素或维生素等营养物质，便会啃食泥土、羊毛及塑料制品等；三是饲料中含有塑料薄膜，如花生种植过程中多会覆盖塑料薄膜，对花生秧进行粉碎加工时塑料薄膜同样会被粉碎，羊便会吃进粉碎后的塑料薄膜。白色塑料垃圾对羊群的危害不容小觑，不过并没有得到养羊户的重视。羊采食后可能与草料形成团块造成胃肠梗阻，越聚越大，不能通过反刍排出体外，也不能进入肠道或附着在胃肠黏膜之上，严重影响羊的采食和消化吸收，最后可能造成羊死亡。建议：不随意丢弃塑料袋、塑料薄膜等白色垃圾，羊场或放牧环境中发现白色垃圾时及时清理干净，对于含塑料薄膜的花生秧等草料一定要禁喂。

二、除草剂污染

除草剂主要侵害肝、肾、消化器官，会造成羊食欲下降，造血功能受损，衰竭而亡。不要在刚刚喷施过除草剂的地方放牧。一旦发现家羊误食了喷洒过除草剂的牧草时，要立即采取治疗措施。治疗轻度中毒的羊要多喂水，同时注射解毒药，如解磷定、阿托品。症状严重的羊还应配合以下药物治疗：①用木炭粉、滑石粉等吸附药物，将毒物吸附于药物表面。②用鸡蛋清、淀粉等使毒物沉淀防止吸收，同时可保护胃肠。③用攻下泻药，使毒物快速排出体外后。④用利尿药，使毒物从尿中排出。⑤用生理盐水补液。

农区麦田常常喷洒除草剂2,4-滴丁酯，放牧采食后中毒症状为：呼吸急促，口流涎沫，瞳孔散大，肌肉痉挛。病情虽较急，但比较容易治疗，只灌服绿豆甘草汤即可治愈。

三、农药污染

农药作为不可或缺的生产资料，在人类社会发展中起到了重要的作用。然而，农药的大量使用，不可避免地残留于作物中，并进而残留在动物料中。作物秸秆作为反刍动物主要的粗饲料来源，使反刍动物摄取残留农药的可能性增加。在反刍动物的瘤胃内栖息着复杂、多样、非致病的各种微生物，包括瘤胃原虫、瘤胃细菌和厌氧真菌，还有少数噬菌体。经过长期的适应和选择，瘤胃内微生物之间处于一种相互依赖、相互制约的动态平衡系统中。农药进入瘤胃后，因其杀虫机制，对瘤胃内的某些微生物产生抑制作用甚至致死，从而破坏了胃微生物区系的平衡。微生物区系平衡的破坏，影响到瘤胃消化功能的发挥，进而对反刍动物生产性能产生一定的影响。

第七章
营养平衡，精准饲喂

营养平衡、精准饲喂是基于群体内羊的年龄、体重和生产潜能等方面的不同，以个体不同营养需要的事实为依据，在恰当的时间给群体中的每个个体供给成分适当、数量适宜饲粮的饲养技术。营养平衡、精准饲喂需要合理分群、配备完善设施设备、饲养者责任心强和操作到位。

第一节
肉羊日粮搭配

一、肉羊日粮

羊的日粮是指一只羊在一昼夜内采食各种饲料的总和，饲料配方是根据饲养标准和饲料营养成分，选择几种饲料按一定比例互相搭配，使其满足羊的营养需要的一种原料配比清单。羊的日粮搭配是养羊生产中一项技术性很强的工作，传统饲养方式已不能适应现代养羊业发展需求。传统的饲养方式既不能给羊提供营养平衡的日粮，又造成饲料资源的大量浪费。了解和掌握日粮搭配的原理与方法，是进行科学养羊的基础。

羊是反刍动物，饲料应该以粗饲料为主。配合日粮要因地制宜，尽可能充分、合理地利用当地牧草、农作物秸秆和农副加工产品等饲料资源；同时，要根据羊不同生理阶段的营养需要和消化特点，科学选择饲料种类，确定合理的配合比例和加工调制方法。这样既能符合羊的生物学特点，提高饲料转化率，又能节约大量饲料，降低成本，增加经济效益。配合饲料对饲料按比例进行科学配合而成，由于各类营养物质互补和添加剂的调整作用，不仅营养全面、平衡、利用率高，还能增强羊的身体素质，提高生产率。

二、肉羊日粮搭配原则

依照羊的生理阶段和用途将羊群划为哺乳羔羊、生长育肥羊、妊娠母羊、泌乳母羊、种用公羊。养殖场（户）应按照性别、年龄、体重、体况等分群饲养，单独配制日粮。健康无病的羔羊、淘汰公羊、淘汰母羊均可用来育肥。在制定肉用绵羊日粮配方时，要根据不同体重或生理阶段来确定干物质、能量、蛋白质、中性洗涤纤维、矿物质、维生素的需要量。根据肉羊饲养标准和饲料营养成分的价值，选用若干饲料按一定比例配合而成，并能满足肉羊维持与生产需要的日粮，称为全价日粮。全价日粮配合时，应掌握以下原则：①饲料要搭配合理。肉羊为反刍动物，配合日粮时，应根据其生理特点，适当搭配精、粗饲料。②注意原料质量。选用优质饲草饲料，严禁饲喂有毒和霉变饲料。③多种搭配。

因地制宜，多种搭配，既提高适口性，又能达到营养互补的效果。④日粮体积要适当。日粮体积过大，羊吃不进去；体积过小，可能难以满足羊的营养需要，羊也难免会有饥饿感。一般每10千克体重喂食0.3~0.5千克青干草或1~1.5千克青草。⑤日粮要相对稳定。日粮改变会影响瘤胃发酵，降低营养物质的吸收，甚至会引起消化系统疾病。

三、肉羊日粮设计方法

1. 手工计算法

利用交叉法、联立方程法、试差法等手工计算法设计肉羊饲料配方。基本步骤是：查肉羊的饲养标准，根据其性别、年龄、体重等查出肉羊的营养需要量。查所选饲料的营养成分及营养价值表，对于要求精确的可采用实测的原料营养成分含量值。根据日粮精、粗比首先确定肉羊每日的青、粗饲料喂量，并计算出青、粗饲料所提供的营养含量；与饲养标准比较，确定剩余应由精饲料补充料提供的干物质及其他养分含量。配制精饲料补充料，并对精饲料原料比例进行调整，直到达到饲养标准要求，调整矿物质和食盐含量。此时，若钙、磷含量没有达到肉羊的营养需要量，就需要用适宜的矿物质饲料来进行调整。食盐另外添加，最后进行综合，将所有饲料原料提供的养分之和，与饲养标准相比，调整到二者基本一致。手工计算法费工费时，已逐渐被计算机软件代替，但饲养人员应该掌握。

2. 计算机计算法

肉羊场使用软件配制日粮，工作的效率得到极大的提高，只需将肉羊场技术人员稍加培训即可掌握并加以运用。这种方法在生产中既简便又实用。

3. 饲料配方软件

目前，市面上出现的多款反刍牛羊饲料配方软件、全混合日粮计算肉羊饲料配方软件或在线营养专家系统，各有长短，为肉羊日粮配合提供了便捷，但不够完善。随着养羊业规模化程度和肉羊营养科技水平的提高，饲料配方软件和营养专家系统将进一步普及。

四、肉羊饲料配方

1. 预混料和添加剂

预混料是饲料生产的核心，又称为核心料，是饲料加工生产的基础，预混料由多种添加剂经过基质稀释、混合而成。添加剂用来平衡饲料营养，几种常用的饲料原料不能满足动物的全面营养需要。添加剂包括营养性添加剂和非营养性添加剂。营养性添加剂主要有钙、磷、食盐、微量元素、维生素、氨基酸、脂肪酸等。非营养性添加剂主要有益生素、瘤胃素、消化酶、尿酶抑制剂、抗氧化剂等。4%～5%预混料由钙、磷、食盐、微量元素、维生素、氨基酸和部分非营养性添加剂组成。0.5%～1%预混料由微量元素、维生素、氨基酸和非营养性添加剂组成。

2. 浓缩料和配合饲料

4%～5%预混料添加适量的蛋白质原料(如鱼粉、豆粕等)就构成了浓缩料，浓缩料没有添加能量饲料，不能直接饲喂；浓缩料再添加玉米和麦麸就构成了配合饲料。

3. 精饲料（配合饲料）配方

玉米（50%～60%）、麸皮（15%～20%）、豆饼（15%～20%）、杂饼或饲料酵母（4%～6%）、石粉（2%～4%）、磷酸二氢钙（1%以下）、碳酸氢钠（0%～2%）、微量元素与维生素（0.5%～1%）、食盐（0.5%～1.5%）、其他（益康"XP"0.25%、莫能菌素0.05%）等。养殖户可以根据自己所用的原料情况写出一个初步配方，利用饲料配方软件进行验证、优化。

4. 日粮配方

肉羊的日粮配方，秸秆和干草粉占55%～60%，精饲料占35%～40%。

应选当地营养丰富且相对便宜的饲料，注重饲草、青贮饲料、农作物以及农作物副产品等多元化饲料资源的合理搭配，在不影响羊健康和生产性能的前提下，获得最佳经济效益。粗饲料可选用青干草、青绿饲料、农作物秸秆等，一般情况下应高于日粮总干物质的40%，保证肉羊的正常生理机能。精饲料应选用能量和蛋白质含量较高、粗纤维较少的饲料，为肉羊提供大部分的能量、蛋白质需要，一般情况下应低于日粮总干物质的60%。部分地区可根据当地可利用饲草料资源特点，选用桑树、杂交构树、饲用油菜等，采取鲜喂或加工后饲喂。

第二节
全混合日粮制作与饲喂技术

全混合日粮是根据反刍动物不同阶段的营养需要设计饲料配方，将粗饲料、精饲料等所有原料按一定顺序投入搅排设备均匀混合而成的一种营养平衡的配合日粮。发酵全混合日粮是指将混合均匀的全混合日粮装入发酵袋内或通过其他方式创造厌氧发酵环境，经过乳酸菌等发酵处理，最终调制成的一种营养相对平衡、消化率较高并可长期保存的配合日粮。颗粒全混合日粮是指将混合均匀的全混合日粮饲料原料与高温蒸汽调质后经环模或平模压制成颗粒的配合日粮。

全混合日粮饲喂技术于 20 世纪 60 年代在美国、以色列和匈牙利等国家推广应用，我国于 20 世纪 70 年代引进该项技术。美国威斯康星大学提出了群饲饲养法，其实质是按照奶牛的产乳量，分成不同的组群分别实施全混合日粮饲养，提高了整体产乳量。适度规模化舍饲养殖是农区养羊业发展的重要趋势，羊全混合日粮（全混合日粮散料、全混合日粮颗粒饲料、发酵全混合日粮饲料）饲喂技术的应用前景广阔，因其克服了传统的"精、粗分饲"方式易导致的挑食、营养摄入不均衡、代谢病高发、增重效果差等问题。而且便于实行分阶段精细化饲喂，提高饲料适口性、消化率和劳动生产率，降低饲料成本和胃肠道疾病发病率。

一、全混合日粮饲喂技术的优点

1. 营养均衡，提高采食量、安全性

将粗饲料切短后再与精饲料混合，这样物料在物理空间上产生了互补作用，从而增加了羊对干物质的采食量。在性能优良的全混合日粮机械充分混合的情况下，完全可以排除羊对某一特殊饲料的选择性（挑食），因此有利于最大限度地利用最低成本的饲料配方。

2. 提高饲料转化效率

粗饲料、精饲料和其他饲料均匀地混合后，被羊统一采食，减少了瘤胃pH 波动，从而保持瘤胃 pH 稳定，为瘤胃微生物创造了一个良好的生存环境，促进微生物的生长、繁殖，提高微生物的活性和蛋白质的合成率。饲料营养的转化率（消化、吸收）提高了，羊采食次数增加，消化紊乱减少。

3. 降低羊疾病发生率

瘤胃健康是羊健康的保证，全混合日粮将日粮中的碱、酸性饲料均匀混合，能有效地使瘤胃 pH 控制在 6.4～6.8，有利于保持瘤胃微生物的活性及蛋白质的合成，能预防营养代谢紊乱，从而避免瘤胃酸中毒等营养代谢病的发生。实践证明，使用全混合日粮，可降低消化道疾病 90% 以上。

4. 节省饲料成本

全混合日粮可使羊不挑食，营养素能够被羊有效利用，与传统饲喂模式相比，饲料利用率可增加 4%；全混合日粮的充分调制还能够掩盖饲料中适口性较差但价格低廉的工业副产品或添加剂的不良影响，使原料的选择更具灵活性，可充分利用当地廉价饲料资源，如玉米秸秆、尿素和各种饼粕类等。全混合日粮饲喂技术能够依据羊每个阶段的生长需求和养殖户的生产目的在一定范围内调整全混合日粮配方，以获得最佳的经济效益。为此每吨饲料可以节约成本 100～200 元。

5. 节约劳动时间

采用全混合日粮后，饲养工不需要将精饲料、粗饲料和其他饲料分道发放，只要将料送到即可；采用全混合日粮后管理轻松，一个饲养员可以饲养 1 000 头左右的育肥山羊，降低了管理成本。

二、全混合日粮配制原则

根据不同阶段羊的饲养标准设计分阶段饲料配方，可参考《肉羊营养需要量》（NY/T 816—2021）。饲料原料种类应该多样化，营养全面，根据羊不同阶段需要精、粗比控制在（3∶7）～（7∶3）。饲料搭配需有利于改善羊适口性和提高消化率，如青贮、糟渣等酸性料与氨化秸秆等碱性料应合理搭配，以维持适宜的酸碱度。

日粮体积应适宜，避免体积过大导致的干物质采食量不足或体积过小导致的瘤胃充盈度不足。检测羊实际干物质的采食量，根据羊实际干物质的采食量来确定日粮的营养浓度。

三、全混合日粮原料选择及预处理

应选择当地资源丰富、有一定营养价值又相对便宜的非动物源性饲料原料，且应符合《饲料原料目录》和《饲料添加剂品种目录》。饲料原料应按标准采样方法和测定方法定期进行营养成分测定，常规营养成分一般每周检验 1 次或检验 1 次，水分至少每周检测 1 次。为减轻搅拌机的负荷，提高混合效果和饲料利用率，部分原料在搅拌前应进行预处理，大型草捆应提前散开，长干草切短，块根、块茎类冲洗干净，粗硬秸秆等应预先揉搓、切碎并洒水软化。

四、全混合日粮搅拌机的选择与维护

1. 机型选择

根据羊场规模、饲喂通道宽度、料槽设置及资金预算选择全混合日粮搅拌机的机型（立式、卧式、固定式、牵引式、自走式）。为节省资金也可选择不具备取料、称量、揉和切割功能的简单搅拌机，但需配备揉搓机、粉碎机等预处理设备。

2. 搅拌机容积的选择

搅拌机容积可根据以下公式推算：

全混合日粮日消耗量 = 日加工次数 × 批生产量

日加工次数 = 日工作时 ÷ 批生产耗时

搅拌机容积 = 批生产量 ÷ 全混合日粮容重（300 千克 / 米^3）÷ 80%（有效工作容积按 80% 计算）

3. 设备维护

加大技术培训工作力度，不断提高工作人员的业务素质。现代化的羊场必须要有与国际接轨的高素质专业人才。

国内某些牧场在使用全混合日粮搅拌机的过程中，为了节约刀片，在锯齿完全磨没了的情况下，仍超负荷使用。两年以后，导致搅龙、叶片和箱体磨损率在 50% 以上，最终只能以搅龙、叶片以及箱体的更换替代刀片的更换。国内机器的使用寿命只有国外的一半左右，淘汰的主要原因是机器过度磨损导致的，另外大部分的养殖场一般都没有备用机器。为了节约全混合日粮搅拌机磨损件的更换成本，正确的方法是及时更换刀片。

机器效率、刀片磨损和保养费用主要与工作时间有关，工作的时间越长，费用越高。在总搅拌量不变的情况下，缩短每车的搅拌运行时间可以很好地节约使用成本。因此，必须坚决杜绝过分切碎。全混合日粮搅拌机日常保养时，在每个轴承的地方，每间隔 50~100 小时都需要润滑，并且每间隔一段时间需要将链条用张紧轮重新拉紧。相对于机型来说，立式搅拌机的刀片数量少，成套更换刀片成本低，而且轴承数量少，驱动简单，所需配件和保养少。滑槽式的卸料装置比传送式的简单，所需配件和保养也少。

五、全混合日粮散料制作方法

1.全混合日粮散料制作流程

基本流程为：准确称量→投料→搅拌→调节水分。选择具有自动称量功能的全混合日粮搅拌机时，定期校正称重仪表。选择仅有搅拌功能的搅拌机或人工搅拌时应准确称量料；投料量不要超过搅拌机总容积的 70%～80%，投料过程中避免铁器、石块、包装绳、塑料膜等异物进入；投料应遵循先长后短、先粗后细、先干后湿、先轻后重的原则，一般依次是干草、精饲料、预混料、青贮、湿糟渣、水等；应根据搅拌设备和饲料原料，测定混均匀度，确定适宜搅拌时间，一般边投料边搅拌，在最后一种原料投入后搅拌 5～8 分。

2.人工拌料

无搅拌设备的小型羊场，可选择平坦清洁的水泥地面，用铁锹将青贮饲料均匀摊开，然后将精饲料均匀撒在上面，再将已切短的干草摊放在上面，最后将剩余的少量青贮饲料撒在干草上面，加水喷湿，人工上下翻折，直至混合均匀。

六、全混合日粮颗粒饲料制作方法

全混合日粮颗粒饲料制作流程：原料选择与准备→配料→混合→制粒→冷却。

根据生产工艺和设备选择流动性好、易于制粒的精、粗原料，并按粒度标准粉碎进入配料仓；配料前用砝码检查配料称精度，复核原料配方；根据混合精度选择混合时间。每季度测一次混合机的变异系数，确保混合后物料的变异系数不大于 7%；根据羊的不同生长阶段选择 3～8 毫米孔径的制粒机环模，调质的温度为 80～85℃；制粒后的饲料需冷却至不高于环境温度 3℃。

七、羊全混合日粮饲料的质量控制

1.感官评价

全混合日粮散料中精、粗饲料混合均匀，松散不分离，色泽均匀，新鲜不发热，无异味，不结块，饲喂后的剩料不分层。

全混合日粮颗粒饲料外形光滑，硬度适宜，不易碎。

2. 水分控制

全混合日粮散料含水量一般控制在 45%～50%；颗粒饲料的含水量夏季应控制在 12.5% 以下，冬季应控制在 13% 以下。

3. 粒度控制

散料粒度：搅拌好的全混合日粮散料置于宾州筛上，直到没有颗粒通过，日粮被分成粗、中、细三部分。各部分适宜比例为：粗（＞1.9 厘米）占 10%～15%；中（0.8 厘米＜中＜1.9 厘米）占 30%～50%；细（＜0.8 厘米）占 40%～60%。采食后剩料的粒度应与投喂时一致，不一致则说明未充分混匀，应延长搅拌时间。

全混合日粮颗粒饲料粒度：羔羊宜选用 3～4 毫米的环模，育成羊及成年羊宜选用 5～8 毫米的环模。

八、羊全混合日粮饲喂技术

1. 合理分群

合理分群是全混合日粮饲喂技术应用基础，阶段引导是关键，合理分群的基础是定期对羊群的体重进行测定，兼顾羊的年龄和具体的生理状况，将营养需要相似的羊分为一群。在既定的组群内，按照羊群不同的生长发育阶段进行阶段划分，不同阶段分别配相应的全价日粮，每一阶段日粮的使用都应采取引导饲养法进行饲喂，每一日粮的更换都要有适当的过渡期，避免突然换料；而且两阶段日粮之间的营养浓度相差不宜过大。

根据饲养的目的、性别、年龄、阶段、体重、羊群规模和设施设备合理分群。母羊的饲养阶段分为空怀期、妊娠前期、妊娠后期、泌乳期；生长羊的饲养阶段分为哺乳期、育成期、育肥期等。饲养阶段相同的羊群也应选择体重相近、个体相差不大、强弱相仿的羊为一栏。健康无病的羔羊、淘汰公羊、淘汰母羊均可用来育肥。

2. 饲喂量

育肥羊及特定阶段母羊宜自由采食，每次饲喂前全混合日粮散料应有 3% 的剩料量。全混合日粮颗粒饲料应有 0.5% 的剩料量，喂前将剩料清理干净，育肥羊也可采用料塔等自动供料装置。

3. 饲喂次数

一般每天上、下午各投喂 1 次，高温高湿季节宜上午提早、下午推迟喂料时间。低温季节全天可投料1次。在两次投料间隔内翻料1~2次。

4. 勤推饲料

每天应当多次把全混合日粮饲料推向羊颈夹方向，羊首先采食最靠近自己的饲料，所以必须经常把远处的饲料推向羊头方向。每天6次以上，促进羊采食。

九、羊全混合日粮科学管理

科学配制的全混合日粮能否发挥其优良的饲喂效果还要取决于综合饲养管理水平的提高。

操作人员责任心强，严格遵守技术规程。定时、定量投料，保证日粮投料均匀。饲喂要固定时间，使羊形成良好的生活习惯，这样羊吃得饱，休息得好，有利于羊的生长发育和繁殖。不要使羊吃不饱，也不要每次饲喂过多造成浪费。一般使羊自由采食，以下次饲喂前一小时食槽能空为度。常观察检查饲养效果。通过观察羊的采食量、膘情、粪便状态和精神状态等，根据具体情况及时调整日粮配方和饲喂工艺，以提高饲养效果。保证充足清洁饮水。变质发霉饲料及时清理，禁止饲喂羊。料垢应每周清理1次。

第三节
精准饲养管理

一、母羊精准饲养管理

1. 妊娠期母羊饲养管理

母羊配种受胎后的前3个月内（妊娠前期），胎儿发育较慢，一般放牧或给予足够的青草，适量补饲（注意提高蛋白质水平），即可满足需要。初配母羊的营养水平应略高于成年母羊，日粮的精饲料比例为10%左右。

妊娠后期胎儿迅速生长（初生重的90%），若营养不足，母羊膘情差，奶水少，羔羊初生重小、抵抗力弱、极易死亡，能量和可消化蛋白质应分别提高20%~30%和40%~60%；钙、磷增加1~2倍，钙、磷比例为（2~2.5）:1。产前8周，日粮的精饲料比例提高到20%，产前6周提高到25%。

妊娠母羊应防拥挤、防惊吓、勤观察，不饮冰水，不饲喂冰冻、霉变饲料。

2.围产期母羊饲养管理

产前 1 周要适当减少精饲料用量,以免胎儿体重过大造成难产。妊娠后期母羊腹腔容积有限,采食量会下降,要求饲料营养含量高、体积小、适口性好,适当提高精饲料比例,少喂勤添。

围产期母羊应减少含水量较高的青贮及块根块、茎类饲料饲喂量,每日饲喂量要控制在 800 克以下;增加优质干草及精补饲料饲喂量,精补饲料每日饲喂量达 600 克以上。同时要为母羊提供干燥舒适、安静的生活环境。

3.泌乳期母羊的饲养管理

母羊产羔后进入泌乳期。产后的母羊身体疲倦、口渴,应及时供给温水(在冬季),最好是麸皮盐水,有利于胎衣的排出。一般母羊哺乳期为两个月,分为哺乳前期(产后一个月)和哺乳后期(产后两个月),母羊补饲的重点在哺乳前期。哺乳前期,母乳是羔羊重要的营养物质,尤其是出生后 15 天内,几乎是唯一的营养来源。为了保证母羊分泌充足的乳汁,必须喂给母羊优质且营养全面的配合饲料和优质的青贮饲料及优质的干草。每只母羊产后青贮多汁饲料的饲喂量应逐渐提高到每天 1 000 克左右,并适当增加精补饲料 700 克左右,促进母羊产后体况快速恢复,膘情达七成以上。哺乳后期,母羊泌乳力下降,加之羔羊具有采食植物性饲料的能力。这期间羔羊营养物质的来源主要不是依靠母乳。因此在泌乳后期,母羊除喂给优质干草和青贮饲料外,在精饲料的补充上可根据母羊的膘情酌情减少。但在羔羊断奶前半个月应逐渐减少母羊精饲料饲喂量,以使母羊的泌乳量减少,有利于预防母羊乳腺炎的发生。在管理上应注意圈舍的清洁卫生,经常检查母羊的乳房,细心观察母羊和羔羊的采食量和粪便,发现异常及时治疗。

4.空怀期母羊的饲养管理

空怀期营养状况对母羊的发情、配种、受胎以及以后的胎儿发育都有很大影响。根据羊群及个体的营养情况,给予适量补饲,保持羊群有较高的营养水平。保持中上等膘情,注意蛋白质饲料和添加剂补充。羔羊断奶后,母羊适时配种,尽量做到产后 70 天内怀孕。如果哺乳期母羊体况差,影响发情,需催情补饲,产后 40 天左右在原有日粮的基础上饲喂 300～500 克玉米等能量饲料,自由采食优质干草,可起到催情作用。

二、羔羊精准饲养管理

羔羊的健康成长直接关系到成年后的生产性能。羔羊早期培育中，代乳品和开食料的使用尤为关键。羔羊出生后 1~7 日龄进食母乳，7~14 日龄由母乳逐步过渡为代乳品，15 日龄后彻底过渡为代乳品，20 日龄自由采食羔羊开食料。代乳粉的饲喂方法为：用煮沸后冷却至 50℃ 的热水按代乳粉∶水 =1∶（5~7）的比例冲泡，再冷却至 40℃ 左右饲喂。15 日龄起每天饲喂 3 次，30~60 日龄每天饲喂 2 次，每次饲喂后及时用干净的毛巾将羔羊嘴边的乳液擦拭干净。羔羊 20 日龄后逐步适应采食固体饲料，开食料配方为玉米 70%、饼粕类 20%、麸皮 5%、杂粮 3.5%、食盐 0.5%、维生素和微量元素预混合饲料 1%。日粮配方可根据羔羊体况进行调整，以满足快速生长发育需要。根据羔羊的生长发育情况，在 60~90 日龄停止饲喂液体饲料，进入育肥期。

三、育肥羊精准化饲养管理

依照生理阶段和用途将羊群划为哺乳羔羊、生长育肥羊、妊娠母羊、泌乳母羊、种用公羊。养殖场（户）应按照性别、年龄、体重、体况等分群饲养，单独配制日粮。健康无病的羔羊、淘汰公羊、淘汰母羊均可用来育肥。在制定肉用绵羊日粮配方时，要根据不同体重或生理阶段来确定干物质、能量、蛋白质、中性洗涤纤维、矿物质、维生素的需要量，相关参数可参阅《中国肉用绵羊营养需要》。饲料选当地营养丰富且相对便宜的饲料，注重饲草、青贮饲料、农作物以及农作物副产品等多元化饲料资源的合理搭配，在不影响羊健康和生产性能的前提下，获得最佳经济效益。粗饲料可选用青干草、青绿饲料、农作物秸秆等，一般情况下应高于日粮总干物质的 40%，保证肉羊的正常生理机能。精饲料应选用能量和蛋白质含量较高、粗纤维较少的饲料，为肉羊提供大部分的能量、蛋白质需要，一般情况下应低于日粮总干物质的 60%。添加剂一般包括矿物质、维生素、氨基酸、酶制剂、益生菌等，约占日粮总干物质的 1%。部分地区可根据当地可利用饲草料资源特点，选用桑树、杂交构树、饲用苎麻、饲用油菜等，采取鲜喂或加工后饲喂的方式。

第八章
羊场福利化管理

　　福利化养殖是针对现代化、全舍饲、非人道、监牢式养殖而言的。动物在散养状态乃至野生状态下，不存在动物福利问题。有人不明白，动物在高大漂亮的畜舍内，风刮不着，雨淋不着，一日三餐，水料不断，有饲养员、技术员、兽医照看，有现代化的机械设备应用，咋就非人道了呢？因为羊在漂亮的羊舍内，没有见过阳光，呼吸不到新鲜的空气，长期与消毒剂、兽药、疫苗为伴，遭受着皮肤病、代谢病、免疫力低下症的折磨。所谓福利化养殖就是做到"营养供给平衡、适量，生活环境清洁、舒适"。说起来容易，做起来难。小规模家庭养殖，在设施简陋的情况下，只要肯操心、勤劳，基本能够做到福利化养殖。而大规模养殖，只能靠科学的设计、高强度的投资、先进的软硬件、完善的规章制度、高超的管理艺术等。

第一节
知羊爱羊

一、了解羊的生活习性

1.合群性

羊有较强的合群性，喜爱相聚，互不分离，有利于羊群放牧。只要有"头羊"带头，其他羊就可随从放牧、入山、起卧、过河、过桥或通过狭窄处，有利于大群放牧管理。一般说来，粗毛羊的合群性最强，细毛羊次之，以半细毛羊最差。山羊同绵羊相比，山羊的合群性较好。另外，季节对羊的合群性有一定影响，夏季牧草丰茂，合群性强，冬、春季，由于抢食枯草落叶等，合群性较差。

2.饲料利用范围广，采食性强

羊有长、尖而灵活的薄唇，下切齿稍向外弓而锐利，上颚平整坚强，上唇中央有一纵沟，故能采食地面上矮生草，捡食地面上落叶枝片，能充分利用草场。羊能利用多种植物性饲料，对粗纤维的利用率达50%～80%，适应在各种牧地上放牧。对半荒漠地牧草的利用率可达65%，而牛仅为34%。羊对杂草的利用率达95%。

绵羊和山羊的采食特点有所不同。当绵、山羊合群放牧时，山羊总是走在前面抢食，而绵羊则慢慢地跟随其后，低头啃食。青草时期，山羊喜食嫩树枝叶，绵羊喜吃豆科和禾本科牧草。在枯草期，山羊以吃落叶为主，绵羊以杂草、落叶为主。

3.爱清洁，喜干燥

羊最怕潮湿的牧地和圈舍，放牧地和栖息场所都以干燥为宜。在潮湿的环境下，羊易发生寄生虫病、腐蹄病和关节炎等，同时毛质降低，脱毛加重。

羊的嗅觉灵敏，有喜饮清洁水和吃干净草的习惯。采食草料时，先嗅后吃，凡有异味、污染粪尿或腐败变质的饲料，或被践踏及混有泥土的草料均不喜采食。故在放牧时应经常转换草场，舍饲或补饲时不可把草料撒在地上，要用草架（草筐）、料槽放置干草或精饲料，每次喂前要清扫干净，尔后再放草料，既能让羊吃好，又能节省草料。羊喜饮清洁的流水、泉水或井水，放牧时尽可能饮用流水。要防止羊群饮用脏水、污水。

4. 活泼、温驯、易惊

山羊反应灵活，行动敏捷，喜在较高处站立或休息。放牧时，绵羊不能攀登的陡坡峭壁，山羊也会行动自如。当发现有喜吃的野草或枝叶时，即使在高处也能将前肢攀于岩石或树干上，立起后肢采食。其他家畜难以利用的河沟、陡坡等处的牧草，山羊照样能够利用。山羊神经锐敏，胆大，易训练，好管理，常被训练做"头羊"，带领羊群前进、后退或向某一方向移动。但由于山羊喜食树皮或细枝嫩叶，在管理上应严加控制，保持好林木。山羊，尤其是奶山羊，与绵羊相比，皮薄毛稀，耐寒、抗暑性均较差。因此，羊舍要力求冬暖夏凉。

绵羊性情温驯、懦弱，行动缓慢，胆小。突然遭惊吓时，两耳竖起，眼睛睁大，易"炸群"，四处乱跑。因此，放牧时注意保持环境安静。绵羊缺乏自卫能力，公羊虽生有大角，但却无抵抗能力，要防止狼等野兽的侵害。绵羊毛密皮厚，一般不怕冷，但在严寒地区的冬春季，应注意圈舍保暖，保持干燥、挡风、避雪。夏季气候炎热，要防止绵羊堆挤"扎窝子"，特别是细毛羊，更要注意防暑，应将羊群赶到树荫下或凉爽通风处休息。

5. 抗逆性强

羊对生活环境的适应性很强，对恶劣条件有较强的耐受性。羊对疫病的反应不敏感，在发病初期或遇小病时，往往不易表现出来。因此，管理人员应随时观察，发现有病及时治疗。

二、关爱动物

事实证明掠夺式养殖注定不可持续。你必须真正喜欢羊这种善良的、强健的动物，把羊当成你重要的一部分、你的家人，愿意和它们一起过真正意义的田园生活，这种喜欢必须是从心底里愿意接触它，爱护它。如此，当羊短时间行情不好时，你才不会抛弃它；当它生病乱跑的时候，你才不会气馁，才会用心研究怎么治疗它、驯服它；当行情猛涨时，你也不会把它全部处理掉，而是当作长久的事业继续做大做强。羊生病肯定是有前兆的，吃食少、不合群、不跟你对视。有的养羊人养了几年羊，却不知道为什么羊会突然死了。其实，羊暴毙的情况少之又少，你没发现症状说明你没有用心养羊。认真去管理、照顾，让羊吃到营养刚刚好，睡得安逸、活动舒适、空气新鲜、沐浴阳光，羊才能健康苗壮生长，你才能挣到钱。

第二节
羊舍巡察

有经验的养羊人每天早上进羊舍细致巡察一番就能看出问题，然后安排处置。经验和责任心缺一不可，小规模羊场业主自己巡察效果最好，大规模羊场依赖员工巡察效果可能大打折扣，现代化羊场应用巡察机器人结合员工观察，效果比较好。

巡察人员要习惯性地从一个方向进羊舍，服装最好为暗色调，人员、服装、时间也要相对固定，尽量不要把羊哄起来观察。观察内容如下：

1. 判断空气质量

如果有明显的臭味、刺鼻呛眼的氨气，立即启动通风换气。舍内有羔羊时注意保暖。

2. 观察饲料采食情况

如果连粗饲料也吃得干干净净，说明羊的食欲旺盛，或者饲料定额不够。如果饲料剩余较多，可能存在的问题有：饲料定额偏高；刚刚更换饲料且品质较差、适口性不好；饮水供应不足，供水系统堵塞、冻实；环境不适，羊食欲降低；突发流行性疾病等。

3. 观察羊群状态

正常羊群在食后有一半以上躺卧休息，有40%左右在反刍。健康羊休息时先用前蹄刨土，然后屈膝而卧，在躺卧时多为右侧腹部着地，呈斜卧姿势，将蹄自然伸展。病羊则不加选择地随地躺卧，常在阴湿的角落卧地不起，挤成一团，有时羊向躯体某个部位弯曲，呼吸急促。当受惊时无力逃跑。观察发情情况即时配种，发情母羊鸣叫、闹栏。

母羊看见人就站起来的多数是未孕或者单羔的，这样的羊易受惊；一般多羔的怀孕后期母羊慵懒笨拙。处于中心位置的，一般是青年羊或者头羊，受欺凌的是弱羊、病羊。

4. 识别羊病

对疑似病羊进行细致观察判断。看羊的精神状态、皮毛、鼻镜、眼结膜、大小便等。

第三节
日常管理

羊场日常管理主要包括日粮配制、饲喂、饮水、查情、配种、接产、断奶、病羊观察治疗、防疫、驱虫、舍内环境调控、清粪等，这些在其他章节有所介绍，本节不再赘述。本节只介绍编号、打耳标、转群、剪毛、修蹄、断尾、去角、清洁、消毒、记录、报表、安全检查等日常工作。

一、编号和打耳标

编号是为了便于管理种羊的选种和选配。根据《畜禽标识和养殖档案管理办法》，畜禽标识实行一畜一标，编号耳标在羔羊 30 日龄固定于耳中部，一般是公左母右，尾数公单母双。

二、转群

根据生产节律、羊群分类以及羊栏配置情况安排日常转群工作。断奶羔羊、育成羊和后备种羊应按性别、体重和强弱分栏饲养。生产母羊按空怀期、妊娠期和哺乳期分栏饲养。种公羊配种期一羊一栏饲养，非配种期小群饲养。育肥羊定期按体重和类别分栏饲养。有的羊舍配置了转群通道，没有转群通道的不要利用采食通道直接赶羊，应采用转群专用车，以免污染饲料。

三、剪毛

绵羊种羊每年可剪毛 2 ~ 3 次，时间宜在 3 ~ 4 月、6 ~ 7 月和 9 ~ 10 月。育肥羊育肥期开始剪毛 1 次，之后每 1 ~ 2 个月剪毛 1 次。

四、修蹄

舍饲的羊因蹄匣磨损较少，造成蹄匣极不正常，有的蹄尖过长而向前翘，甚至掌骨落地；有的羊蹄向一侧倾斜，行走不便，肢势不正，所以要经常修蹄。可用专用修蹄刀或较锋利的小刀或剪刀，使蹄匣与蹄底接近平齐、蹄的负缘均匀。如果蹄壳干硬，修剪不便，可将羊蹄浸泡一会再修。生产羊群每季度修蹄

1次或哺乳期结束后配种前修蹄；种公羊每2个月修蹄1次；育肥羊群，肥育开始修蹄1次，之后每1～2个月修蹄1次。

五、断尾

断尾一般在羔羊7～10日龄进行，要选择晴天的早晨，阴天断尾容易感染。断尾后10～15天，尾巴自行脱落后，要用碘酊彻底消毒，有污染的先用过氧化氢水溶液清洗消毒。

六、去角

将烙铁在炭火中烧至暗红后，烧烙保定好的羔羊的角基部，烧烙的次数可多一些，但每次不能超过10分，当表层皮肤被破坏并伤及角原组织之后可以结束烧烙，烧烙结束应消毒。

七、清洁、消毒

羊舍的食槽、水槽每天要进行清理，圈舍的地面要勤打扫，粪便要勤出圈，保持圈内干燥。羊舍、运动场、生产用具及周围的环境要定期消毒，如发现疫病要及时隔离，并增加消毒次数。

八、记录、报表

在饲养管理的过程中要做好各项记录，包括引种、繁殖、产羔、羔羊生长、免疫接种、销售、消毒、监测等记录，并按时汇总、归档和上报。

九、安全检查

安全检查包括防火、用电安全检查，设备隐患检修等。

第九章
健康养殖，大道至简

　　一个羊场把主要精力花在治病上，即便兽医的诊疗水平登峰造极，也逃脱不了失败的下场！作为养羊人掌握一点简单实用的兽医知识就够了，养殖的最高境界是兽医"无为"，兽医的底层是临床，中层是预防，上层是营养和环境，顶层是天道。站在底层看羊病是座山，站在顶层看羊病就是浮云。预防疾病远比治疗效益好，99%的疾病可以在营养和环境问题中找到原因。我们离临床很近，离天道很远，但大道至简，我们只要做到营养和环境基本满足羊的需要，再做好预防工作，基本上可以消除疾病这个养殖业头号威胁。

第一节
简单实用的羊病识别方法

一、看精神状态

健康羊眼睛明亮有神，听觉灵敏，很会听放牧人召唤，放牧时抢着吃头排草，不论采食或休息，常聚集在一起，休息时多呈半侧卧势，人一接近即起立。病羊则精神萎靡，不愿抬头，听力、视力减弱，或流鼻涕、淌眼泪，食欲差、反刍减少，行走缓慢，放牧常常掉群卧地，出现各种异常姿势。

二、看皮毛

健康羊被毛整洁，有光泽，富有弹性，膘满肉肥，体格强壮。病羊则体弱，被毛粗硬、蓬乱易折、暗淡无光泽、易脱落，毛打结并带有污物。健康羊的皮肤红润有弹性；病羊皮肤苍白、干燥、增厚、弹性降低或消失，有痂皮、龟裂或肿块等，甚至流脓。若羊患螨病时，常表现为被毛粗乱、结痂、皮肤增厚及蹭痒擦伤等现象。除此以外，还应注意观察羊有无炎症、肿胀和外伤等。

三、看鼻镜

健康羊的鼻镜湿润、光滑，常有微细的水珠；病羊鼻镜干燥、不光滑、表面粗糙。

四、看羊头

健康羊双耳常竖立而灵活；病羊头低耳垂，耳不摇动，头部被毛粗乱，某些疾病可导致羊头部肿大。

五、看羊眼

健康羊眼珠灵活，明亮有神，洁净湿润；病羊眼睛无神，两眼下垂不振，反应迟缓，流泪，眼鼻分泌物增多。健康羊眼结膜呈鲜艳的淡红色。病羊：若结膜苍白，可能是贫血、营养不良或感染了寄生虫；若结膜潮红，则可能是羊眼发炎或是患某些急性传染病的症状；若结膜发绀呈暗紫色，多为病情严重。

六、看羊反刍

反刍是健康羊的重要标志，可默数下羊反刍的次数和速度，判断羊的健康状况。健康的羊每次采食 30 分后开始反刍，每次反刍要持续 30~60 分，反刍的每个食团要咀嚼 50~60 次，24 小时内要反刍 4~8 次。反刍后要将胃内气体从口腔排出体外，即嗳气，健康羊嗳气 10~12 次/时。病羊反刍与嗳气次数减少，无力，甚至停止。病羊恢复反刍和嗳气是羊恢复健康的重要标志。也可以用手按压羊左侧肷部，触诊瘤胃，健康羊瘤发软而有弹性，病羊瘤胃发硬或膨胀。

七、看羊粪是否存在过料现象

如果羊粪便中含有大量没有消化完全的饲料，则饲料利用率低，营养不良，羊长得慢。饲料营养密度过大、突然加料容易引起牛羊胃肠不能适应，易出现过料现象；饲料配比不合理，如麦麸含量超过精饲料的 20%，易出现过料现象；羊患慢性胃肠炎、细菌性肠炎、前胃弛缓、胃肠道菌群失衡等症时，易出现过料现象；长期饲喂霉变饲料，会使羊消化系统出现问题以及引发中毒，同样会影响羊对饲料的吸收利用，易出现过料现象；羊患有球虫病、蛔虫病以及绦虫病时，也会出现过料现象。

八、看小便

健康羊小便清亮无色或微带黄色，并有规律。病羊大小便无度，大便或稀或硬，甚至停止，小便黄或带血。

九、测体温

体温是羊健康与否的晴雨表。山羊的正常体温是 37.5~39℃，绵羊的正常体温是 38.5~39.5℃，羔羊的正常体温比成年羊要高 1℃。如发现羊精神失常，可用手触摸角的基部或皮肤，肛门测量超过其正常体温 0.5℃的是发病征兆。

十、听呼吸、心跳

将耳朵贴在羊胸部肺区，可清晰地听到肺脏的呼吸音。健康羊每分呼吸 10~20 次，能听到间隔匀称，带"嘶嘶"声的肺呼吸音。病羊则出现"呼噜、呼噜"节奏不齐的拉风箱似的肺泡音。呼吸次数增多，常见于急性、热性病、呼吸系统疾病；呼吸次数减少，主要见于某些中毒、代谢障碍等疾病。

健康羊的脉搏，成年羊每分为 70~80 次，羔羊每分为 100~130 次，心音清晰，心跳均匀、搏动有力。病羊心音强弱不匀，搏动无力。

第二节
观察粪便，分析羊的健康状况

羊采食几小时后，可以在羊圈观察羊的粪便。健康羊粪呈椭圆形粒状，较干硬，颜色黑亮，有时稍浅，不会产生粘连或粘连较少。成堆排出，粪球表面光滑。羊采食青草后排出的粪便呈墨绿色，补喂精饲料的羊粪便呈较软的团块状，无异味。

一、羊异常粪便

1.粪便呈坨状

羊粪便一坨一坨的，腹泻物中含有大量未经消化的精饲料，粪便带有较强的酸臭味。这种腹泻是饲养管理过程中较常见的一种腹泻形式，常常由于一次喂给较多的精饲料，或者是突然更换饲料所致。出现这种情况时，经过短暂的禁食或减少精饲料的喂给，羊可恢复正常。

2.粪便较稀

排除羊本身肠胃疾病外，就是给的日粮中粗纤维的含量太少了；或饲料中蛋白质含量太高了；或饲料中存在有霉菌毒素。

3.粪便颜色黑、干燥

在口蹄疫、流行热等热性疾病的初期，发烧会引起粪便干燥。直接原因是胃肠蠕动迟缓或麻痹，治疗原发病即可。

大便干燥、细小且特别硬，颜色棕红色，一般是上火的表现，可喂羊清火栀麦片、牛黄片或板蓝根等，水中加入维生素 C。

4.粪便呈胶冻样

粪便外裹有胶冻样物质、质地黏稠，这是肠梗阻、肠套叠的典型症状表现。阻塞程度不同、胶冻样物质中所含的粪便多少也有差别，完全阻塞时只能排出少量胶冻样物质，胶冻样物质中不含粪便。肠梗阻多由饲料中的异物或慢性肠炎引起，胃肠扭转可直接引起肠梗阻。轻症可用泻剂治疗，注意喂容易消化的饲料；重症需手术。

5. 粪便呈水样

粪便呈水样、水草分离、粪便中含有未消化的草段，粪便有恶臭味。直接原因是饲喂大量的粗硬难消化的饲料而导致的瘤胃积食，饲草在瘤胃中异常发酵，瘤胃功能严重障碍。治疗方法：消除病原，健胃。

6. 粪便有特殊臭味或过于稀薄

粪便内混有大量黏液，多为各类型的急慢性肠炎所致。治疗方法：抗菌消炎（沙星类药物）、止泻（鞣酸蛋白）。

7. 粪便呈稀面糊状

副结核病羊腹泻反复发生，稀便呈卵黄色、黑褐色，带有腥臭味或恶臭味，并带有气泡。开始为间歇性腹泻，逐渐变为经常性而又顽固的腹泻，后期呈喷射状排出，粪便质地均匀、细碎，呈稀面糊状。每年检疫4次，阳性一律扑杀。引进种羊应隔离检疫，无病才能入群。风险羊群应接种副结核灭活疫苗。

8. 粪便含有血丝、黏液，呈水样

多见于病毒性腹泻。治疗用抗生素、干扰素、鞣酸蛋白等。

9. 粪便含有鲜红色血丝、血块

多见于球虫病。治疗用盐酸氨丙林、盐霉素等。

10. 粪便呈黑色水样

粪便呈恶臭的黑色水样，有一定的黏度并含有少量血丝。注射羊快疫、猝狙、羔羊痢疾、肠毒血症四联干粉灭活疫苗。治疗用强心剂、抗生素。

11. 粪便干、少，呈球形或饼状

这类粪便是瓣胃阻塞的症状之一，粪便色泽变化不大。日粮以青贮或精饲料为主，当瓣胃发生阻塞时粪便干硬，呈球状或饼状；饲喂麦秸或稻草为主的，发生瓣胃阻塞时，粪便更加干硬，呈算盘珠状。治疗可用口服泻剂和促进前胃蠕动的药物。

12. 粪便混有寄生虫及其节片

患寄生虫病多出现软便，颜色异常，呈褐色或浅褐色，异臭，重者带有黏液排出，因粪便黏稠，多粘在肛门及尾根两侧，长期不掉。一般情况下，2月龄以内喂球虫清，大羊可用阿苯达唑与左旋咪唑。

二、羔羊异常粪便

羔羊出生后要注意粪便颜色：排完脐粪后正常色为蛋黄色或黄褐色。当颜色为绿、黑、白、红等颜色时即属不正常。

1. 粪便呈白色油脂状并有恶臭

有可能患胰源性疾病和吸收不良，表现为胃肠道功能弱。可喂服乳酸菌、乳酶生等。

2. 粪便呈白色淘米状

可能是感染霍乱弧菌，可以使用庆大霉素等。

3. 粪便呈绿色

可能是受惊吓或消化不良，使肠道菌群失调，可喂服胃蛋白酶、乳酶生、吗丁啉。

4. 粪便呈红色

粪便深红：胃、食管出血。鲜红：胃肠出血、阿米巴肠病、沙门氏菌感染、消化道出血。可以用四环素类、沙星类注射；手头无药的情况下，用头孢类药物配合穿心莲也行，如果出血太多，注射酚磺乙胺、维生素 K_3。

5. 粪便呈黑色

黑色粪便一般为溃疡、炎症、胃炎、胃黏膜脱落。细菌感染，是黑色稀样便。治疗喂服土霉素，或注射环丙沙星、头孢类药物。

第三节
日常保健

一、羔羊保健

羔羊断尾时注射破伤风抗毒素。断奶羔羊饮水或饲料里可添加抗感冒中药（中药包、中草药、中药饮片等）、电解多维和益生菌制剂。

二、妊娠母羊保健

妊娠母羊产前 20～30 天注射亚硒酸钠、维生素 E，饲料添加 2%～3% 葡萄糖粉或蔗糖预防低血糖造成母羊产前瘫。分娩后饲喂益母生化散3~5天。

三、育肥羊保健

育肥前期每月饲料添加一次中药健胃制剂，连用5~7天；育肥后期间断性地饲喂八正散和茵陈散，降低羊尿结石和黄脂病的发生率。

四、应激期保健

羊剪毛、修蹄、转群、驱虫、防疫和引种期间，饮水、饲料中应添加荆防败毒散、电解多维和益生菌制剂。

五、大群羊的日常保健

季节性地进行保健，一般采用的药物为具有调理抗病功能的中药制剂、电解多维和微生态制剂。

六、种公羊的保健

定期做好剪毛、药浴驱虫、防疫注射、修蹄；非配种期每周要进行1~2次采精训练和精液检测。对性欲不强的种公羊，可进行睾丸按摩或进行激素治疗，每个季度或配种期前要对全群的种公羊进行一次布鲁氏菌病检测。

第四节
防疫程序

根据本地区常发生传染病的种类及当前疫病流行情况，制定切实可行的免疫程序。按免疫程序进行预防接种，使羊从出生到淘汰都可获得特异性抵抗力，增强羊对疫病的抵抗力。

一、春夏季免疫程序

春夏季免疫程序参考表9-1。

表9-1　春夏季免疫程序参考表

时间	疫苗名称	接种方法	剂量/只	备注
3月上旬	三联四防疫苗	肌内注射	1头份	预防梭菌病
3月上旬	羊痘疫苗	尾根皮内注射	1头份	预防羊痘
3月中旬	小反刍疫苗	颈部皮下注射	1头份	预防小反刍兽疫
3月中旬	口蹄疫疫苗	肌内注射	1.5头份	预防口蹄疫
6月中旬	传染性胸膜肺炎灭活疫苗	肌内注射	5毫升	预防传染性胸膜肺炎

二、秋冬季免疫程序

秋冬季免疫程序参考表9-2。

表9-2　秋冬季免疫程序参考表

时间	疫苗名称	接种方法	剂量/只	备注
9月上旬	三联四防疫苗	肌内注射	1头份	预防梭菌病
9月上旬	羊痘疫苗	尾根皮内注射	1头份	预防羊痘
9月中旬	口蹄疫疫苗	肌内注射	1.5头份	预防口蹄疫
12月中旬	口蹄疫疫苗	肌内注射	1.5头份	预防口蹄疫

三、哺乳期羔羊免疫程序

哺乳期羔羊免疫程序参考表9-3。

表9-3　哺乳期羔羊免疫程序参考表

时间	疫苗名称	剂量/只	方法	备注
第十天至第十五天	三联四防疫苗	1头份	肌内注射	预防梭菌病
	羊痘弱毒疫苗	1头份	尾根内侧皮内注射	预防羊痘
第三十天	小反刍疫苗	1头份	颈部皮下注射	预防小反刍兽疫
	口蹄疫	1头份	肌内注射	预防口蹄疫
羔羊断奶当天	传染性胸膜肺炎灭活疫苗	3毫升	肌内注射	预防传染性胸膜肺炎

四、繁殖母羊免疫程序

繁殖母羊免疫程序参考表 9-4。

表9-4 繁殖母羊免疫程序参考表

时间	疫苗名称	剂量/只	方法	备注
妊娠母羊产前 15~30 天	三联四防疫苗	1.5 头份	肌内注射	预防梭菌病
生产母羊断奶后配种前	口蹄疫疫苗	1.5 头份	肌内注射	预防口蹄疫

注：若生产母羊断奶后配种前注射口蹄疫疫苗时间与上一次注射时间在一个月之内的，断奶后配种前可不进行免疫。

第五节
驱虫程序

一、季节性驱虫方案

驱虫时间为每年的 1 月、5 月、10 月各 1 次。使用药品：喂食伊维菌素、阿苯达唑复方预混剂，注射氯氰碘柳胺钠注射液。

二、日常驱虫方案

种母羊断奶后配种之前驱虫；商品肉羊为断奶后 7 天和出栏前 45 天驱虫；后备母羊或待售种羊为断奶后 7 天和体重 30 千克之前驱虫。使用药品：伊维菌素、阿苯达唑复方预混剂，注射氯氰碘柳胺钠注射液。

第六节
消毒程序

过度消毒和不正确的消毒弊大于利！微生物是这个世界的主体，一滴水中就有几万个微生物，有益微生物占绝大部分，病原体是极少数破坏分子，动物、植物离开微生物是不能生存的。长期大量使用消毒剂，首先有益菌群被消灭，破坏了生态平衡，坏分子趁机作乱，利大于弊。场舍的清洁卫生和机体的健康更重要，只要维持良好的生态，病原体兴不起大浪！

当然，在发生疫情的时候，必须全面彻底消毒，平时也做好外来病原体侵入的防范。但是，把防病寄托在消毒上是危险的。

一、人员和车辆消毒

场区一般谢绝参观，应严格控制外来人员，必须进入生产区时，必须在消毒室暂留2分以上，穿戴清洁消毒好的工作服、帽和靴经消毒后方可进入，并遵守场内防疫制度，按指定路线行走。一切外来车辆和内部车辆原则上均禁止入内，必要时需经与其工作相关的部门领导同意并经全面消毒和消毒池消毒后方可进入。

二、羊场消毒规定

根据生产需要，常规消毒暂定由专业消毒人员进行消毒，技术人员进行监督，消毒至少每周1次，产羔圈舍及哺乳圈、隔离羊舍每周2次，局部消毒由专门人员进行消毒。

三、正常消毒

羊舍内的日常消毒包括墙壁、房顶、过道、食槽、羊床、栏杆、运动场、饲料加工等区域；场区消毒包括圈舍周围、净污道、外围道路、绿化带、粪场等。

1. 消毒方法

羊舍通道每天进行清扫，保持整洁。羊舍消毒顺序一般从离门远处开始，以墙壁到顶棚再到地面的顺序喷洒1遍，最后从内向外依次消毒。当有疫情出现时，人员进出各栋舍必须脚踏消毒盘。

2. 局部消毒

局部消毒主要包括流产羊、生产母羊产后排泄物的消毒、外科手术污染物的消毒和解剖点的消毒，消毒主要用生石灰、漂白粉、5% 氢氧化钠。

四、特殊时期消毒

引种、疫病流行等特殊时期要加强消毒次数。

五、常用消毒剂配比

常用消毒剂配比参考表 9-5。

表 9-5　常用消毒剂配比参考表

消毒剂名称	配比浓度	用途
84 消毒液	1：50	消毒盘消毒
甲醛 + 高锰酸钾	甲醛（40%）10 毫升 + 高锰酸钾 5 克 / 米^3	熏蒸消毒
氢氧化钠	10%	空圈舍消毒
氢氧化钠	3% ~ 5%	全场道路消毒
戊二醛癸甲溴铵溶液	1：（500 ~ 1 000）	舍内消毒
过氧乙酸	0.2% ~ 0.5%	舍内消毒
二氯异氰尿酸钠粉	0.04% ~ 0.08%	舍内消毒

第七节
中草药在羊健康养殖中的应用

畜牧业在快速发展的同时，也面临着疫病日益复杂、环境压力加大、畜产品质量安全风险上升等严峻问题。动物养殖不但受到环境条件的限制，而且还不断受到各种疾病的干扰。为了防治疾病，不可避免地会应用到抗生素等药物，抗生素给畜牧业带来繁荣，而其弊端也越发显现，如诱发病原体产生抗药性或变异，不得不加大药物用量或频繁更换药物，因而造成了药物在畜禽产品中的残留，严重影响了消费者的身体健康，同时也对环境造成了污染。特别是在"双疫情"肆虐之际，中草药犹如一盏明灯给黑暗中苦苦探索的人们照亮了前进的方向。中草药有望解决长期困扰畜牧业发展的问题，如降低抗生素残留量、提高生产率、减少牧业对环境的污染、发展绿色畜牧业、满足人民的食品安全需求、缩小我国畜牧业与发达国家的差距、增强我国畜产品在国际市场的竞争力。此外，随着人们生活水平的不断提高与自我保护意识的逐渐加强，回归自然、追求天然绿色食品的呼声越来越高，中草药这一纯天然药物凭借其得天独厚的优势，越来越被人们关注。

从根本上解决畜牧业的一些问题，可用我国特有的中药和天然植物制剂来代替那些化学药物制剂。中药在畜牧业中的应用是建立在中兽医理论的基础上的，而中兽医的基础理论内容包括阴阳说、五行说、脏腑说、气血津液说及经络说，它的各个学说都贯穿着一个平衡存在、相互协调理念。在阴阳五行理论基础上的中药应用理念是十分科学的。中药存在着西药不可比拟的优势，因此，河南省现代畜牧业生产中中草药得到了广泛应用。

一、中草药的主要作用机理

由于中草药多是动植物器官，其主要活性成分有生物碱、多糖类、低聚糖、有机酸、有机醇、鞣质及多酚类、苷类、酶类、植物色素和挥发油等，因此中草药成分就较为复杂，决定了其功能的多样性，表现出营养和提高营养物质的利用、促生长、增进食欲、调节内分泌、抗应激、抗病原体、增强免疫、提高产品品质等多种作用，有的中药有一种作用，有的有数种作用，还有的有双向调节作用。而中药往往是多味药复合方剂，其作用面则进一步得到拓展，进而发生多方面综合作用，促使机体恢复正常生理功能。同时，中药至今未发现有抗药性，其无抗药性还可以从其作用机理解释。中药治病主要是通过调节阴阳，使其恢复平衡，其作用机理不同于西医，前面讲到，中药的抑菌、抗病毒甚至抗原虫多是通过扶正祛邪，提高动物免疫力，从而消灭病原体，所以不存在抗药性。

1. 营养作用机理

药食同源是说中药与食物是同时起源的。中草药一般均含有丰富的蛋白质、碳水化合物、维生素、脂肪、矿物质等营养成分，对动物起营养平衡、加速生长发育及调节生理机能等作用。这些物质原本就是生物机体的组成和维持生态平衡所不可少的物质，就像面和蔬菜一样，到了体内有的被吸收利用、有的被分解排出体外，即使不被排出，也对人体没有什么毒害，如大枣中除含有蛋白质、糖、脂肪外，还含有维生素 A、维生素 C 及丰富的钙、铁等动物生长发育所必需的各种有效成分；金荞麦中的有效成分为香豆酸、野荞麦苷、槲皮苷、槲皮素、芦丁、甾醇类和酚性物质，全植株含有赖氨酸、蛋氨酸、苏氨酸、组氨酸等多种氨基酸，维生素 A、维生素 E、维生素 B_1、维生素 B_2 及铜、铁、钴等 24 种矿物元素；松针粉中含粗蛋白质 7.5%、无浸出物 39.60%、粗脂肪 13.54%、粗纤维 26.96%、钙 0.5%、磷 0.14%，每千克松针粉含胡萝卜素 88.76 毫克、维生素 C 541 毫克，并含有 17 种氨基酸。

利用药食同源植物作为替代饲料来源，能够降低饲养成本，并具有保健、促生长、改良品质等功能。葎草营养丰富，具有清热解毒，利尿通淋，治疗肺热咳嗽、肺痈、水肿、小便不利、湿热泻痢、热毒疮疡、皮肤瘙痒的功能。葎草适应能力非常强，在秋季成熟阶段可以大量收获，亩产 4 ~ 5 吨。但有芒刺，人触碰易被刺伤，用机械的方法把葎草的芒刺去掉，和麦秸一块进行微贮后饲喂草食动物，营养价值和适口性大大提高。

2. 免疫调节作用机理

中草药作为添加剂按一定添加量喂羊可显著地改善羊免疫机能，可以作为增强机体免疫功能的饲料添加剂应用。

中药免疫调节剂是指在抗感染、抗病毒、抗肿瘤、抗变态反应、哮喘等方面具有增强及调节免疫功能的中成药（包括一些提取物），在临床上主要用于感染性疾病、某些自身免疫病及肿瘤的辅助治疗。中草药对羊免疫功能影响主要有如下几个方面：对细胞免疫功能影响；对体液免疫功能影响；对动物的主要免疫器官脾脏、淋巴细胞、胸腺、骨髓、法氏囊的影响。另外还会影响与免疫系统有关的物质，如肾上腺皮质激素、环核苷酸、组织胺等。

中药及中药方剂调节免疫是通过如下几方面完成的：①通过作用于下丘脑、垂体、肾上腺皮质轴调节免疫系统，补肾药物是通过神经、体液的调节作用调节免疫系统。②通过调整自主神经调节免疫系统，肺、脾虚及肝郁，特别是脾虚，常有副交感神经偏亢现象，免疫功能也相应低下，进行补气促脾后，免疫功能得到不同程度改善。③通过作用于环核苷酸系统调节免疫系统。④对于免疫机能失调的疾病，用调整核酸代谢的方法可以达到治疗目的。⑤补益药可提高 T 细胞的数量和质量，因而对免疫系统能起到调节作用。⑥有不少方剂具有双向调节作用，如生脉散既可抑制过高的过敏反应，又可颉颃免疫抑制剂对细胞免疫的抑制作用。中药免疫调节剂如黄芪、独一味、雪莲花、雪上一枝蒿、天仙子、丁公藤、八角枫甚至虫蛇类药物以及一些民族药材都具有免疫调节的作用。

3. 抗病原体作用机理

现代药理学研究发现，许多中药不仅可以直接杀灭病毒，还可以阻止病毒对宿主细胞的吸附和穿入，抑制病毒在宿主细胞内复制，阻断病毒从感染细胞向未感染细胞的侵染，从而起到直接抗病毒作用，更重要的是，许多中药还能增强机体免疫力，激发机体免疫防御系统，具有间接抗病毒作用。无论是在生产上，还是在理论研究上，这种间接抗病毒作用都具有特别重要的意义，是变被动防守为主动防御的物质基础。

中药抗细菌病毒作用机理不同于西药，其作用机理较为复杂，是多种作用综合结果：一是中药具有直接的抗菌、抗病毒作用，实验证明有百余种中药具有抗菌或抗病毒作用，并且大多数是清热类药物，但其直接抗菌作用不如抗生素等西药，同时实验还表明复方中药抗病原菌作用强于单味药物；二是调节机体免疫功能，促进细胞免疫和体液免疫进而达到抗病原微生物作用；三是通过抗氧化、清除自由基作用，现已证实百余种中药具有消除病理状态下自由基作用，通过这种作用使活性氧和自由基维持正常生理状态水平，免除对动物机体损坏，调节动物机体免疫力，从而达到抗病原微生物作用。许多实验证明，在体外无抗病原微生物作用的中药在动物机体内应用能达到抗病原菌作用，黄芪在体外无抗菌作用，但黄芪与金银花合并后抗菌作用大增，这充分证明中药抗病原微生物作用机理的复杂性。

中药抗寄生虫作用机理有如下几方面：一是中药直接作用于体内、外寄生虫，二是中药综合作用于寄生虫。中药及中药复方在抑制病原寄生虫的同时，可调节机体的免疫功能，增强其非特异性免疫以消灭寄生虫。

4. 抗应激作用机理

现代医学认为应激反应是动物体对各种有害刺激（如感染、中毒、创伤、捕捉、疼痛、失血、缺氧、热、冷、饥饿、饲料突变、密集饲养、生活环境改变、运输、疫苗注射等）引起机体发生一系列非特异性防御性全身反应，它是生物机体的一种适应性机制。但是，过强的应激反应可导致畜禽生长发育迟缓，繁殖机能障碍，生产性能下降，产品产量和质量降低，甚至会引起畜禽死亡，给养殖业带来严重危害。随着养殖业的发展，养殖规模的扩大，集约化养殖状态下动物的应激反应对生产的影响越来越大，对畜牧业造成不可估量的损失。应用药物预防是一种简便、实用而有效的方法，但其成本高，对动物生产性能有影响，且肉、蛋内的药品残留高。中草药在抗应激方面表现出来的潜力和作用已引起人们的重视。中药抗各种应激的机制是不同的，如抗冷应激作用的机制是：①对垂体、肾上腺功能有刺激作用，刺激肾上腺皮质分泌皮质激素，其刺激的初始部位可能是垂体前叶。②中药有效成分还会增加肝脏线粒体的氧化磷酸化效率，使机体充分利用能量物质，既不过多消耗机体的能量物质，又能保证机体对能量物质的需求，从而提高机体的抗寒能力。③在冷应激时，耗氧量最大，脂质过氧化物作用增强，自由基产生增多，可对细胞膜和 DNA 造成损伤，中药中含有效物质，能够清除自由基，减轻脂质过氧化物对机体的损伤。④中药对心血管系统具有保护作用，可抑制心肌细胞钠离子、钾离子三磷酸腺苷酶的活性，提高心肌细胞内钙离子浓度，增强心肌收缩力、降低心率、增加心排血量和冠脉血流量，提高机体耐缺氧能力，具有保护心肌作用，同时还对血管有选择性收缩和舒张作用。因此中药可以在冷应激时调节机体血液循环，使血流重新分布，增强机体抗寒能力。

5. 抗炎作用机理

大量报道证实，很多中药都具有不同程度的对抗各种炎症的作用，而中药是通过多种途径发挥抗炎作用的。李培锋等采用比较药理研究法对鸡胆汁的有效成分鹅去氧胆酸（CDCA）和牛磺鹅去氧胆酸（TCDCA）进行探索研究，结果表明 CDCA 和 TCDCA 能极显著地抑制小鼠耳壳炎症及皮肤毛细血管通透性增强，对大鼠足跖肿胀有明显抑制作用。张为民等用抗病毒合剂的抗炎作用研究，结果表明：对小鼠腹腔毛细血管通透性、小鼠皮肤毛细血管通透性、二甲苯所致小鼠耳壳肿胀及小鼠棉球肉芽肿胀均有极显著的抑制作用。

6. 增产机理

一般认为通过补脾益气、健胃消食、驱虫祛邪可达到增产的目的。

二、畜牧业使用中草药常用剂型

中草药应用形式有中草药饲料添加剂和中药制剂两大类。

中草药饲料添加剂是指应用我国传统的中兽医理论（正气内存、邪不可干）、中草药的物性（阳、寒凉、温热）、物味（酸、苦、甘、辛、咸）及物间关系，在饲料中加入一些健脾、清食开胃、补气养血、滋阴生津、镇静安神等扶正祛邪、调节阴阳平衡的药用添加剂。它以全面的营养兼治疗的双向作用起到了防病治病的效果，同时还有着毒副作用小、无耐药性、不易残留等优点。据不完全统计，兽医临床上使用的1 000多种中草药中，已有200多种作为饲料添加剂被利用。

中药制剂主要分为中草药驱虫剂和抗虫剂、免疫增强剂、抗应激制剂、催肥增重制剂、着色剂、促进生殖和增加泌乳的中药制剂、饲料保藏剂、调味剂等。

三、利用中药改善产品质量，打造绿色品牌

当前，人们非常关注食品安全问题。有些中药具有解毒功能，能够使残留在饲料中的重金属、除草剂、农药等有害成分降解，从而保证肉食品的安全，是解决当前动物性食品质量安全的有效途径，对发展生态养殖业具有重要意义，在未来必将有广阔的市场。改善品质，包括改善畜产品气味、性状，增加营养，降低不良物质含量。中草药本身是一种天然添加剂，生产出的畜产品不含有毒有害物质，为人们提供更多品质优良的畜产品。中草药可明显改善畜产品品质、品相和口感，实现绿色清洁健康养殖。应用中草药添加剂或药食同源饲料产生的生态肉蛋奶等绿色动物食品均得到了消费者的青睐，创造了很好的社会效益和经济效益，并培育出具有地方特色的品牌，如新郑"金银花羊肉"、洛阳禾洛"苜蓿羊"、汝阳"杜仲羊"、兰考"构树羊"等。

四、中草药饲料添加剂替代西药添加剂

饲料添加剂是配合饲料的"心脏"和"灵魂"。随着养殖业的工业化，出于防病治病的需要，出现了抗生素、化学合成药和激素类的兽药添加剂。这些兽药添加剂的应用，为保障畜牧业的健康发展、满足人们对动物性食品的需求做出了巨大贡献，但同时也带来了一系列问题。由于这些药物能在动物体内蓄积残留，影响动物产品的品质，进而通过食物链影响人类的健康。因此，限制兽药在动物产品中的残留，已越来越受到人们的重视。河南省中草药种类繁多、资源丰富，可以就地取材。中药饲料添加剂发挥的作用主要有以下几点：

1.抗菌、抗病毒和保健的作用

中草药具有调理畜禽亚健康、提高免疫力、增强自身抗病能力的作用，中药用了上千年，既没有产生抗药性，也没有抑制免疫系统。不少中药作为抗菌、抗病毒和保健添加剂使用，用药原则是补中益气、清热解毒。补中益气常用药物有黄芪、党参、白术、甘草等，清热解毒常用药物有黄连、黄芩、黄柏、大青叶、板蓝根、连翘、紫花地丁、鱼腥草和白花蛇舌草等。另外许多中草药对人畜寄生虫病有很好的防治效果，常用药物有贯众、槟榔、百部、使君子、南

瓜子、苦楝皮、青蒿和仙鹤草等。

2. 促生长、提产量的作用

实践证明许多中草药制剂如补脾益气健胃、宁心安神等方剂在各类养殖业中有促生长、提产量的作用，常用药物如建曲、麦芽、白术、黄芪等。健脾消食配方可达到两个目标：一是提高饲料利用率，二是提高饲料摄入量。以补气、养血、活血为主的方剂有良好的促进产乳的作用，但是，促进产乳应辨证施药。对于气滞缺乳，应用通乳散：当归、王不留行、路路通、山甲、木香、瓜蒌、通草、延胡索、川芎。对于气血双亏缺乳，应用黄芪、党参、熟地黄、当归、王不留行、穿山甲、四叶参等药。用石膏、板蓝根、苍术、白芍、黄芪、党参、淡竹叶、甘草等按一定比例配制成的中草药添加剂能使每只奶羊每日产乳量增加 5% ~ 7%，不影响乳汁品质，还能提高羊奶营养成分。

3. 抗应激的作用

近年来利用中草药进行抗应激取得较大进展，许多中药如藿香、香薷、黄芩、朱砂、五味子、刺五加、三七、黄芪、甘草、益母草、党参、酸枣仁、茯苓、厚朴、秦皮、山楂、穿心莲、黄连、赤芍、熟地黄、大黄、甘草等具有抗应激作用。用清热火和解毒的中草药，如石膏、芦根、夏枯草、甘草等组成的中草药添加剂能有效地缓解羊热应激，减少热应激体重损失 10%。

4. 促进繁殖机能的作用

我国南北朝时期，一些牧羊人告诉大医学家陶弘景，每当羊啃吃一种小草之后，发情的次数特别多，公羊勃起不软，并且与母羊的交配次数明显增多，交配的时间也延长。经实地考察，陶弘景认定这种小草有壮阳作用，于是他开始拿这种小草入药，治疗阳痿病人，病人服药后果然见效。后来把这种小草命名为"淫羊藿"。用益母草、淫羊藿、阳起石配制的催情散可促进母羊发情；用熟地黄、当归、香附等8味中草药配制成的中草药饲料添加剂可提高种公羊的精液品质。

五、中草药临床应用

中草药以其独特的药理作用在兽医临床研究中得到拓展，取得了良好的医治效果。在现代畜牧业生产中用中药防治疾病越来越广泛，涵盖了各个方面，广泛应用于防治动物的普通病、传染病、寄生虫病。

规模化养殖业发展为中药治疗疫病提供了机会，也为中药治疗提供了有利条件。中药用于治疗羊等幼畜肠道病、呼吸道病、寄生虫病、传染病等具有明显的优势，由于幼龄羊消化机能不全，免疫机能不完善，容易发生很多疾病，特别是消化系统疾病，而且又难以治疗，往往造成很大损失，而中药在这方面往往取得很好疗效，较西药有明显优势。临近上市时多选用中药治疗传染病、寄生虫病以及胃肠道疾病、呼吸道病、生殖系统疾病等疾病，以控制羊产品中化学药品残留。由于中药有滋补强壮、增强免疫力作用，故常用于治疗西药难以解决的体弱类羊疾病，并取得很好的效果。现代畜牧业生产手段是消除不利因素，最大潜力挖掘生产潜力，以获得最大经济效益，因此对于影响羊生产性能的疾病十分重视，中兽医在此方面确有独到之处，治疗效果十分满意。下面介绍几个验方。

1. 治疗羔羊痢疾

①白头翁、秦皮、黄连、炒建曲、炒山楂各15克，当归、乌梅各20克，车前子、黄柏各30克，加水500毫升，煎至100毫升，每次灌服5毫升，每天2~3次，连用2~3天。②对急性昏迷的羔羊，可用朱砂0.3克、冰片0.1克、全蝎0.25克，温水灌服，可起急救的作用。

2. 治疗传染性角膜结膜炎

①硼砂、朱砂、硇砂各等份，研为细末，取适量用竹筒或纸筒吹入眼内。②龙胆草、石决明、决明子、白蒺藜、川木贼、蛹蜕、苍术、白芍、甘草各15克，青箱子52克，共为细末，开水冲服，另配合点眼（炉甘石52克，硼砂12克，海螵蛸12克，冰片10克，共为细末），每天1次，连用3~5次。

3. 治疗羊痘

（1）羊痘初期治疗　①金银花6克，升麻3克，葛根6克，连翘6克，土茯苓3克，生甘草3克，水煎一次灌服。②升麻3克，葛根9克，金银花9克，桔梗6克，浙贝母6克，紫草6克，大青叶9克，连翘9克，生甘草3克，水煎分2次灌服。

（2）痘疹已成或破溃治疗　连翘12克，黄柏45克，黄连3克，黄芪6克，栀子6克，水煎灌服。痘疹趋愈，形成痂皮。

（3）虚弱病羊　①当归6克，黄瓦6克，赤芍15克，紫草3克，金银花3克，甘草1.5克，水煎灌服，根据病情酌加用量。②沙参6克，麦冬6克，桑叶3克，扁豆6克，花粉3克，玉竹6克，甘草3克，水煎灌服。

4. 治疗口蹄疫

贯众 15 克，干草 10 克，木通 12 克，桔梗 12 克，赤芍 19 克，生地黄 7 克，花粉 10 克，荆芥 12 克，连翘 12 克，大黄 12 克，牡丹皮 10 克，共研末加蜂蜜 150 克为引子，用水冲服。

5. 治疗小反刍兽疫

麻黄 6 克，杏仁 6 克，石膏 30 克，桔梗 9 克，甘草 6 克，枳 9 克，柴胡 9 克，丹参 12 克，地榆 12 克，白头翁 15 克，黄连 6 克，金银花 15 克，连翘 15 克，板蓝根 30 克，车前子 12 克，牡丹皮 9 克，黄芪 30 克，水煎服，每 1 ~ 2 天一剂，灌服。另加酵母粉和氟苯尼考粉效果更好。

6. 治疗羊口疮

病羊喂服牛黄解毒片，每只羊每次 2 ~ 3 片，每天 2 次，或喂服中草药：苦参、龙胆、白剑、花椒、黄花香、地榆各 10 克，煎汤候温灌服，每天 3 次，连用 1 周。

7. 治疗皮癣

花椒 8 克，儿茶 6 克，苦参 5 克，狼毒 5 克，冰片 3 克，明矾 4 克，水煮后进行过滤，然后使用药液对羊的患处进行冲洗，对有结节的病羊可以使用药液来刷拭。另外，还可以在患病羊的饲料中添加一定量的驱虫散。

8. 胃肠道驱虫（驱虫散）

鹤虱 30 克，使君子 30 克，槟榔 30 克，芜荑 30 克，雷丸 30 克，绵马贯众 60 克，炒干姜 15 克，制附子 15 克，乌梅 30 克，诃子 30 克，大黄 30 克，百部 30 克，木香 15 克，榧子 30 克，每只羊 30 ~ 60 克。一次即可。

六、发展趋势

综上所述，虽然中药制剂起步较晚，还存在许多不完善之处，但它毕竟来自天然，已显示出许多西药添加剂所不及的优势。随着畜牧业的发展，抗生素和化学药物对动物的危害越来越受到人们的重视。为此，许多国家和地区纷纷通过立法限制，甚至完全禁止使用饲用抗生素。饲料添加剂进入一个新的发展阶段，开发安全性高的饲料添加剂，代替原有的抗生素及化学剂将是未来发展的必然趋势。近几年，国内科技工作者们从天然植物中提取有效成分作饲料添加剂，或将复方经一定的工艺提取制成口服液喂饮，或将中草药复方制成浸膏散剂或喷雾干燥后用于饲料添加，均较之原始的中草药散剂有了较大的改进和提高。国内专家和生产厂家已经开始使用先进的加工设备和加工工艺，并从更全面的领域（如中草药的药效成分、药用机理、给药途径等）研究和解决上述生产中出现的问题。

由于中草药在养殖业中展示了良好的使用效果，因此，适度地开发无耐药性、无残留、效果良好、无毒副作用、既有营养又可防病治病的中草药产品具有经济和社会的双重效益，在畜牧业中具有广阔的发展前景。我国中草药资源极为丰富，许多种类有待开发，因而应该用传统的中医理论和方法，结合现代先进的分析测试手段，开拓创新。试验开发前人未曾用过的中草药品种，继而开发新型中兽药，打造具有中国特色的绿色品牌，促进我国畜牧业的发展。

第八节
高度警惕布鲁氏菌病

布鲁氏菌病是布鲁氏菌引起的人畜共患病，人感染布鲁氏菌病主要是由家畜引起的。此病对畜牧业和人类健康危害严重，因而被列为乙类传染病。

不知道有多少养羊的人感染布鲁氏菌病，但很多患者在默默治疗。譬如某养羊大县畜牧局派 4 名技术人员驻场帮扶企业发展，结果其中 3 人感染了布鲁氏菌病。1 名羊友自曝，养羊 3 年，全家 9 口人，7 人感染布鲁氏菌病。2010年 12 月，东北农业大学学生因解剖活羊，28 名师生感染布鲁氏菌病。2015 年，广东省紫金县 39 人因喝未经消毒或消毒不彻底的生鲜羊奶感染布鲁氏菌病。

一、布鲁氏菌病流行情况

布鲁氏菌病病菌分为羊型、牛型、猪型等型，它们均可感染人，羊型致病力最强。传染源是患病的羊、牛、猪。病菌存在于病畜的乳、产道分泌物、羊水、胎盘、尿及羊的体内组织。布鲁氏菌病主要通过接触传染，也可经消化道黏膜及损伤的皮肤传染。感染的人群主要是相关从业人员，接触、食用未经消毒或消毒不彻底的羊等畜产品的民众。人群普遍易感染，并可重复感染或转为慢性，一旦转为慢性则很难治愈。

二、布鲁氏菌病病原

布鲁氏菌病病原为布鲁氏菌，它存在于羊的生殖器官、内脏和血液中。布鲁氏菌不耐高温耐寒冷，70℃消毒10分可以杀灭病菌，高压消毒病菌瞬间即亡。病菌在干燥的土壤中可存活37天，在冷暗处和胎儿体内可存活6个月。病菌对寒冷的抵抗力较强，低温下可存活1个月左右。对消毒药敏感，5%生石灰水15分即可杀死病菌。

三、主要临床症状

1. 羊

布鲁氏菌病在羊体内潜伏期为2周至6个月，其主要临床症状是使妊娠后3~4个月羊流产。流产前病羊体温升高，精神沉郁，食欲减退，有的长卧不起。流产后伴有胎衣不下或子宫内膜炎。首次怀孕羊易流产，经产母羊流产率低于首次怀孕羊。种公羊发生睾丸附睾炎，失去配种能力。病羊常发生关节炎，关节肿大，跛行。多数病羊为隐性感染，无明显症状，但可感染人和家畜。

2. 人

急性期：全身酸痛，发烧，冒冷汗，常因大汗浸湿衣被，关节痛。少数伴有关节红肿，关节积液，肌肉疼痛，淋巴结及肝脾肿大。男性可有睾丸炎或附睾炎，女性可患卵巢炎，孕妇可流产。

慢性期：可由急性期发展而来，也可无急性病史。常见症状有疲乏、出汗、头痛、低热、抑郁、烦躁、肌肉及关节酸痛。

人感染布鲁氏菌病病程为3~12个月，如能及时治疗，一般预后良好，否则急性转为慢性，反复发作，迁延数年，严重地影响劳动能力和生活质量。

四、预防和控制

布鲁氏菌病目前尚无特效的药物治疗，只能加强预防检疫。非疫区以监测为主；稳定控制区以监测净化为主；控制区和疫区实行监测、扑杀和免疫相结合的综合防治措施。

1. 预防

（1）定期检疫　羔羊每年断奶后进行一次布鲁氏菌病检疫。成年羊两年检疫1次或每年预防接种而不检疫。对检出的阳性羊要捕杀处理，不能留养或给予治疗。严禁与假定健康羊接触。

（2）及时发现　如羊出现上述临床症状，必须立即向相关部门报告，及时确诊。一旦确诊，必须在动物卫生监督机构的监管下，对发病羊群进行无害化处理。流产胎儿、胎衣、羊水和产道分泌物应深埋。

（3）调查检测 主动积极配合相关部门开展布鲁氏菌病等调查监测。

（4）严把消毒关 布鲁氏菌病病菌对环境的抵抗力较强，在水和土壤中能存活 72～114 天，在粪尿中存活 45 天，在奶中存活 60 天。因此，平时必须加强羊舍、运动场及周围的环境的消毒，15 天消毒 1 次；产仔季节 7 天消毒 1 次；发现母羊产仔或流产后，必须及时消毒母羊所在地，胎衣或流产胎儿必须深埋或烧毁。接生人员必须戴手套并消毒。消毒药可选用：0.1% 新洁尔灭、0.2% 三氯异氰尿酸钠、1%～3% 苯酚、2%～3% 煤酚皂、5% 新鲜石灰乳、3% 漂白粉等。粪便经生物发酵消毒，鲜奶必须加热至 100℃方可食用。

（5）严格执行引种制度 跨省引进种用、乳用羊前必须向当地动物卫生监督机构申报，取得市级动物卫生监督所批准方可引种。羊运到饲养地 24 小时内，必须报告当地动物卫生监督所，对调入羊隔离 45 天，同时进行布鲁氏菌病检查，全群检测结果为阴性者，再经动物卫生监督所检查未发现传染病才能解除隔离。市内引种，引种前也必须向当地动物卫生监督所申报检疫，并实行严格的隔离措施。跨省引种未办理审批手续，由动物卫生监督所处以 1 000 元以上 10 000 元以下罚款；情节严重的处以 10 000 元以上 10 万元以下的罚款。

（6）加强个人防护，规范养殖行为 做到人畜分离，减少人与畜接触；加强消毒，尤其要加强分娩（含流产）等环节的消毒，净化环境。人一旦出现症状要及时到县区以上正规医院就诊，并告诉医生所从事的行业和是否接触过鲜羊肉、鲜奶等。

2. 免疫接种

疫情呈地方性流行的区域，应采取免疫接种的方法。疫苗选择布鲁氏菌病活疫苗（S2 株）、布鲁氏菌病活 M5 株、布鲁氏菌病活 S19 株以及经批准生产的其他疫苗。

当年新生羔羊通过检疫呈阴性的，喂服或注射 2 号弱毒活菌苗。羊不分大小每只喂服 500 亿个活菌，或每只羊肌内注射 25 亿个菌。

在世界上只有少数国家主张给人预防接种，我国是其中之一。人用菌苗系 104 M（B.abortus）冻干弱毒活菌苗，可以皮上划痕进行接种，也可采用滴鼻方式免疫，剂量为 40 亿～50 亿 / 人。低温避光条件下运输，在 4℃下保存。免疫对象仅限于疫区内职业人群及受威胁的高危人群，接种面不宜过广，而且不宜年年复种，必要时可在第二年复种一次。孕妇、泌乳期妇女、年老体衰者及有心、肝、肾等疾病患者不宜接种。

五、常用人患布鲁氏菌病的治疗方案

成人：建议使用多西环素联合利福平进行抗生素治疗，一般要治疗 6 周。其他方案还有：多西环素 + 链霉素；多西环素 + 复方磺胺甲噁唑；利福平 + 氟喹诺酮类药物。

孕妇：建议使用利福平 + 复方磺胺甲噁唑。妊娠 12 周内，可以考虑三代头孢 + 复方磺胺甲噁唑。

儿童：8 岁以下儿童建议使用利福平 + 复方磺胺甲噁唑，或者利福平 + 氨基糖苷类抗生素。8 岁以上可以参考成人用药方案。

布鲁氏菌病经过规范治疗后大部分可以治愈，死亡率小于 2%，主要致死原因是并发症。少数病例会遗留骨和关节的器质性损害，使得肢体活动受限，也有因为治疗不彻底导致的慢性病患者，预后效果比较差。

六、规模化羊场布鲁氏菌病净化

种羊场动物疫病净化工作是我国加强羊场重点动物疫病防控、源头控制动物疫情的重大工程。为深入贯彻落实《国家中长期动物疫病防治规划（2012—2020 年）》有关目标和要求，推动动物疫病防控从有效控制到逐步净化消灭转变，大型种羊场应开展和申报动物疫病净化创建工作。按照有关规定，精心制订净化方案，不断改进管理制度，完善相关资料，认真开展评估认证工作。

从理论上讲，布鲁氏菌病净化是很简单的，也就是检测—扑杀—再检测—扑杀……布鲁氏菌病净化并不需要多高深的科学知识，只是一个想不想做、如何去做的问题。布鲁氏菌病净化考验的是一个企业的执行力。

检测布鲁氏菌病采用虎红平板凝集实验，投资 200 元就可以开展，投资少，见效快，工作效率高，一名熟练的技术人员一天可以检测 300～400 份血清。羊场可采用总体普查和日常检测的净化模式。即每半年全群用虎红平板凝集实验普查 1 次，所有可疑羊一律淘汰扑杀，进行无害化处理。日常检测主要是繁殖母羊、种公羊和即将向外输出的种羊。母羊配种前和产前应各做 1 次检测；对流产的羊立刻进行检测；种公羊使用不同的监测手段，一年监测 4 次以上；向外输出的种羊用虎红平板凝集实验进行，一次检测。检测过程发现的可疑羊一律淘汰扑杀并做无害化处理，同栏羊加强检测 1 次。

第十章
产业链长，生态循环

　　羊产业涵盖育种、养殖、饲料生产、研发、屠宰、冷链物流、深加工、销售、休闲观光等环节，具有链条长、环节多、政策不健全、模式不完善、连接不紧密、组织化程度低等特征。通过资源整合、合理配置，使物质和能量多级传递、多层次循环利用，使种、养、加、贮、运、销、服务相配套，同时不断改善农业生态环境，形成以工补农、以农带牧、以牧促农、以农牧发展推进工业生产的生态经济大循环和开放复合式的结构，提高综合效益。

第一节
多种经营主体打造全产业链

羊全产业链是肉羊产业从养殖（种植）端到消费端之间生成的一个环环相扣且有章可循的商业模式，其中也包括投入品供应、技术、研发、营销等相关服务。

一、羊产业链构成

肉羊产业以"公司＋基地＋农户（合作社）"为基础，以肉羊规模化养殖、饲料供给、屠宰加工和深加工、冷链物流以及市场销售为主链，以粪污无害化处理与资源化利用、配套生态农业种植系统为副链，以良种繁育、技术研发与技术推广体系、动物防疫检疫体系、质量安全监管体系为辅链，通过肉羊生产关联环节的物质交换、能量集成和信息传递，构建一二三产业融合共生的循环经济链，畜牧业高产高效与生态效益有机统一，实现肉羊产业可持续发展，见图 10-1。

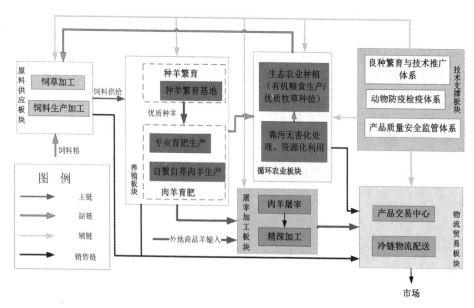

图 10-1 肉羊产业链构建图

龙头企业、合作社、家庭农场、专业大户等多种经营主体并存，种养加销一体化经营，利益合理分配，风险共担，资源优化配置，生产集约化、经营组织化、服务社会化。政府发挥引导、协调职能，创新政策制度，加快要素聚集，实现产业兴旺、乡村振兴。

二、打造有价值的一体化全产业链五个关键词

一体化全产业链分为垂直一体化和横向一体化。垂直一体化全产业链是指一家企业做到聚集种苗、饲料、兽药、养殖、屠宰、食品加工、销售等于一体，或有大量农户加盟，多为企业行为。横向一体化是指多家关联经营主体联盟打造全产业链，也可以是一个区域内的关联经营主体共同打造全产业链，也可以是多个垂直一体化全产业链的再融合，一般需要政府或行业协会主导。

怎样营造有价值的一体化的全产业链呢？

1.魅力

有理想、有能力、有口碑、有实力、有耐力的"五有"企业和人物，才能担当。近几年践行者很多，成功者极少，不少先驱成为先烈，但他们虽败犹荣，为事业的发展做出了贡献。如果都想占山为王，各自为政，就出现无序竞争的混乱局面；大家组织起来，统一号令，找准自己的位置量力而行，就会出现合作共赢的局面。国家出现明君则国事兴，团体出现明主则事业成，中外古今无不是也。

2.诚信

互不信任是产业链合作的最大障碍。在社会主义核心价值观缺失的大环境下，人们被骗怕了！现状只能靠契约约束，但靠契约并不能解决一切问题，相互信任生意好做，成本最低，所以必须培养诚信，倡导诚信，形成自觉诚信风气。

3.资金

目前，对于养殖业来说，资金是第一生存要素。熬过冬天便是春天，熬不过今天就没有明天！大企业资产雄厚，光鲜体面，比小企业抗风险能力强很多，但不会不差钱。行业可持续健康发展，就是要抱团，体量大才不容易被吃掉，体量大才容易融资，体量大才容易获得政府支持。产业化、组织化的运作，可以节省大量的资金流，减少资本对产业效益的盘剥。产业化、组织化的运作，还可以建立自建融资体系，靠自身的力量解决资金问题。

4. 创新

创新就是与时俱进，发现问题解决问题。体制机制创新是为了提高经营效率，减少社会消耗；科技创新是为了提高生产效率，节本增效。

5. 细分

细分的实质是在一体化的框架内进行专业化分工，做到市场细分、产品细分、养殖专业细分等。专业的人干专业的事。参与产业一体化，成员要找准自己的位置，量力而行。

第二节
肉羊产业体系建设

一、我国肉羊产业化发展急需解决的问题

鉴于我国羊肉市场供应状况以及与世界羊产业发达国家之间的差距，我国肉羊产业化发展急需解决以下几个方面的问题：

1. 引种与良种繁育问题

目前，国内良种羊还是以引进为主，而国内肉羊良种偏少、价格高、引种难度大。据测算，一只种公羊引进成本为 1.5 万 ~ 2 万元，按 1∶30 的配种比例计算，一个存栏 1 500 只的中等养殖场就需要 50 只种公羊，仅良种引进成本就达 100 万元，而且种公羊每两年需要更换 1 次，再加上长途运输易使种公羊产生应激反应，增加发病率，良种引进使很多肉羊养殖户望而却步。许多羊场热衷于炒种，羊场引进良种后与地方品种进行级进杂交，由于规模、技术、资金等条件限制，不能进行现代生物技术选育，杂交后代作为种羊留用或出售，严重的分离现象造成生产性能和品质特征良莠不齐。由于没有区域联合育种机制，缺乏有效监管和约束，各自为战的高频率小批量引种，达不到本品种选育的群体数量要求，导致品种退化、杂化，容易陷入引种—退化—再引种的恶性循环。

2. 经营方式落后

尽管近年来已广泛推广肉羊舍饲养殖技术，但传统的生产方式还占据主导地位。养殖户单纯依靠扩大肉羊规模来达到增产增收的传统养殖方式使养羊业

处于"靠天养羊"的被动局面。肉羊饲养仍处于小规模的散养阶段，而且相当数量农户的饲养规模在 30 只以下，年出栏规模在 300 只以上的养殖小区所占比重很小，缺乏强大的产业龙头企业和养羊专业合作组织。专业化、规模化饲养程度较低，新理念、新装备、新技术难以实施。羊舍设计标准化程度低，功能缺失，漏洞较多，严重降低生产效率。防疫消毒驱虫工作滞后，致使疫病发生并蔓延的风险大大增加。

3. 成本控制能力差

成本问题是制约养羊业发展的关键问题之一。在供求关系相对平稳、价格稳中有升的市场条件下，规模化舍饲养羊的成本过高，市场竞争力较低。主要表现在以下三个方面。一是羊的繁殖效率低于正常水平，平均不到两年产三胎。二是草料搭配欠科学，不能够按需饲喂。按经验配制饲料，对营养成分含量不清楚。没有科学的草料搭配检测手段，要么草多料少，要么料多草少，吃的多长的少，增重速度慢，投入高产出低，饲草浪费严重，利用率低。三是营养代谢疾病损失大。饥饿会使羊缺乏生长原动力，体质差；过饱浪费饲草还增加羊生病概率，提高疾病的防治费用。

4. 肉羊标准化生产体系尚不健全

现代肉羊生产应集优良品种、杂交配套、繁殖控制、饲养、疫病防治、羊舍设计与环境调节、现代经营管理和社会化服务体系为一体，进行标准化生产。没有了标准就没有了原则，没有了原则就没有把握，没有把握就无法做出正确的结果。比如说饲养环境、营养需要与供给要有标准，间隔多长时间饲喂要有标准，饲养多长时间、胴体达到多少可以出栏要有标准，产出的羊肉所具备的热量、脂肪、纤维、膻味等要有标准。有了这些标准，瞄准市场需求生产，必然优质优价。但是在常规的养羊过程中，往往方式粗放，不求精细，不计投入、产出比例，致使产业发展滞后。而且尚未建立针对肉羊饲养、收购、屠宰、加工、运输、销售及消费等信息的全程追溯体系，对关系羊肉产品质量安全的肉羊养殖、防疫、检疫、产品加工以及兽药残留、饲料添加剂使用等各个环节缺乏统一监测，存在盲区。

澳大利亚、英国及美国等一些羊肉生产发达国家已经建立了一整套集约化肉羊生产饲养管理技术标准化体系，肉羊产业从品种培育到优质羊肉生产、加工均已形成产业链。目前，我国肉羊饲养方式主要为农户小规模散养，尚未形成专业化和标准化优质肉羊饲养管理体系，制约了优质肉羊产业的发展。我国对肉羊标准生产研究的投资力度不够，其科研水平滞后于国外发达国家，饲料资源的高效利用和规模化饲养配套技术、养殖场疫病防治体系等也不健全。

5. 品牌建设滞后

品牌是文化、道德、风俗、地域、时间、经验、管理、宣传、技术创新、营销模式等多年运作和积累的结果，通过产品交换体现出来的价值。品牌是可以溢价的，消费者更愿意多花钱买品牌羊肉，而事实上普通羊肉跟品牌羊肉在品质上也差不多，但是这里边有一个情感价值在里面，这是消费者的消费心理决定的。塑造品牌不是注册好听的名称和轰炸似的宣传那么简单，必须有计划地长期坚守，获得消费者的口碑和认同，才能走得更远。如果没有品牌意识，任其自由地、散乱地、毫无计划地发展下去，肯定是永远成不了品牌。走"品质＋品牌"的肉羊产业路线，其回报率是非常诱人的。

6. 屠宰企业市场竞争能力弱，精深加工水平低

目前，我国屠宰企业是大群体、小规模，绝大多数停留在传统的简单初加工上。羊屠宰后的许多副产品是生物制药、化妆品、保健品以及食品企业的主要原料，但是企业、基地和市场连接的经济合作组织不够完善，没能有效发挥出搞活市场、沟通产业链各环节、促进利益合理分配的作用。国内外在肉类加工技术与理论研究方面研究最多的当数猪肉和牛肉，羊肉研究处于弱势状态，理论研究尚不系统和深入，加工技术相对简单，高档产品少，品种单一，熟制品不足 20%，分割肉、小包装肉比例较低。

7. 缺乏真正意义的组织化

组织是指依据既定的目标，对成员的活动进行合理的分工和合作，对组织所拥有的资源进行合理配置和使用以及正确处理人们相互关系的活动。组织化使行业的发展上限不再取决于个人或单位，大大提高了生产力。产业组织化的内在本质，就是产业链各环节的分工、协作和资源配置。

产业链组织化的几种形式：①龙头企业主导的"一条龙＋"模式。我国大型农企探索较多，龙头企业打造垂直一体化的产业链，为了争取资源和政策，名义上是"一条龙＋农户＋科研＋金融＋服务"等，实际上是一家独大的产业帝国，追求目标是独占鳌头甚至行业垄断。一家企业很难建立全产业链，虽然长期以来地方政府对这类企业大力支持，但到目前为止垂直一体化的全产业链羊企依然很多。②产业园区模式。政策支持的园区建设很多，如现代农业产业园、农业科技园区、三产融合园区、数字化园区、生态农业园区、田园综合体

等，本意都是为促进农业产业化。虽然国家投入过不少资金进行养羊产业园区建设，但多数承办者都以争取资金为出发点建设项目，现在遗存下来国家投资过的5年、10年的园区存活者甚少。③社会化组织模式。社会化组织一般是行业协会、产业联盟、合作社、农协会等。国外社会化组织在产业组织化发展方面是非常成功的，但目前在中国只有极少数地方获得成功。如大多数养羊协会名存实亡，功能缺位，实力不强，没有引导带动规模养殖和对接国内市场的能力。既没有政府的授权，也没有同业的约束力，仅仅是管理机构的陪衬而已。

政府应加强扶持肉羊产业发展，在扶持方式上应该创新、转变，采取公平的产品补贴方式，让企业自主决定补齐短板，而不是不切实际地强调扩建规模，应促进企业健康稳步可持续发展。

二、肉羊产业体系建设内容

建立肉羊产业体系是加快肉羊产业化实施步伐，提高肉羊产业化水平的必由之路，是尽快缩短我国与国外肉羊产业差距的关键，也是肉羊产业化的核心。建立肉羊产业体系，对满足市场需求、提高我国肉羊产业科技水平和经济效益起到举足轻重的作用。肉羊产业体系建设，主要包括以下几个方面的内容。

1. 规划先行，争取支持

发展肉羊产业必须符合国家产业政策，取得地方政府的支持，任何企业离开社会各界支持都不可能支撑产业的发展。应该有一个较为科学和完整的发展肉羊产业的长期规划，它是企业和政府共同的行动纲领，涉及优良品种繁育体系、疫病防治体系、质量监督体系、市场开发体系、物流配送体系、品牌创建体系、样板示范体系等多个产业和环节的协调、分工，需要有专门的部门和专门的人去做，必须各个落实，环环相扣。

2. 肉羊良种繁育体系

深入实施肉羊遗传改良计划，配套建设肉羊核心育种场，完善生产性能测定配套设施设备，持续推进引进品种本土化，培育专门化肉用新品种。加强地方品种保护、选育和利用，建设保种场、保护区。

某一种群的羊长期处于相对稳定的生态环境中，就会逐渐形成对这种生态环境的适应性。不同种的羊对各种不同生态环境的适应性决定其整个物种的生态分布。不要无限度、无计划地级进杂交，导致地方良种消失。我国是世界上羊遗传资源最丰富的国家之一，据《中国家畜地方品种资源图谱》一书载，目前已知我国绵羊地方品种为 31 种、山羊 43 种，合计 74 种。我国羊品种不仅种类繁多，而且种质特性各异，其中不乏像小尾寒羊、湖羊、阿勒泰羊、乌珠穆沁羊、苏尼特羊、滩羊、多浪羊、槐山羊、南江黄羊等肉用性能较好、繁殖性能良好的优良地方品种。在保护好这些优良地方品种的前提下应采用现代繁殖技术，积极选择和引进、推广适宜的国外新品种，如杜泊绵羊、无角陶赛特羊、萨福克羊、波尔山羊、努比山羊等作为父本与本地品种进行经济杂交，建立配套的本品种选育和经济杂交技术体系，加强专业化分工、商品化生产和联合育种。

坚持引种与育种相结合、保种与利用相结合，建立有育种群、核心群和一般经济群组成的三级良繁体系，加快育、繁、推、改步伐，促进地方优良品种的品种资源保护、优质商用品种的开发与改良。必须依据各地的自然环境、经济、文化、消费习惯及市场需求等特点，科学地选择适合本地的肉羊品种，以传统育种技术为基础，采用分子标记辅助选种、胚胎移植等先进育种技术，培养出具有地域特色及自主知识产权的地方品系。

充分发挥品种改良站和人工授精站的功能和作用，充分利用优良肉用种羊的冷冻精液，提高良种覆盖率，并广泛发挥杂交优势，从而提高肉羊产业生产效率。

3. 专业化的肉羊育肥体系

通过"公司（农民合作社）+ 农户（家庭农场）"等方式，带动养殖户适度规模饲养基础母羊，探索"母羊分户饲养""羔羊集中育肥"的产业发展模式，推动企业与农户形成稳定的产业联合体。

肉羊育肥生产实际是在较短的时间内，以最低的生产成本获得量多质好的羊肉。通过建立专业育肥场，形成高档肉羔羊育肥体系，使生产过程科学化、标准化、规范化。专业育肥场作为肉羊育肥的科技示范与培训、推广基地，并以"公司（农民合作社）+ 农户（家庭农场）"的形式大力带动农户建立适度规模生态养殖场，发展专业化的肉羊育肥，走高档肉羊产业科学化发展的道路。

4. 饲草饲料开发体系

推行优质饲草产业生产，大力推广农作物秸秆青贮氨化，建立饲草加工贮存供应基地、合作社，扩大饲料生产机械补贴范围，积极争取"粮改饲"等项目支持，鼓励饲料生产企业开发羊专业饲料，助推肉羊产业快速发展。

以确保饲草饲料产品质量安全和提高饲料工业效益为重点，着力抓好饲草饲料生产基地建设，不断优化产业结构，加强秸秆、牧草等粗饲料资源的开发利用力度。加大青贮饲料和氨化秸秆等成熟技术的推广力度，加快农区秸秆养畜过腹还田示范区建设。着力扶持饲草饲料加工企业，加速企业改造升级，培育一批核心竞争力强的大型饲料企业，形成一批饲料品牌和名牌企业，提高工业饲料比重和优质饲草产量。着力构建产业发展新格局，尽快形成布局合理、运作高效的饲草饲料产业集群和饲草饲料分工协作、特色明显、物流集散地，提高饲草饲料产业集中度。着力推进饲草饲料科技进步，加强饲草饲料研发中心建设，大力发展优质、安全、高效、生态饲草饲料产品，提高饲草饲料科技含量和综合利用效率。研究利用国内外最新技术和产品、开发和生产环保型饲料，为安全食品生产提供物质和技术保障。着力加强检测监管体系建设，进一步完善饲草饲料质量标准体系，提高检测能力，建立健全监管队伍，提高饲草饲料质量安全水平，尽快形成监管到位、质优安全、保障有力的饲草饲料生产供应体系，为现代畜牧产业发展提供有力支撑。

5.屠宰加工体系

扶持肉羊屠宰加工企业，提高屠宰加工能力，支持屠宰加工企业开发特色羊肉产品，拉长产业链条，增加产品附加值，实施品牌战略，培育羊肉知名品牌，增强市场竞争力。积极推进产销衔接，提升产销一体化程度，促进养殖、屠宰加工、流通等各环节合理发展，达到农民增收，见图10-2。

建立羊肉分级标准，引导羊肉加工生产向标准化方向发展。以统一的标准对羊肉质量进行分级，从而对我国高档羊肉生产体系建设起引导和推动作用。世界发达国家均有自己的羊肉质量系统评定方法和标准，并以此指导具体生产，而我国由于羊肉标准化生产起步较晚，在诸多方面与发达国家有较大差距。为

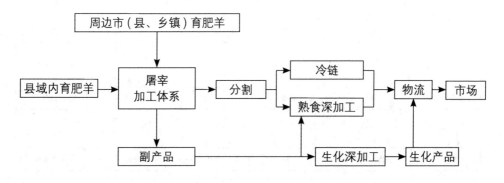

图10-2　肉羊屠宰加工体系发展路径

了缩小差距，与国际接轨，需尽快建立和完善一整套与国际通行的羊肉分级标准。中国农业科学院畜牧研究所等起草的《羊肉质量分级》（NY/T 630—2002）标准已开始实施，为我国羊肉生产走向标准化开了好头。制定和完善既适合我国国情又能与国际接轨的羊肉生产系统评定方法和标准，尽快在生产实践中推广，是我国高档羊肉生产的迫切需求。

建立现代化精细加工体系（图 10-3），提高肉羊产业经济效益。建立现代化屠宰加工生产线，按国家、国际标准进行精、深加工，生产不同档次、不同系列的羊肉产品投放国内、国际市场，满足不同层次的消费需求，获得高附加值回报，是肉羊产业发展的基本要求。

羊肉制品精细加工体系建立，可改变冻羊肉制品一统天下的局面，实现生变熟、提高羊肉熟制品在市场消费中的比例，实现远距离销售。

羊肉制品精细加工的发展方向：①羊肉加工要向机械化屠宰、精细分割、冷藏和综合开发利用的方向发展。②鲜肉制品要向冷却肉、小包装方向发展。③熟肉制品要向多品种、系列化、全营养、精包装、易贮存、易食用、休闲食品方向发展。④把中国传统风味酱、卤、烧、烤等肉制品的生产工艺与现代技术紧密结合，实现中式羊肉制品的工业化生产。⑤发展肉羊的头、蹄、尾、内

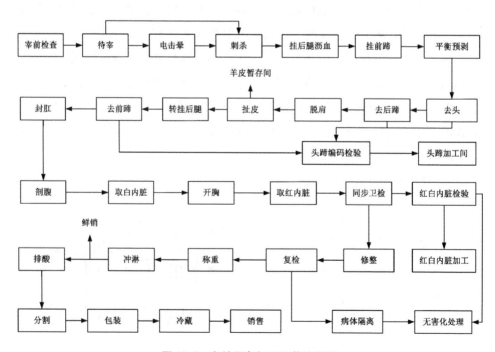

图 10-3　肉羊屠宰加工工艺流程图

脏等深加工，发展生化制药，提高羊副产品的附加值。⑥注重骨、毛等废弃物的综合利用，减少环境污染，提高经济效益。

6.交易中心及物流体系

建立和完善一批肉羊交易市场，促进肉羊贸易流通，促进肉羊产业发展。建设信息化、规范化的产品交易平台，建立肉羊产业交易中心及物流体系。建立功能完备、设施一流的配送运输中心，围绕产业园区内饲料供给、屠宰加工体系，建立饲料、畜产品定点运输配送体系，实现产业内统一的饲料、活畜运输及产品冷链配送。同时，充分利用区位优势，加强畜产品物流业发展，实现畜产品物流一体化发展。与周边市县发展行业内物流联盟合作关系，实现物流环节的增值和产业延伸。

肉羊交易市场是以活羊（羔羊和成羊）、白条羊交易为主，以羊皮、羊毛、内脏等交易为辅的综合交易市场。市场内设置的冷藏库应满足市场内部交易需要，设立的招待所可有偿提供给外地购买肉羊和肉羊产品人员。肉羊交易市场应建设配套的储藏设施、电子结算、检测检验及电子商务系统等设施；并出台相关政策，鼓励商户在肉羊市场内进行肉羊等产品交易。市场建成后可辐射周边的肉羊市场形成销售网络，是一个集交易集散中心、价格形成中心、信息传播中心为一体的交易场所。同时市场还应具有理货、储藏、加工、配送、结算、科学管理和配套服务的现代化交易市场和物流基地。

7.社会化服务体系

畜牧业社会化服务是畜牧业社会化和现代化的重要条件，通过建立畜牧业社会化服务体系，可以有效地把各种现代生产要素注入农户经营之中，不断提高物质技术装备水平，促进畜牧业的规模化、标准化、产业化经营。其宗旨是真心实意地为农牧民服务，切实解决农牧民的具体困难。逐步建立起来的各专业服务组织和养殖协会，积极为农牧民提供多种有效的服务，大力推进畜牧业产业化发展。树立扶持社会化服务组织就是扶持农牧民的理念，研究制定相应的扶持政策，营造有利于畜牧业社会化服务体系发展的良好环境，促进畜牧业社会化服务体系健康发展；加强项目引导，加大资金投入力度，加强部门间的密切配合，激励人才培养机制，促进新型畜牧业社会化服务体系发展；积极培育市场主体，拓展服务领域，运行机制市场化，确保全链条高效运转，推动畜牧业服务的商业化、产业化。

8. 疫病风控体系

坚持预防为主、防控结合的方针，以控制重大动物疫病、保障公共卫生安全为目标，以建立完善兽医行政管理、执法监督和技术支持体系为依托，以构建公共财政保障机制、强化基层动物防疫队伍建设为重点，不断提高重大动物疫情的预警预报、预防控制、应急反应、可追溯管理、依法监管的水平和能力，建立起与肉羊产业发展相适应的布局合理、层次分明、功能完善、相互配套、运转高效的动物防疫体系，逐步建立规范、科学、稳定的动物疫病防控长效工作机制，建立一支素质过硬、运转高效、工作快捷的动物防疫员和检疫员队伍，建立一批标准高、设施全、面貌新的防检阵地，实现动物防疫的科学化、法治化、规范化和现代化。开展口蹄疫、小反刍兽疫、布鲁氏菌病、传染性胸膜肺炎病等危害羊健康的动物疫病和人畜共患病防控。加大监测和流行病学调查力度，强化产地检疫和调运监管，落实和完善免疫、扑杀及无害化处理机制。

在地域、生态环境、种群基础相对较好的地方，按照相关部门制定的《国家无规定疫病区条件》等相关要求，设立疫病净化场、无规定动物疫病区和无疫小区。在该区域及其边界和外围一定范围内，对动物和动物产品、动物源性饲料、动物遗传材料、动物病料、兽药（包括生物制品）的流通实施有效控制。

按照国际卫生标准和我国相关规定，建立健全肉用种羊、杂交羊和育肥羊的科学防疫程序和制度，严格卫生检疫和安全指标检验，实行官方兽医与职业兽医的分离。建立长效的疫病监督管理机制，推行程序化免疫，防治疫病，尽可能减少、避免大面积、突发性流行性疾病对羊产业的毁灭性打击，增强羊肉产品的安全性及市场竞争力。

9. 产品质量安全监管体系

完善养殖主体名录，强化日常巡查检查，开展监督抽查、飞行检查。推行食用农产品达标合格证制度，推进全程可追溯管理，加强养殖过程质量管控，推进兽用抗菌药减量使用，指导养殖户科学合理用药，落实兽药休药期规定。严厉打击养殖、收购、屠宰环节"瘦肉精"等禁用药物及非法添加物使用行为，加强羊肉质量安全监测预警和风险评估，确保羊肉质量安全。

严格执行《农产品质量安全法》等相关法律法规，积极构建法规完善、风险可控、监管有效的畜产品质量安全保障体系，使饲料加工、肉羊养殖、屠宰加工、冷链物流和市场销售的各个环节都得到有效监管，最大限度地保障畜产品质量安全。

健全畜产品质量监测检验体系，建设和完善各级畜产品质量监测检验中心，实现畜产品检测全覆盖。

健全畜产品质量追溯体系，建立肉羊质量安全电子标识溯源管理系统。依托种植、养殖、加工、物流配送等生产环节，建立包括原料饲料供给、肉羊养殖、屠宰加工、冷链物流配送、分销、消费终端等从源头到餐桌各个环节的全程食品安全管理系统，实时监控原料或产品在整个供应链中的移动或转化过程，借助信息技术实现整个供应链的透明化、智能化、可追溯。产品质量追溯系统将生产企业、流通企业、销售终端、监管及消费者都有机地联系在一起，实现了产品的全生命周期管理，使各环节上的数据能透明呈现，以便于监管和控制。而各个环节也能通过平台查询到其他环节的数据情况，从而有效避免各环节可能产生的不利因素。

健全畜产品质量监管执法体系，切实保障了畜产品质量安全。充分利用现有互联网资源，推进制度标准建设，建立产地准出与市场准入衔接机制。利用互联网技术对生产经营过程进行精细化、信息化管理，加快推动移动互联网、物联网、二维码、无线射频识别等信息技术在生产加工和流通销售各环节的推广应用，强化上下游追溯体系对接和信息互通共享，不断扩大追溯体系覆盖面，实现产品"从农田到餐桌"全过程可追溯，保障"舌尖上的安全"。

10. 粪污处理与生态循环体系

坚持"以种定养、以养定肥、种养对接、就地消纳"的原则，建设粪污收集、贮存、处理设施设备，利用羊粪和农业固体废弃物生产有机肥，变废为宝。推广农牧有机结合技术，大力发展绿色畜牧、循环畜牧，逐步形成植物生产—动物转化—微生物还原的良性循环体系。配套进行优质牧草及粮食、蔬菜生产，探索完善区域性养殖废弃物综合治理模式。在各养殖场及有机肥厂周边配套土地建设牧草种植基地、蔬菜专业种植合作社及大田粮食种植，实现粪污资源高效利用。

11. 技术研发与推广体系

按照自主创新、重点跨越、支撑发展、引领行业的科技方针，全面实施科技兴牧战略，使畜牧科技与产业发展的结合进一步密切。构建以龙头企业为主的、与肉羊产业配套的、"产学研"紧密结合的产业技术体系，建设现代畜牧产业技术研发中心等。加强科技自主创新研究与开发，尤其是肉羊标准化安全生产与管理技术、优质饲草生产加工、母羊高效养殖、重大动物疫病综合防控技术、食品安全生产与监控技术、优质牧草栽培技术及牧草加工、贮运设施装备技术、畜牧工程设计等，创新集成一批高效实用新技术、新产品。提高科技服务和科技成果转化应用能力，加强新品种、新技术、新工艺、新方法的推广，增强科技对现代畜牧产业发展的驱动力和支撑力。

建立肉羊养殖技术推广网络课堂、技术咨询热线、实用技术手册等，充分调动养殖人员学科学、用科学的积极性。充分利用各级科技力量，加大对肉羊科技人才和新型羊农的培养力度，扩大对肉羊养殖户的培训范围，丰富肉羊相关科技培训内容，从整体提升肉羊生产技术水平和经济效益。

强化科技人才支撑。围绕主导产业从国内畜牧业科研单位、大专院校等科研院所聘请饲草种植、畜禽养殖、畜产品加工、信息化建设等领域的专家学者，组成肉羊产业发展专家指导小组，为产业发展提供咨询、指导，并根据不同产业发展需要，不定期开展关键技术培训服务，全面提升产业发展水平。鼓励农业技术推广机构人员深入第一线，兴办、创办经济实体，或在龙头企业挂职，开展科技承包，并且增加对外交流学习的机会，提升本地科技人员的技术创新和推广能力。千方百计吸引各类专业人才，为他们提供优厚的生活待遇和良好的工作环境，形成留住、用好人才的机制。充分利用省内大专院校、科研院所的资源和平台，有计划地对畜牧企业、合作社、家庭农场的技术人才进行系统技术培训，建设一支高效实用的畜牧业生产一线技术人才队伍。

12. 信息化体系

以指挥智能化、管理信息化、风险预警化、应急常态化为目标，推进"互联网+"经营主体，将物联网、大数据、云计算、区块链、5G等数字技术应用到牛羊全产业链管理，进一步加强产销衔接。打造集电子商务、视频会商、生产监测预警、动物疫病防控、应急管理、质量安全追溯监管、技术指导服务等功能为一体的信息平台，实现政府和业务管理部门、企业和市场之间的无缝对接，加强肉羊产销监测预警，定期发布市场监测信息，引导生产预期，全面提升畜牧业生产管理整体信息化水平。

建立畜牧业大数据库，实现畜牧业信息的广泛整合、深度分析和综合利用，对投入品、畜禽养殖、动物疫病防控、质量安全监管、屠宰加工、市场流通等环节进行全程信息化管理，实现动态分析、实时监控、流动监管的互联网管理模式，达到科学管理、科学决策，形成可持续、可推广的畜牧业发展模式。建立同公安部门、应急管理部门等多家单位的数据交换机制，实现数据的流通与共用。

全面推动电子政务工作。加快各级政务平台建设,推动数据开放、资源共享。深入推进畜牧兽医行政审批服务在政务服务网"一网通办"工作。

做好生产监测信息化。高度重视畜禽生产监测预警信息化工作,做好畜牧业统计监测系统、养殖场直联直报系统的维护和数据上传工作,同时要参照省市监测方案因地制宜制订本地方案。

扎实推进监管信息化。充分发挥畜禽屠宰监管服务、饲料与兽药监管服务、畜禽养殖监管服务、粪污处理监管服务等信息化系统的功能,做到从饲料、兽药等投入品生产、使用和养殖、出栏、运输、屠宰流通的全链条质量安全监控,进一步加强畜产品质量安全信息化追溯体系建设。

建立完善的指挥调度系统。切实利用重大动物疫情指挥信息化系统,强化应急物资管理和指挥调度,满足重大动物疫情防控工作的需要。

积极支持鼓励畜产品流通企业发展网络商品交易,突出发展"互联网 + "电子商务产业。深化与知名电商合作,推进电子商务进农村、进社区、进企业。深入对接省自贸区建设,启动建设跨境电子商务仓储物流中心。

构建智慧牧场物联网系统,将在畜牧业生产过程中所产生的实时信息通过各种传感技术采集起来,通过短距离信息收集汇总,运用发达的互联网传输技术,使信息与设备互联互通,通过智能决策完成饲养管理过程。

通过"互联网+金融"建立银行、担保公司、保险公司、龙头企业、养殖场(户)相互衔接的信用、抵押、担保、贷款、保险等畜禽养殖金融综合服务体系。

养殖企业推广植入式电子芯片,实现饲料原料、养殖、屠宰、配送、消费终端全流程的安全可追溯。通过牧场设施智能化、管理信息化及过程的可视化,实现生产水平、产出效率、比较效益和安全管理水平的大幅提高。

13. 培育新型经营主体

构建新型农业经营体系是发展现代农业的本质要求,是达成规模经营的有效途径。加快培育家庭农场、专业大户、农民合作社、农业产业化龙头企业等新型农业经营主体,构建以农户家庭经营为基础、合作与联合为纽带、社会化服务为支撑的立体式、复合型现代农业经营体系。龙头企业通过科技示范、培训、推广,组织农户学习肉羊饲养管理技术,推广优良品种,缩短生产周期,提高出栏率,提高生产效率,并由公司统一回收育肥的肉羊,统一屠宰加工分割,统一品牌,统一销售。充分发挥龙头企业的带动作用,在企业与农户之间形成互相依赖、相互促进与发展的关系；通过生产基地的集中连片种植和成批养殖，促进农户进入整个生产链，参与一体化经营，推进羊产业社会化服务，把分散的家庭小规模生产，组织成相对集中的大规模肉羊产业化经营。通过建立真正意义的行业协会，既能解决"扩量"的问题，又能解决"质优"的问题，还能解决"卖高"的问题。

14. 特色羊肉产品品牌开发体系

千百年来，我国各民族在历史的变迁中因地域、人文传承的不同而形成了各自不同的饮食文化。根据不同民族和不同地域群众的饮食习惯和风俗，开发具有特色的民族、地方品牌，挖掘各地优秀的肉食文化意义深远。

品牌是竞争力的象征，品牌是信誉的保证，品牌是价值的外在体现。打造产业的品牌，都是有政府推动、龙头企业参与、经过长时间高端规划设计并严格管理、支持、探索而达到处于行业领先地位，然后才立于不败之地的。建立完善品牌管理和评价标准体系，制定肉羊产业发展条例，成立品牌协作组织和专门队伍，对于破坏行业发展的造假行为、违禁品饲喂行为给以及时制止和法律打击，对于达标商品给予统一标识、统一保护政策。加快推进商标注册，加强羊肉品牌知识产权保护。积极创建区域公用品牌，强化授权管理，引领带动企业品牌和产品品牌协同发展。品牌作为企业的灵魂是提升其综合实力、开拓新市场的基石，企业要通过树立品牌的观念，引导生产工艺的进步，只有不断提高科技含量，加大引进先进生产加工技术，才能促进特色羊肉产品生产向优质化、品牌化、效益化的产业化方向发展。

加大品牌营销推介，积极利用农业展会、产销对接等平台，加强与电商、商超等主体合作，线上线下融合，不断提升我国羊肉品牌的知名度、美誉度和影响力。

15. 融资、养殖保险体系

按照政府支持、企业主体、市场运作的原则，引导龙头企业和地方政府合作参股，建立担保公司，为畜牧企业提供担保服务。利用财政风险补偿金撬动银行贷款，积极探索活畜抵押和保单抵押贷款，支持畜牧业发展；引导畜牧专业合作组织建立担保互助基金，逐步形成较为完善的担保体系，缓解中小微养殖企业融资难问题；激发民间投资的活力。稳步推进由民间资本发起设立中小型银行等金融机构，引导民间资本参股、投资金融机构及融资中介服务机构。政府应引导养殖企业利用股份制、入驻制、托养制等现代化手段发掘民间资本、资源潜力，以此继续扩大规模、加大周转、提高供给力。

开展多种政策性养殖业保险，如政府与保险公司共同举办专业的农业保险公司经营模式等；逐步完善养殖保险机制，规范承保理赔管理；加大财政支持力度，逐年扩大覆盖面，畜牧补贴"保险有补，不保不补"；允许质押融资、抵缴保费。

第三节
生态循环经济模式案例

一、"果—羊—草"种养循环经济模式

1. "梨（桃）—羊—草"循环经济模式

杭州市某公司配套种植果园 500 亩，其中蜜梨 383 亩、桃 85 亩，其余为山楂等。果园内建有 3 个湖羊养殖区，羊舍面积 1 500 米^2，存栏湖羊 2 000 只。"梨（桃）—羊—草"循环经济模式是利用梨（桃）园套种牧草（黑麦草等）作为湖羊养殖的主要饲料，养殖湖羊所产生的羊粪经无害化处理后作为种植梨（桃）树的有机肥。即以梨（桃）园套种牧草为纽带建立种果与养羊的连接，解决了梨（桃）园有机肥的来源，形成了果—羊生态链结构，获得了循环经济效益。经过几年的实践，实现了果优质、羊良种的良性循环，走出了一条果园养羊的农业生态循环之路。

该公司利用果园中梨（桃）树间隙，夏季种植马唐草、冬季种植黑麦草。一是解决了湖羊的青饲料问题，黑麦草的供草期为 10 月至翌年 5 月，夏季长势不良，而马唐草则在 5 ~ 11 月生长，弥补了青饲料不足问题。人工种植两季优质饲草，使饲养成本下降，效益明显。二是利用人工种草，减少了除草剂的使用，减少了除草剂对环境的污染。三是提高了果园梨（桃）品质，实现了生态效益和经济效益的双丰收。黑麦草可青饲、青贮或调制干草，也适于放牧，春、秋季生长繁茂，草质柔嫩多汁，适口性好，是饲养湖羊的优质饲料。每亩梨（桃）园可产鲜牧草 4 000 千克左右，可供 3 只成年母羊或 4 只肉羊 4 ~ 11 月的青绿饲料。1 只羊每年产生 500 ~ 650 千克有机肥。1 亩果园每年需要有机肥 1 500 ~ 2 000 千克，80% 用羊粪有机肥，另 20% 施用含微量元素的水果专用有机肥。

羊场粪污一般采取堆制发酵等无害化处理方法，杀灭粪污中的病原菌、寄生虫和杂草种子。具体做法可选择果园合适位置，以每30亩果园设置1个发酵坑为宜，一般以圆形为好，坑深0.5~0.8米，面积10米²左右，可用水泥砌成，坑底及四周应防漏水，有条件者盖建顶棚，以防雨雪。发酵初始温度为常温，空气相对湿度为60%~65%。一般按每50千克羊场粪污放入发酵坑时，可加菜籽饼或豆饼1千克。羊场粪污在发酵坑内堆积成高1.8~2.0米圆柱体后，用尼龙膜密封、压实。发酵坑中堆体温度上升到50℃以上后，维持至少7天，即可杀灭各种病原微生物、寄生虫卵等有害生物，提高肥效。

2."果草间作—高床养羊—沼气"模式

冉振爱等农户在新田五溪村实施。方法是在退耕地上建标准化果园（橘），种草（黑麦草），割草养羊，积羊粪，沼气形成沼液肥，给果园施肥，实现物质和能量的循环利用。据初步计算，每户建园种草6公顷，按每公顷产草37 500千克计算，基本上可养10只羊，年产羊尿和剩余草折合干物质1 780千克，按1千克畜粪（干物质）产沼气0.255米³计算，年产沼气454米³（按半年产气利用率50%算），可以满足普通家庭半年生活用气。同时沼气液肥施于果园、种草，可促进果、草增产，实现库区生态经济的可持续发展。

二、林下生态养羊模式

1. 林下经济生态养羊模式

林下经济生态养羊模式是按照建设生态文明的要求，通过标准化圈舍建设及布局合理的人工植树，创建养羊和生态建设合二为一的新型模式，生产安全优质羊肉。林下养羊可实现资源循环利用。羊粪可作为有机肥促进树木生长，树木的树叶、修剪的树枝又可作为羊的粗饲料；养殖过程产生的二氧化碳通过树木的光合作用被利用，同时树木生长释放的氧气又为肉羊生长提供了适宜的环境。某公司通过建设现代肉羊产业化循环经济科技示范园区，创新发展林下舍饲养羊，建立资源共享、优势互补、循环相生和协调发展的生态养殖模式，取得了较好的效益，夏季肉羊增重从原来的下降60%，减少至下降20%，相对增重增加40%；肉羊瘦肉率提高10%；肉羊疾病发生率下降40%；羊肉香度提高20%；羊肉膻味、腥味下降65%。

生态型的舍饲林下养羊与一般舍饲养羊不同，其需要着重解决的技术问题有三个。一是温度：夏季天气炎热，由于羊集中，舍内温度过高会导致羊的生长育肥速度下降60%以上，虽然养殖户采取了遮阳网、遮阳棚等多种措施，但是效果不明显。冬季寒冷，饲草供应有限，因而致使疾病增多、肉质下降，造成众多养殖户养羊效益低下。二是湿度：一般情况下，舍饲的运动场空旷，最多搭建遮阳网、遮阳棚，很难解决干热、燥湿及冬季北风等的侵害。三是光照：空旷舍饲的运动场光照偏差大，采光不均衡，极大影响了动物的生长繁育。

（1）林网建设　某公司现代肉羊产业化循环经济科技示范园区在50栋标准化羊圈、运动场及四周植树10万株，每个羊舍有4排绿化池，每个长80米、宽3米，网围栏220米；布置浇水管网11 200米，沙丘喷灌绿化管网10 000米，形成了人工林下环境。

（2）圈舍建设　林下养羊圈舍规划采用林畜结合、树阴下养羊的饲养模式，整体布局实现1栋圈舍4排绿化池，圈舍居中，南北各2排绿化池，每池2行树，从南到北依次栽植新疆杨和垂柳，绿化池网围栏顶端安置喷灌与羊舍降温喷雾合二为一的设施。羊舍总体为彩钢保温板房，前顶为阳光板，采用全机械化饲喂，羊舍南北两侧各2排绿化池。每栋羊舍的跨度为67米（圈舍跨度14米），长为100米。羊舍门高300厘米，宽400厘米，南北对流通风门56个。绿化池网围栏上端设置绿化喷灌和降温喷雾水管。

（3）生态循环　在羊舍运动场内设计了2列3空4排树阴活动场，充分运用树阴降温通风作用。将羊舍饮水系统与绿化浇水系统合二为一。在阻挡羊进入绿化池内的网围栏上端安装了给树木喷灌和给羊舍降温喷雾的管道组合为成套系统。建有阻挡羊生粪尿隔离墙，使生粪尿不能直接进入树木根系，保证树木的成活，生粪经发酵下渗后，供给树木营养。在羊圈四周及气体空地植树10万株，绿化率达到53%，形成人工林下环境、生态改善、夏季凉风习习的小气候。

2. 竹林下放羊，低成本高效益

竹林下放羊不仅让林下的杂木叶子变成了养羊的上好喂料，而且羊的粪便又养肥了竹林，如此循环一举两得，放羊的竹林竹笋的产量明显提高。但要适度放养，一般每亩竹林放养山羊不超过20只。每年从清明至竹笋收获完毕不能放养。

叙永县天池镇甲寨子村六组的陈祖江从2004年开始在自己屋后的上千亩竹林散养山羊。他采取懒汉养羊法。从小羊放养到竹林里，他一年很难和它们见几次面，一般只有它们回来饮用盐水的时候才见面。而平时，它们都在大面积的竹林里啃食竹林下的杂草，啃完了一片，领头羊又带队转移到另外一片，根本不需要人对其进行看护，成本极低。竹林羊肉质鲜美，商贩愿每千克多出8~10元钱购买他的羊。

3. 杜仲养羊价格翻倍

杜仲为落叶乔木，杜仲皮可入药。2017年，杜仲叶进入药食同源目录，杜仲叶提取物具有广谱抑菌、抗氧化、清除自由基和增强免疫力等作用，同时可以促进毛皮动物快速生长，防病治病，替代抗生素，降低饲料成本。杜仲是经国家绿色饲料原料认证、高效、环保、安全、无毒副作用的绿色饲料添加剂。

比如，杜营辉所在的汝阳县是中原的杜仲之乡，有好几万亩的天然杜仲林。杜仲是一种药材，若配合干料喂羊，能使羊肉的色泽晶莹透亮，增加肌腱脂肪含量，提高嫩度，口感也更佳。杜仲叶500克就是4000元，价格是普通草料的两三倍，养殖户都不愿意花这个钱。可杜营辉坚持要改善羊肉品质，打造核心竞争力。为此，他专门上山收购10月前的新鲜杜仲叶。杜营辉发现饲喂适量的杜仲叶能增强羊的抗病能力，让羊的肌肉更加紧密，羊5月龄时吃了最有效，也就是商品羊销售前的两个月。为了保障商品羊在冬天也能吃到杜仲叶，杜营辉把杜仲叶晒干，打碎后混入羊的饲料中。

虽然前期投入大，但杜营辉成功为自己的产品找到卖点，即便是在羊肉市场价格低迷的时候，他也照样可以把羊肉卖出当地市场价格的两倍。杜营辉卖羊肉，就瞄准了外省的中高端消费人群。他把羊肉分切成块状，包装成2.5千克装的礼盒，不仅方便家庭烹饪，也方便运输。另外，他还通过线上电商平台销售羊肉，每天至少能接到20多单订单。卖出去的羊肉，每个盒子上都有一个二维码，只要消费者用手机扫一下，就能立刻追溯到基地里的种羊信息。产品让客户吃着放心，是杜营辉建立品牌效应的关键。

汝阳县养殖户用杜仲叶养羊的模式也逐渐铺开，越来越多的人尝到了甜头。

三、"光伏 + 草 + 羊"生态模式

上面建光伏电站，下面种植牧草养羊，不仅为当地提供了清洁能源，创造了经济价值，还改善了当地的生态环境，一举三得。

某村是贫困丘陵地带，由于干旱植被稀疏，如今实施了"光伏扶贫"项目，因为有了光伏板的覆盖，大幅度减少了地表蒸发量，留住了水分，植被也得

到了逐步恢复。不过，如果草长得太高，则会遮挡光伏板，影响发电效率，于是电站动员周边的牧民，在这里养起了几千只"光伏羊"。一座电站既能发电，又改善了生态，农民养羊也能致富，妥妥的循环经济，经济效益、社会效益都很"美丽"！

尝到了甜头，在地方政府的支持下，光伏企业与当地养羊企业联手打造大型光伏养羊基地。项目总投资约6.4亿元，其中光伏发电投资4亿元，种养投资2.4亿元。项目总占地面积2 000亩，为"畜光互补"项目，包括1 000亩"光伏＋肉羊养殖"，其余1 000亩为"光伏＋牧草种植"，年出栏10万只肉羊。项目总建筑面积约18万米^2。其中：种公羊舍6栋，空怀及孕前期舍50栋，孕后期哺乳舍50栋，育肥及后备舍75栋，隔离舍2栋，办公宿舍1栋，干草棚3栋，青贮池2座，饲料加工车间2栋。1 000亩"光伏＋肉羊养殖"的屋顶采用光伏建筑一体化方案，光伏板作为以上建筑屋顶的组成部分。其余1 000亩为"光伏＋牧草种植"，采用合作方有自主产权的"万农支架"方案，支架离地高度4米，桩距10米，可实现牧草的机械化种植和收割。规划光伏电站装机容量为100兆瓦，全部采用高效单晶光伏组件。

项目建成后可实现年收入约1.2亿元，其中，养羊综合收入约0.8亿元，光伏发电收入约0.4亿元。首年光伏发电有效利用小时数约为1 300小时，当地脱硫煤电价0.377 9元/度。项目运行期25年，25年总发电量约为30亿度，年均发电量1.2亿度。平均每年可节约标准煤约3.8万吨，每年可减少排放二氧化碳约10.4万吨，可减少排放大气污染气体硫氧化物约3 600吨，氮氧化物约340吨。项目建成后既节省了大量的水资源，同时还避免了噪声影响，社会效益、环境效益明显。

项目的建设可带动当地200人就业，创造可观的税收收入。仅光伏发电项目运行期内就可实现收入约10亿元，可产生总税收约2亿元；肉羊养殖达产后年综合收入1.05亿元，年净利润1 000万元；牧草种植年产值可达200万元。

发电板装置更容易受周围生长出来的杂草影响，这是一项世界难题，但就在各国人都束手无策的时候，我们利用了"光伏＋羊"，杂草长出来了，就将羊群放出去，让羊群去吃草，直接将杂草清理掉。见图10-4。

图 10-4　"光伏 + 草 + 羊"生态模式

四、"菜—草—羊"种养结合模式

某湖羊养殖场总面积约 8 公顷，其中羊舍 1.33 公顷，大棚蔬菜 1.33 公顷，牧草 5.33 公顷，每年湖羊饲养量为 7 374 头，距养殖场不远有千亩蔬菜基地。

养殖场主要采取"菜—草—羊"生态循环种养技术示范模式，即充分利用蔬菜基地的蔬菜资源，把供应市场净菜生产后的废弃下脚菜收集利用，把羊粪发酵作基肥，以有机肥改良蔬菜及牧草种植土地，增加有机质，减少化肥用量的生态循环农牧结合模式。经过该模式的实施，实现总产值 337.77 万元，比单一养羊增值 3%；总利润 112.18 万元，比单一养羊增加 12.1%。其中，牧草种植：5.33 公顷大田栽黑麦草，总产草量 1 376 吨，平均产草 258 吨 / 公顷，牧草单价按 0.5 元 / 千克计算，平均产值 12.9 万元 / 公顷，总产值 68.76 万元，除去种子、肥料、土地租费、人工等费用 26.65 万元，净利 42.11 万元。用羊粪作基肥减少化肥使用量，节约成本 1 260 元 / 公顷，节约成本 0.67 万元，牧草种植总利润 42.78 万元。湖羊养殖：年繁育羔羊 3 507 头、培育小羊 1 311 头、出栏肉羊 2 256 头，肉羊出售平均价格为 1 103 元 / 头，产值 248.84 万元，除去饲料、疫苗、药、水电、土地租费、人工等费用 186.27 万元，净利 62.57 万元。年产羊粪 455 吨供应蔬菜基地等，按 100 元 / 吨计，净利 4.55 万元。利用千亩蔬菜基地 249 吨蔬菜下脚资源（秸秆）作青绿饲料，平均每只羊可节约饲料成本 8.92 元，可节约成本 2.01 万元，湖羊养殖总利润 69.13 万元。蔬菜种植：1.33 公顷大棚蔬菜（茄果类、叶菜类等），一年两作，新鲜蔬菜 78.27 吨 / 公顷，年产蔬菜 104.1 吨，按蔬菜平均价格 2.8 元 / 千克计，平均产值 21.92 万元 / 公顷，蔬菜总产值 29.15 万元，除去大田租费、种子、化肥、农药、农膜及人工等成本费用 9.5 万元 / 公顷，成本 12.64 万元，净利 16.51 万元；用羊粪作基肥，减少化肥使用，节约成本 0.34 万元，蔬菜种植总利润 16.85 万元。

通过实施"菜—草—羊"生态循环种养技术示范模式，有效提高了种养收入和农田的综合利用率，利用羊粪作为农田有机肥料，在减少化肥用量的同时，还进一步降低了羊排泄物对周围环境的影响，改善了土壤结构，对促进农业生态环境保护和农业生产可持续发展、实现环境与经济的良性循环具有重要意义。

五、种植园区与养羊结合

目前，有很多生态休闲园区、有机蔬菜园区等产生大量落果和果渣、菊花秧、草莓叶、蔬菜下脚料等废弃物，利用废弃物养羊能够产生很好的生态效益和经济效益。

1. 吃菊花秧的肉羊膘肥体壮

京郊某村小尾寒羊饲养户刘双数在与兽医闲聊中得知，菊花秧是给羊清火消炎的良药，于是他就和当地百菊园联系，一下子运回 4 大车足有 6 吨重的菊花秧，没想到添加到饲料中效果特别好，无论是大羊、小羊，个个吃得膘肥体壮，不仅省去了日常用药的费用，还让废弃的菊花秧派上了新用场。

2. 草莓叶喂出"生态羊"

江苏省某种羊合作社的草莓大棚里，一垄垄草莓长势正旺。该合作社董事长说，种草莓其实是为了养"生态羊"。草莓藤叶是种羊的上好青饲料，不但营养丰富，而且供应周期长。2011 年，该合作社投资 7 万多元，在羊圈前建了 5 个草莓大棚，结果一举三得：消化了 5 吨多羊粪；为种羊提供了大量优质饲料；每个大棚出售草莓获利近万元。因为羊粪不生虫、肥效长，草莓生长旺盛，基本不用农药。最早挂果的红颜奶油草莓最高时每 500 克卖到 50 元。

3. 蔬菜下脚料喂羊

河南某大型现代农业开发公司集蔬菜种植、蔬菜加工、蔬菜销售、肉羊养殖为一体，公司在临颍流转土地 3 千亩种植西兰花、紫甘蓝、娃娃菜、荷兰豆、杭椒、小米椒等精品蔬菜，并在菜园内建羊场，养殖肉羊 1 200 只。该公司由于利用废弃菜叶、加工下脚料喂羊，生产成本很低，在 2015 年市场行情不好的情况下仍有盈余，同时也促进了有机种植。

第二篇

影响羊业利润的
关键因素

　　动物的健康繁衍和生长是畜牧业生产的基础，动物的健康得不到保障，就没有养殖场的利润。水、空气、食物被称为动物生命和健康的三大要素。目前，这三大要素隐藏的问题超乎我们的认识。水质的差别和污染、饲养小环境空气的污浊、食物的霉变让看起来很科学的舍饲养殖变得危机重重。空气和水相对于食物更重要。由于空气和水是大自然无偿恩赐的，所以我们对这两种重要营养资源并不珍惜，在水质和空气质量对生产的影响方面欠缺关注。养殖场经营效益并不完全取决于设施和技术，一旦企业规模超越了管理能力，人员内耗将成为企业走向失败的推手。

第十一章
严重的饮用水质量问题与控制

　　水质的好坏直接影响动物的健康。很多羊场没有对水质进行过化验,没有水质改善设施设备,有的羊场饮水器卫生差,羊不爱喝,导致羊采食量下降、打斗、不明原因腹泻、生长缓慢。

第一节
水对羊场的重要性无可替代

　　水是动物不可缺少、无可替代的营养物质，水能传送养分，促进液体循环，帮助消化与吸收，排泄废物，保持呼吸功能，润滑关节和调节体温。水直接参与生物大分子结构，水与生物大分子共同完成了机体的生长繁殖、物质代谢、能量代谢和信息传递。水与衰老、寿命、免疫、代谢有直接的关系。水是生命之源，健康之本。畜禽对矿物质与微量元素的需求很大一部分来源于水。在高密度规模化的养殖模式下，优质饮用水是比饲料、药品更具有决定性的控制生长的因素。

第二节
羊场饮水污染现状

　　水污染的现状令人触目惊心，所带来的危害巨大。目前我国符合饮用水卫生标准的生活用水仅占10%，基本符合标准的占20%，不符合标准的达70%，大肠杆菌、氨氮和亚硝酸盐等超标明显。因此，羊场的水源建议经处理、消毒、灭菌后使用。

　　1. 地下水污染

　　目前常见的地下水污染来源有：工业废水及其他工业废弃物，农业用的农药、肥料随着灌溉水渗透到地下，养殖及生活污水、粪池及排水设施，其他污染物经河流、湖泊渗入，垃圾掩埋及其他污染物的渗漏，海水入侵。

　　2. 地表水污染

　　地表水污染来源与地下水污染基本相同，但污染程度更为严重，尤其是生物污染，最常见的是病原微生物污染，污染源主要来自城市的生活污水、医院污水，以及下雨时从垃圾堆里冲刷出来的污水，这些含有大量病菌和微生物的污水流入地下造成水源污染。

3. 储水箱污染

储水箱管理不到位、清理不及时，尤其是夏季高温，这里会成为细菌、蚊蝇滋生的温床，有的水中还会有活的红虫。

4. 输水管道和饮水器污染因素

供水管线使用的管材质量低劣，易锈蚀影响水质；供水管网有渗漏点，当停水时产生负压，污染物进入管道；储水设备（包括备用水箱、热水器、座便水箱等）防回水开关不严密，使备用水与自来水交叉污染；由于水中含有包括沙门氏菌、大肠杆菌、钩端螺旋体等在内的各种微生物，一些病原菌附在管道壁上滋生形成菌落，然后产生生物膜和污垢，日积月累堵塞管道，使管道变窄，水流量过小，羊饮水不足而致采食量低，出现不明原因腹泻、羊长势慢等问题；由于添加到饮水系统中的水溶性添加剂，如维生素、矿物质、电解质、酶、酸化剂等也会在水管内壁生成一层厚厚的生物膜，为有害微生物的生长繁殖提供了优越的生存条件，常用的含氯消毒剂对水中的部分微生物有一定抑制作用，但是对于已经形成的生物膜却无能为力。

第三节
饮用水处理

通过饮用或接触受病原体污染的水而传播的疾病，称为介水传染病。其传播途径有二：一是水源受病原体污染后，未经妥善处理和消毒即供人或动物饮用；二是处理后的饮用水在输配水和贮水过程中重新被病原体污染。地面水和浅井水都极易受病原体污染而导致介水传染病的发生。其病原体主要有大肠菌群、耐热大肠杆菌、沙门氏菌、魏氏梭菌、霍乱弧菌及贾第氏虫病、血吸虫等病，它们主要由动物粪便、屠宰、尸体掩埋、生活污水等废水渗入地下所致。介水传染病流行引起的羊疾病主要包括腹泻和羊肠毒血症等，若养殖场经常发生此类问题，在饲料正常的情况下，水质检测多会存在细菌总数超标的问题。因此羊场在控制疾病流行、制订防治方案时，一定要更加重视水源安全和水质细菌检测。

一般来讲，浑浊的地表水需要沉淀、过滤和消毒方能供动物饮用；较清洁的深井水、地下水只需经消毒处理即可，若受周边环境或地质的影响，水源受到特殊的污染，则需采取相应的净化措施。

一、沉淀

地表水中常含有泥沙等物质，使水的浑浊度较高。当水流速度降低或停止时，水中较大的悬浮物可因重力作用逐渐下沉，从而使水得到初步澄清。养殖场一般都有沉淀池或蓄水池，可以起到一定的沉淀作用。但也有一些悬浮在水中的微小胶体颗粒因带有一定负电荷而互相排斥，长期悬浮而不沉淀。这时，可加入一定的混凝剂（如明矾）进行沉淀，从而达到初步净水的目的。

二、过滤

过滤净水的原理主要是通过滤膜阻隔作用，将水中的悬浮物颗粒大于滤孔的物质阻留在膜外，而其他顺利通过滤膜的物质则随水流进入水循环。过滤可将小颗粒的固体杂质清除，但无法清除溶于水的物质。

三、消毒

为了防止传染病的介水传播，确保羊场用水的安全，饮用水需经过消毒处理，常用的消毒法有物理消毒法和化学消毒法。物理消毒法包括煮沸消毒、紫外线消毒、超声波消毒等，养殖中由于多采用集中供水，并且由于生产中用水量较大，这类技术基本不用。因此，规模羊场更多地采用化学消毒法对水进行消毒，即使用消毒剂对水进行消毒。目前常用的饮用水消毒剂主要有氯制剂、碘制剂和二氧化氯。理想的饮用水消毒剂要求无毒、无刺激性，可迅速溶于水中并释放出杀菌成分，对水中的病原性微生物杀灭力强，杀菌谱广，不会与水中的有机物或无机物发生化学反应和产生有害有毒物质，价廉易得，便于保存和运输，使用方便。

第四节
科学饮水管理措施

一、必须进行水质检验

水质检验是关乎养殖场兴衰的大事，不可小觑。羊场要定期进行第三方专业检测，了解水中各种物质含量，评价水质对羊健康的影响。

平时留意水质变化，通过简单方法做出初步判断。看：用透明玻璃杯接一杯水，对着光线看水有无异色或悬浮物，静置 3 小时后，看杯底是否有沉淀物或水垢，如果有，说明水中杂质超标。观：观察隔夜茶水是否变黑或杯口是否有锈色茶碱，如果茶水变黑或有茶碱，则说明水中含铁、锰类金属超标。闻：闻闻水里是否有异味。尝：尝尝有无苦咸、酸涩的感觉；苦咸、酸涩说明水的 pH 等异常。查：检查热水器、开水壶、陶瓷器皿的内壁有无水垢、水渍，如有，说明水质硬度较大。

二、根据水质检验报告对饲料配方进行调整

要对水中的钙、磷、镁、铁、硒、氟等离子含量进行测定。水中正常的矿物质、微量元素是羊重要的营养来源，如果水中含量不足就需要在饲料中补充；如果水中含量丰富，饲料配方中就要核减，否则，摄入超量会引起中毒，因为一些微量元素的需要量和中毒量很接近。目前，绝大部分羊场在做饲料配方时没有考虑饮用水中相关物质的含量，潜在的风险必然存在，羊出现了亚健康、生产性能降低等问题，不知所措。

三、对水源进行必要的处理

根据水质的具体情况，配备必要的水源处理设施。

四、加强供水设施设备管理

为了保证羊群水源的供应，每个羊场都建有一个或多个水塔，很多羊场建场后从未对水塔进行过清洗和消毒，有些水塔内长满青苔甚至堆积了许多淤泥垃圾，水源卫生极差。羊场应每年定期对供水塔进行清理和消毒，以确保水源卫生。

供水管网必须标准化设计并使用标准材料建造，不要为了省钱而遗留无穷后患。注意日常维护，尽量不要通过饮水管道实施羊群给药、补充营养物质。

五、控制饮用水温度

冬春季节由于气温较低，若给羊喂冷水，甚至冰碴水，羊不愿喝，会造成羊饮水不足。水进入羊体后，若水的温度低于羊的体温，水要吸收羊本身由饲

料转化来的热量，达到与体温一致时，才发挥作用，这样会降低饲料的利用率。成年羊每天饮水量平均为 3 千克，从 0℃升温到 38℃ 耗能 476 千焦，相当于消耗 100 克中等质量青干草的维持净能。因此，冬春季节羊饮用水的温度最好在 20~30℃为宜。而夏季水温高于 35℃ 不利于羊体降温，也会使采食量下降。养殖场可把储水罐置入地下室，供水管网加装隔热层，有利于饮用水冬暖夏凉。

第五节
现代饮用水处理设备

1. 饮用水过滤处理器

对普通水进行三级过滤处理，产生清澈洁净的优质饮用水，可满足羊饮用、药物溶解、喷雾消毒用水以及工作人员日常生活用水等需求。

2. 饮用水软水机

软水机主要是去除水中的钙离子、镁离子，降低水质硬度。另一种技术是区别于化学离子交换法的物理软水法，是通过高能聚合球将水中的钙离子、镁离子打包成结晶体存在于水中，使其在水中不结垢。主要技术是纳米晶技术。软水与自来水相比，有极不同的口感和手感。

3. 电解水机

电解水机是依据电化学与电解原理，采用钛白金（铂）素材或其他合金材质，作为电解槽之电极板，其间配置陶瓷离子分离膜的透析与分离作用，在电场能量的作用下将水分子团打散、变小、重新排列，使其中一部分水带有正电位，另一部分水带有负电位，最后通过膜分离技术得到正电解水和负电解水。正电解水，带正电位，偏酸性，含氧量高，有收敛性和漂白作用。若其正电位达 1 000 兆瓦以上、pH 2.7 时，对细菌等微生物有瞬间杀灭效果，且无毒性、无刺激、无残留物、无公害、无污染，是真正的"绿色"消毒剂。负电解水带有负电位，分子团小，偏碱性，口感甘甜，是十分优良的健康饮用水，具有抗疲劳、抗氧化、提高超氧化物歧化酶活性、调节血脂的作用。

第十二章
羊舍小气候环境问题与控制

　　人们总认为规模化舍饲养羊为羊提供了很好的居住环境、营养供给和卫生防疫条件，生产效益应该比简陋散养的好。事实却是小规模散养依然坚强而活跃，而规模化舍饲羊场却往往短命。规模化舍饲养场失败的经历基本相同，都是自始至终与各种羊病作斗争。为什么养羊在规模化舍饲以后疾病陡然增加呢？是因为畜舍小气候环境与自然环境差别极大，在看起来很漂亮的羊舍内，特别是大跨度联栋羊舍，羊呼吸一口新鲜空气可以说是一种奢望！这是羊病之根源，他们花大量的钱买各种药物治病，但总是有治不完的病。如果肯预先花一半的医疗费用去治理畜舍小气候环境，虽不能保证完全杜绝疾病的发生，但在一定程度上能摆脱疾病困扰，产生良好的养殖效益，良好的小气候环境可使畜禽生产力有10% ~ 30% 的波动。

第一节
影响羊舍小气候环境的因素

羊舍小气候环境是羊舍内气象要素的综合状况。除受大气候影响外，主要由羊舍结构、地形、地势、生产工艺、饲养密度和绿化程度等因素决定。羊舍小气候环境状况的好坏主要取决于哪些因素呢？

一、羊舍内有害气体

有害气体：指对人的健康产生不良影响，或者对羊的生产力和人的健康虽无影响，但使人感到不舒服，影响工作效率的气体。空气的组成在自然状态下相对是比较稳定的。但是，由于羊呼吸、排泄以及有机物的分解，会产生对人、羊不利的有害气体，因此羊舍内空气组成与大气组成有很大差别。羊舍中有害气体的成分很复杂，其中主要有二氧化碳、氨气、硫化氢、一氧化碳、恶臭物质和少量甲烷。

1. 二氧化碳

二氧化碳本身对人、羊无毒害作用，但高浓度的二氧化碳可使空气中氧的含量下降而造成缺氧，引起慢性中毒。羊长期处于这种缺氧环境中，会精神萎靡，食欲减退，增重较慢，体质、生产力、抗病力均下降，特别易感染结核等传染病。羊舍空气中的二氧化碳程度反映羊舍通风状况和空气的污浊程度。当二氧化碳含量增加时，其他有害气体含量也可能增多。因此，二氧化碳浓度通常被作为监测空气污染程度的可靠指标。

2. 氨气

氨气具有刺激性臭味，易溶于水，对黏膜、结膜有刺激作用，可引起结膜炎、支气管炎、肺炎、肺水肿、中枢神经麻痹、肝脏和心脏损伤等，同时使机体抵抗能力下降。

3. 硫化氢

硫化氢是无色、易挥发、有恶臭、易溶于水的刺激性气体。羊舍中的硫化氢由含硫有机物分解而来，主要来自粪便，尤其羊采食富含蛋白质的饲料，而消化功能又发生紊乱时，可由消化道排出大量硫化氢。硫化氢对羊眼和呼吸道黏膜有刺激性，可引起羊结膜炎、角膜炎、支气管炎，发生中毒后造成肺炎和肺水肿。羊长期生活在硫化氢浓度较高的环境中，易造成缺氧，使其体质减弱，抵抗力和生产性能降低。

4. 一氧化碳

一氧化碳对血液和神经有害。一氧化碳与血红蛋白结合就不容易分离，导致血红蛋白与氧气的结合受阻，影响心肌功能。

5. 恶臭物质

恶臭物质是指刺激嗅觉、使人产生厌恶感，并对人和羊产生有害作用的一类物质。恶臭物质主要是羊的粪便、污水、垫料、饲料等的腐败分解产物。羊的新鲜粪便、消化道排出的气体、皮脂腺和汗腺的分泌物、外激素、黏附在体表的污物等以及呼出的二氧化碳（含量比大气高约100倍）也会散发出特有的难闻气味。

6. 甲烷

甲烷由粪便在肠道内发酵随粪便排出和粪便在羊舍内较长时间堆积发酵产生，甲烷会对羊产生不良刺激。

二、羊舍内温度

对于封闭性羊舍，舍内的温度主要来自羊散发的体热，舍外气温也经羊舍各部分通过热辐射影响舍内温度，羊舍内通风换气也会影响羊舍温度。而对于开放式羊舍，舍内温度基本与舍外气温持平。羊舍内、外温度的差别，主要表现在保温性好的羊舍，舍内气温在不同季节和昼夜波动变化较小，一般是持续稳定地高于外界气温。夏季舍内羊散发热量，舍外太阳辐射强烈，气温高，羊舍各部分散热受阻，羊温度往往偏高。特别是封闭性能好的羊，由于通风不良，舍内热量不易散发，亦可使舍温偏高。舍内温度过高或过低都会严重影响羊生产性能的发挥。

三、羊舍内湿度

由于众多羊呼吸、皮肤蒸发、排泄，使舍内水汽含量（相对湿度）增高，所以舍内湿度多高于舍外湿度，而且舍内温度也影响湿度。羊舍内温度低时，达到露点温度，水汽即凝结成露珠或霜，使羊舍墙壁和屋顶受潮，从而降低了羊舍的保温能力，如果舍内温度进一步降低，则会加重对羊的刺激；羊舍内温度升高，露珠或霜又化为水汽，增大了羊舍湿度。夏季舍内高温高湿，使羊体表蒸发散热受阻，生产力下降。高湿会增加羊舍内有害气体的危害。加强通风换气，及时清除粪尿，在一定程度上可以降低舍内空气湿度。

四、羊舍内气流

冬季封闭羊舍内的气流与羊舍外的气流相比小且稳定，流速小有利于舍内保温。适当的流速有利于空气成分的均匀、有害气体排出及羊体温调节。一般舍内适宜气流速度为 0.1 ~ 0.2 米 / 秒。羊舍封闭不严密，通风换气过度，均可造成舍内气流速度过大，使舍温降低。夏季由于羊舍温度较高，因此应增大气流，必要时可以辅以机械通风，以利于降低羊舍温度。

五、羊舍内光照

光照除具有光热效应外，还有光周期效应，羊的繁殖、生产力和行为等都会受影响。一般条件下，羊舍都可自然采光，但不同类型的羊舍采光能力差异很大。门窗面积、羊栏布局、玻璃洁净程度等对羊舍采光都有一定的影响，因此应根据羊舍情况、当地光照时间长短及羊对光照的敏感程度确定合理的光照时间。进入羊舍的太阳光线，有直射光和散射光。夏季为避免舍温升高，应防止直射光进入羊舍；而冬季为提高舍温，保持干燥，应尽量让阳光直射到羊床上。人工光照与自然光照可以达到同样的效果。

六、羊舍内空气中的微粒

微粒是指飘浮在空气中的固态和液态小颗粒，根据粒径可分为飘尘、降尘、烟、雾（表 12-1）。羊舍内空气中的微粒来源多是羊的皮屑、毛屑、草屑和饲料粉尘等，因为饲养管理活动及羊本身的活动会使粉尘的固体微粒飘浮在空气中，如清扫、饲喂、铺换垫草、驱赶家畜、刷拭、配种以及羊活动等。羊对灰尘的危害敏感，尘埃被吸入呼吸道可引起呼吸系统疾病，落入眼睛可引起结膜炎等眼病，落于皮肤上则与皮脂腺分泌物混合，堵塞皮脂腺和汗腺管道，使皮脂腺分泌受阻，皮肤干裂，造成皮肤感染，汗腺分泌受阻，散热功能下降，热调节机能障碍，同时使皮肤感受器反应迟钝。

表 12-1　微粒分类及性质

名称	粒径 / 微米	性质	停留时间
飘尘	< 10	固体	19 ~ 98 天
降尘	> 10	固体	4 ~ 9 时
烟	< 1	固体	5 ~ 10 年
雾	< 10	液体	—

七、羊舍内空气中的微生物

舍外空气中微生物的数量，与人和家畜的密度、植物的数量、土壤情况和地面的铺装情况、气温、湿度、日照、气流等因素有关。舍外空气比较干燥，缺乏营养物质，阳光中紫外线具有杀菌能力，因此，空气本身对微生物的生存是不利的。羊舍中羊饲养密度大，灰尘多，空气湿度高，有大量飞沫，加上舍内紫外线杀菌能力较弱，所以羊舍内微生物比较多。羊舍内空气中的微生物多使羊感染病害的机会增多，对整个羊群威胁较大。尤其是当羊群中有未被发现的带病个体存在时，风险更大。

八、羊舍内噪声

羊舍内噪声是空气环境的重要因素之一。羊舍内的噪声有 3 个来源：一是外界传入，二是生产机械运转产生，三是羊自身活动产生。羊经长期噪声作用能逐渐适应，但突然的噪声影响可造成严重减产。

第二节
羊舍小气候环境控制

如何减少羊舍内有害污染物、给羊提供新鲜的空气、促进其生产潜能的发挥是现代畜牧业生产的重要研究课题。由于原因众多且复杂，需要多管齐下，综合治理。

一、源头治理，减少有害气体排放

通过优化饲料配方、加入添加剂等措施提高饲料利用率，在一定程度上减少含氮物质的排放，改善畜舍内空气质量。

1. 低蛋白氨基酸平衡日粮技术

日粮中的蛋白质含量可以影响日粮中氨气等有害气体和异味的产生，依据理想蛋白氨基酸模式，配制低蛋白质日粮，可降低饲养成本、减少环境污染。通过添加合成氨基酸可使日粮中蛋白质水平降低 3% ~ 5%，粪尿中氨气散发量减少 30% ~ 50%。

2. 饲料添加微生态制剂

日粮加生态制剂可以减少氨气的产生，具有除臭效果的有益菌主要有酵母、乳酸菌、芽孢杆菌等。王晓霞等研究表明，添加果寡糖和枯草芽孢杆菌使发酵粪中氨气和硫化氢的散发量分别降低 62.14% 和 28.49%。

3. 饲料添加脲酶抑制剂

脲酶抑制剂作为反刍动物饲料添加剂可以降低肠内氨气浓度和舍内环境中的氨气浓度，从而减轻氨气应激。

4. 饲料添加酶制剂

由于饲料中存在 β - 聚糖、木聚糖、果胶、甘露糖、半乳糖和植酸等抗营养因子，阻碍蛋白质的消化，降低饲料中养分的吸收，因而在饲料中添加酶制剂可以降解抗营养因子，提高饲料转化率。

二、科学选址与布局

在选择牧场场址时，应注意避开医院、兽医院、屠宰场、皮毛加工厂、病死畜禽处理场、垃圾处理厂等微生物污染源，远离石化厂、农药厂等空气污染源，远离产生微粒较多的水泥厂、肥料厂、石料场等。不要选在强风口或四周被高大物体环绕通风不良的地方。远离城镇，临近田野或森林，有完备的防护设施，注意场区与场外、场内各分区之间的隔离，绿化率不低于 30%。饲料加工车间、粉料和草料堆放场所应与羊舍保持一定距离，并设防尘设施。

三、合理设计羊舍

现代化羊舍设计同样适用"木桶理论"，除了基础结构设施外，通风、采光、除尘、除湿、保暖、清粪、排水都要系统考虑，一样也不能忽视。

1. 妥善解决封闭羊舍通风换气与保温的矛盾

舍饲养羊冬季生产成绩不佳，主要是通风与保温难以取舍。羊舍在冬季、夏季为了供暖、制冷需要进行密闭，采取人工机械化通风换气或自动智能通风换气，其他季节尽量自然通风以节约能耗。所以，羊舍设计方案要既能最大限度地开放门窗，实现空气无障碍通透，又可以严实密封隔热保温。封闭羊舍通风有正压通风和负压通风两种方式。正压通风用正压风机配套风布带、空气加热或制冷装置、过滤装置等；负压通风用负压风机配套风布带进气或热的交换设施。采用机械通风时可配置过滤装置或采取一些过滤措施，如在进风口蒙一层纱布，使进入舍内的空气事先滤去部分灰尘。

2. 加强羊舍的防潮除湿设计

因为氨气和硫化氢都易溶于水，当舍内空气湿度过大时，氨气和硫化氢被吸附在墙壁和天棚上，并随水分渗入建筑材料中，对金属构件腐蚀作用强。当舍内温度上升时水分蒸发，有害气体又挥发出来。

3. 采用"全进全出"制设计

只有定期对羊舍进行彻底清理粪污、熏蒸消毒，并有一定的空舍间隔，才能彻底切断传染病的传播。"全进全出"制是羊场设计的关键点，但被大多数人忽视。各类羊舍配置比例不合理，在满负荷运转时，不能实现羊舍定期空舍彻底消毒。做到真正"全进全出"制设计是一项专业性很强的工作，一些所谓的"全进全出"制设计经不起推敲和实践检验。

四、减少粪污裸露面积

有害气体的挥发量与粪污裸露面积呈正相关，与堆积厚度关系不大。很多人认为粪便应该及时清理出羊舍以减少有害气体的产生。事实上，采用即时刮粪的羊舍臭味较为明显，而采用厚垫草、发酵床、羊床下积粪几个月清理一次的羊舍内反而没有太大的气味。因为自然发酵可以把氨气、硫化氢等主要有害臭气利用掉。刮粪不能刮得很净，留下的粪便涂布于粪槽，可以得到更多的挥发臭气的机会。舍内羊床上铺垫料和添加剂，如秸秆、树叶、发酵后干粪、沸石、膨润土、丝兰属植物、微生态制剂、生石灰、磷酸氢钙等可吸收一定量的有害气体。

五、加强日常管理

在生产过程中，建立各种规章制度，加强管理，对防止有害气体的产生有重要意义。羊养殖场管理的核心是给羊营造一个良好的生活环境。羊舍内氨气等有害污染物主要来自羊的排泄物和垫料，与饲养管理有密切的关系。因此，加强饲养管理对于提高羊舍内空气质量至关重要。在日常管理中，对于厚垫草和其他不清粪（高床畜舍）的畜禽舍，必须杜绝饮水器漏水，保持垫料的干燥；对于漏缝地板的养殖必须配备季节供暖和通风设备，便于经常冲洗地板和粪沟，湿度大时进行通风排湿，而后由供暖系统供给热量以保持适宜的舍温。舍内铺设的垫料一般在 5 厘米以上。操作时尽量减少洒水，防止水槽漏水弄湿垫料。如果舍内空气湿度过大，则应及时清除舍内粪便及湿的垫料。羊的饲养密度直接影响着羊舍内的空气卫生质量状况，饲养密度高时，单位地面上粪便的排泄量也高，会增加垫料中的有机质含量，为微生物分解有机质产生氨气提供更多的基质，因此要控制好养殖密度，防止养殖密度过大。分发饲料、干草或垫料时，动作要轻。清扫地面或更换垫草最好趁羊不在时进行；刷拭羊体尽量在舍外进行，禁止干扫地面。不喂干粉料，使用颗粒饲料、湿料可减少粉尘的产生。

六、空气电净化技术

电净化技术是利用直流电晕放电的特点对空气中各成分进行净化。空气中的粉尘在直流电电场中有电荷，并且受到该电场对其产生的电场力的作用而定向运动，在极短的时间内就可吸附于羊舍的墙壁和地面上，在系统间歇循环工作期间，羊活动产生的粉尘飞沫等随时都会被净化清除，使羊舍空气都保持着清洁状态。

七、喷雾装置

喷雾这项技术的原理是利用高速气流对水的分裂作用，把水挤拉成细雾，当压缩空气高速喷出时，水也以一定速度喷射，在两者速度差产生的摩擦力以及水与孔壁之间的摩擦力作用下，水挤拉成一条微丝，遇到空气阻力很快断裂成直径 20 微米以下小的环形水滴，弥漫整个室内与空气混合，从而实现除尘、降温、消毒、免疫的目的。随着技术的进步，温度传感器、湿度传感器、氨气和硫化氢气体浓度传感器以及微生物病毒 DNA 传感器应运而生，这些传感和喷雾系统组装在一起，系统根据传感器的反馈信息来启动雾化装置进行降温、消毒、免疫，启动通风设备实现通风，完全实现了自动控制，为环境的控制提供了方便。

八、做好场区绿化

在牧场周围种植防护林带，对场区进行绿化，可以净化空气、减少微粒、减少空气及水中微生物含量。另外，场区绿化具有防风、防火、降低噪声、增加负氧离子含量等作用。

第十三章
常被忽视的饲料霉变后果严峻

　　霉菌毒素是丝状真菌产生的次生代谢产物，当动物摄入量较高时会发生毒性反应（霉菌毒素中毒）。饲料中霉菌毒素污染十分普遍和严重。霉菌毒素通过饲料和食品进入人和动物体内，引起人和动物的急性或慢性毒性，损害机体的肝脏、肾脏、神经组织、造血组织及皮肤组织等。低浓度的霉菌毒素也会抑制畜禽正常生长，常可引起器官功能性的改变和损伤，以及免疫抑制，导致器官功能不全或改变。严重者可引起羊中毒甚至死亡。

第一节
霉菌毒素产生的条件因素

一、饲料原料霉菌毒素

镰刀菌、曲霉菌和青霉菌是产生这些毒素最多的真菌，在谷物收割前或贮存、运输、加工和饲喂过程中，霉菌都可在其中生长并产生霉菌毒素。霉菌的生长和霉菌毒素的产生与极端气候（高温、高湿）造成的植物应激有关，还与虫害、饲料贮存不当和不良的饲喂条件有关。有些植物在农田中就受到霉菌毒素的污染。谷物中霉菌毒素水平因年份、区域不相同而差别很大。同时，上茬作物、农作物残渣、品种、田间管理、扬花和收获时的天气等情况也会影响霉菌毒素水平。霉菌产生的毒素会损害庄稼，造成食物和饲料生产各个阶段的重大经济损失。

土壤表面的作物秸秆、残茬是赤霉菌污染的主要来源，特别是玉米和小麦。阔叶杂草和草种，还有一些昆虫，会携带镰刀菌，导致感染的杂草和作物碎渣以及孢子遗留。农作物开花期间，特别容易受到赤霉菌感染。感染赤霉菌后再遇降水，特别是农作物成熟后，可发生继发感染。在收获期，如果潮湿天气导致收获延迟，会再次感染镰刀菌毒，应激因素如干旱、施肥不佳、作物密度高、杂草的竞争或收获、贮藏和配送期间的机械损伤均会削弱植物的自然防御系统，有利于真菌的定植以及霉菌毒素的产生。

收获前草料感染霉菌毒素，贮存时毒素若依然存在，则贮存过程中霉菌毒素能保持很长一段时间。另外储存的草料会被典型的贮藏真菌感染，包括青霉属和曲霉属真菌，所以贮存牧草中一般含有多种霉菌毒素。

感染豆类的最主要的真菌种类是大豆黑斑病毒，主要的毒素是流涎胺和苦马豆素。

二、青贮饲料霉菌毒素

青贮作为羊常用饲料，用量大、贮存时间长、受环境影响大，容易造成多种霉菌生长，产生不同的霉菌毒素，不仅危害羊健康，降低饲料利用率，还可能损伤羊的生产性能。

青贮是传统的饲料贮存方法之一。利用植物原料中天然微生物群进行厌氧发酵，产生乳酸、乙酸和丁酸，通过降低草料中的 pH 来保存牧草，起到抗菌和防霉的作用。不同的青贮原料通常有不同的青贮方法，通常青贮原料为青草、全株玉米、粮食作物等。近年来，发酵剂或添加有机酸在青贮制作过程中越来越常见。青贮方法不当时，草料中会产生梭菌，动物采食梭菌污染的草料会引起感染。玉米青贮中最主要的霉菌种类是娄地青霉，它也污染青草和甜菜产品。其次是曲霉（黄曲霉、烟曲霉，很少情况下有杂色曲霉和赭曲霉）、毛霉、地霉和根霉。虽然不同报道中的霉菌种类有很大区别，对不同地区、不同年份和不同青贮方法进行比较时，其分析结果差异更大，但总的认为娄地青霉是青贮饲料中存在最普遍的霉菌种类。

三、成品饲料霉菌毒素

能引起饲料霉变的霉菌主要有曲霉菌属、青霉属和镰刀菌属。其中曲霉菌属包括黄曲霉、白曲霉、寄生曲霉等。青霉属包括橘青霉、扩展青霉等。镰刀菌属包括禾谷镰刀菌、串珠镰刀菌、三线镰刀菌等。这些霉菌在适宜的环境条件下都可引起饲料霉变。

霉菌的生长繁殖需要一定的温度和湿度。霉菌大多数属于嗜中温微生物，适宜生长温度为 20～30℃，霉菌繁殖的适宜温度为 25～30℃，其中曲霉菌属最适宜生长温度为 30℃，青霉属最适宜生长温度为 28℃左右，镰刀菌属最适宜生长温度为 20℃左右。一般危害饲料的霉菌孢子在 7℃时即可发芽生长，温度高于 49℃时霉菌则被杀死或进入孢子阶段；当空气中相对湿度达到 75% 时，霉菌就能生长，在相对湿度为 80%～100% 时快速生长，在相对湿度低于 75% 时生长受到抑制。

水分是影响霉菌毒素生长繁殖的重要因素之一。饲料中的水包括结合水和游离水，当饲料中含水量超过 11.5% 时可出现游离水；当饲料中含水量超过 13% 时，霉菌易于生长；当饲料中含水量超过 15% 时，霉菌生长十分迅速。一般玉米、稻谷、麦类等原生态谷物的含水量应不高于 14%；大豆、次粉、糠麸类、豆粕等的含水量应低于 13%；棉粕、菜粕、花生粕、鱼粉、肉骨粉、骨粉等的含水量应低于 12%。含水量超标的原料不耐储存，容易发霉。对于棉粕、菜粕等经加工过的原料还需要关注局部水分有无超标，因为即使平均水分很低，但由于生产厂家的工艺缺陷等原因常造成局部水分超标也会结块，进而霉变。

　　生产颗粒饲料时，如果冷却器及配套风机选择不当，或使用过程中调整校核不当，致使颗粒饲料冷却不够或风量不足时，会导致颗粒饲料含水量及料温过高，这样的颗粒饲料装袋后易发生霉变。另外，饲料在加工过程中如果饲料流程设备没有及时清理，会在设备的一些死角积存发霉变质的料块，特别是在生产全价颗粒饲料过程中，当这些物块回流到制粒机重新被制粒后，易引起饲料霉变。

　　存放饲料时，应注意：第一，由于饲料是大批量堆放在一起，加上通风不良，就会造成发热，容易导致霉变；第二，如果空气潮湿，地面墙壁潮湿，饲料就会吸收水分，引起霉变；第三，许多仓库不经常消毒，鼠害、虫害严重，这些都会造成污染，导致饲料霉变。

第二节
隐性霉菌毒素

　　饲料原料看上去颜色外观都不错，常规指标检测分析结果也不错。但往往就是这些不错的原料很可能早就已经成为霉菌毒素的避风港了。很多人对霉菌毒素都存在这样的认识误区。

　　目前，霉菌毒素的常规检测主要用到的方法有薄层色谱法、气相色谱法、高效液相色谱法及免疫学检测方法（酶联免疫吸附剂测定等）。而这些常规的检测方法只能检测到游离态的霉菌毒素，而检测不到结合态的霉菌毒素。这里所提到的结合态的霉菌毒素，也被称为隐性霉菌毒素。隐性霉菌毒素比较有代表性的有葡萄糖苷化呕吐毒素（DON-3-G）、玉米赤霉烯酮-14-葡萄糖苷（Z14G）、玉米赤霉烯酮-14-硫酸盐（Z14S）等，隐性霉菌毒素在体内释放后，均有直接毒性的属性。

　　霉菌毒素检测时也常受到小分子物质（如糖苷、葡糖苷酸、脂肪酸酯和蛋白质）的掩盖，这些小分子物质与霉菌毒素结合在一起，导致检测值为错误的阴性结果。最终，这些被掩盖的霉菌毒素不能被传统的分析方法所检测。但这些结合到霉菌毒素上的分子可能在消化过程中被解除，从而释放出霉菌毒素，危害动物健康。

抽样的随机性和霉菌毒素分散不均匀性可能导致检测结果的假阴性。霉菌毒素并不是均匀地分散在饲料中，而是分散在霉变结块中。这使得取样很困难，而且即使有良好的取样程序，在分析测试期间可能也检测不到真菌毒素。因此，检测结果阴性并不代表不存在霉菌毒素。另外，检测技术疏漏、试剂质量等均可能掩盖分析结果，从而给出假阴性结果。

内生真菌可以感染生长的牧草并产生毒素。内生真菌通常被认为是共生生物，因为它能够给寄主带来各种益处，如增强植物对病原微生物、寄生虫和昆虫的抵抗力，使寄主生长迅速。感染内生真菌的牧草从外观上看不出来有霉变现象，也会使人们放松警惕而不做毒素检测。

第三节
霉菌毒素特性

一、高效性

霉菌毒素很低的浓度即能产生明显的毒性。在污染比较严重的几种霉菌毒素当中，黄曲霉毒素 B_1 是具有很强毒性的一种毒素，其毒性是氰化钾的 10 倍，砒霜的 68 倍，被国际癌症研究中心列为 I 类致癌物质，并且黄曲霉毒素 B_1 的存在极为普遍，在农作物和饲料中广泛存在。

二、高稳定性

黄曲霉毒素具有比较稳定的化学性质，只有在 280℃以上高温下才能被破坏，它对热不敏感，100℃高温经过也不能将黄曲霉毒素完全去除。有些毒素即使加热到 340℃也不会将其分解和破坏。

三、富集性

抗化学生物制剂及物理的灭能作用，可以在生物链中不断传播、富集。原本被分泌及污染而残留在土壤中的霉菌毒素会被后来种植的谷物所吸收，从而引起更多霉菌毒素污染及感染的问题。

四、特异性

分子结构不同，毒性相差很大。如黄曲霉毒素有黄曲霉毒素 B_1、黄曲霉毒素 B_2、黄曲霉毒素 M_1、黄曲霉毒素 M_2，毒性均不一样。

五、感染协同性

农作物被一种真菌污染后，产生发热、吸潮结块现象，容易被几种霉菌同时污染。

六、毒性叠加性

饲料或原料中往往不是只含有一种毒素，而是含有 2 种以上，2 种以上的霉菌毒素混合在一起造成的伤害会比个别霉菌毒素单独造成的伤害总和还要大。例如黄曲霉毒素与呕吐毒素、赭曲霉毒素与镰刀菌毒素、呕吐毒素与玉米赤霉烯酮毒素等，若这些毒素同时出现，其毒力将大大超过单个霉菌毒素所具有的毒力。

七、污染地域性

饲料及农产品中霉菌毒素的产生具有一定的地域性。热带和亚热带区域是曲霉菌生长的最佳环境，饲料和农产品贸易的全球化导致霉菌毒素在全世界范围内传播。

第四节
霉菌毒素的危害

成年的反刍动物一般对真菌毒素比单胃动物更耐受（瘤胃微生物对霉菌毒素有一定程度的解毒能力），年轻的动物比年长的动物对霉菌毒素更敏感。但是，反刍动物采食大量秸秆，而秸秆的霉变程度往往高于谷实，毒素的影响不可低估。

一、损害饲料质量

霉菌产生的酶能将饲料营养成分分解，使饲用价值下降。在通常情况下，谷粒籽实整粒贮存，成分几乎没有变化，但粉碎后，霉菌则易侵入。霉菌及其毒素对饲料的危害主要表现在：

1. 破坏饲料营养成分

霉菌在饲料中生长繁殖，会导致饲料营养价值的严重降低。同时，饲料在霉变过程中，饲料中蛋白质、脂肪等营养物质也会发生质变。霉变后，饲料中粗蛋白质消化率降低，甚至饲料的营养价值降为零或负值。例如，冬小麦感染赤霉菌后脂肪和淀粉的含量降低，有的霉菌可使被感染的谷物中维生素 B_1、维生素 E 或某些氨基酸的含量显著下降。据估算，一旦饲料中有肉眼可见的霉菌生长，其饲用价值至少降低 10%；饲料的霉味越大、变色越明显，营养损失就越多。

据联合国粮农组织统计数据表明，全世界每年大约有 25% 的粮食作物会被霉菌毒素所感染，大约 2% 的粮食不能被食用。我国霉菌毒素污染饲料和原料的情况十分普遍并且严重。

2. 降低饲料适口性

霉菌在饲料中的大量生长繁殖，会使饲料散发出一种刺激气味或酸臭味道，饲料会产生黏稠污秽感，口感变差，还会出现异常颜色。

3. 影响饲料贮运与使用

霉菌生长时，菌丝体与基质交织成蛛网状物，代谢产生热量、水分及其他多种代谢产物，使饲料结块、发热等。这样在大批量饲料的装卸运送系统中，饲料就不能很好地流动，而且仓库中的饲料还会出现桥接现象，难以搬运。另外，结块的饲料使用也不方便。

二、危害羊健康

长期饲喂受到污染的饲料，会降低羊的生产性能，破坏羊的免疫功能，降低抗病力，更严重的还会使羊产生不同症状的急、慢性中毒。

几种主要毒素的症状：

1. 黄曲霉毒素

黄曲霉毒素的毒性很大，是目前已发现霉菌中毒性最大的一种。目前发现的 18 种黄曲霉毒素中，黄曲霉毒素 B_1 毒性最强，黄曲霉毒素 M_1、黄曲霉毒素 G_1 次之，黄曲霉毒素 B_2、黄曲霉毒素 G_2、黄曲霉毒素 M_2 毒性较弱。黄曲霉毒素 B_1 的毒性是砒霜的 68 倍。其毒性因羊年龄、性别和体况以及营养状况的不同有差异，年龄小的母羊、公羊较敏感。羊黄曲霉毒素中毒以 3～6 月龄的小羊为多，死亡率也高。主要症状为精神沉郁、角膜混浊、磨牙、腹泻、里急后重和脱肛等。

2. 玉米赤霉烯酮

中毒后，表现为母畜阴户肿大，子宫、卵巢充血肿大，假发情；公羊睾丸异常，精液品质下降；初生小羊和死胎比例增加。

3. 呕吐毒素

中毒时，表现为损害肠道、骨髓、脾脏，羊采食量下降，出现呕吐、厌食，耳根及关节组织出血。剖检可见肠道等组织有出血现象。换肉率差，容易遭到细菌的二次感染。

4. 镰刀菌毒素

剧毒，中毒后，表现为拒食、呕吐、神经失调、免疫抑制；口腔溃疡、胃及肠道病变，皮肤病变，瘦弱。

5. 赭曲霉毒素

中毒后，表现为攻击羊肾脏、免疫系统及造血系统，出现尿结石、多尿、血尿，肾脏受损、肾脏结构被破坏，肝脏变得脆弱，皮肤出现似蚊虫叮咬的红色斑点，下痢，糖尿病症状；增重速度下降、生长迟缓。

6. 烟曲霉毒素

中毒后，羊表现为上呼吸道和肺严重感染，肺水肿，肝损伤，胰脏坏死，免疫力降低。

7. 内生毒素

中毒后，羊表现为体重下降，受精率下降，产乳量减少，且在夏季对高温的耐受力下降而表现为高热。有些还会出现呼吸加快，心率减慢。如多年生黑麦草的所有种类都可以被内生真菌感染，其导致的主要临床症状是震颤。

8. 麦角缬氨酸

多巴胺抗体拮抗剂，中毒后会引起羊强烈血管收缩，从而造成末端坏疽。

9. 流涎胺和苦马豆素

流涎病，中毒后，羊会分泌大量唾液，随后出现食欲减退、气胀、腹泻、尿频和多泪。所继发的其他负面影响包括体重下降、产乳量下降和流产等。

第五节
预防饲料霉变措施

一、作物收获前霉变预防措施

90%以上的作物会在田间受到霉菌的侵袭，应采取一定的措施避免作物收获前受到霉菌毒素污染，如加强田间管理，对收获活动进行严谨的规划。

选育抗侵染或抗产毒的作物品种。作物的抗霉能力与遗传因素有关，培育和选用抗侵染或抗产毒的作物品种，可以利用其自身的抗性来控制黄曲霉毒素的污染。

作物宜轮作，应翻耕，翻耕深度宜30厘米以上。耕翻掩埋土壤表面上的作物残渣可大大减少越冬真菌。合理密植，保证作物通风、阳光照射均匀。

作物收获时应尽量避开雨天，及时晒干。合理设定收割机械风扇转速，把受到霉菌损坏的谷物和谷壳吹出去，因为霉菌破坏的谷物和谷壳比重较轻，且毒素浓度最高。

减少损伤，剔除破损籽粒。受损原料易被霉菌从伤口处污染，因此在收获和储存时，应避免虫害、鼠啃和磨压，防止谷物、花生等表面受损；剔除破损籽粒。

二、饲料贮存、运输和加工过程霉变预防措施

建棚，防止作物露天受潮发生霉变变质；严格控制作物的水分，收获后使其迅速干燥，含水量在短时间内降到安全水分范围内。一般谷物含水量在13%以下，玉米在12.5%以下，花生仁在8%以下，霉菌不易繁殖。植物饼粕、鱼粉、肉骨粉等的水分不应超过12%。我国规定配合饲料的含水量在北方不超过14%，在南方不超过12%；而浓缩饲料的含水量在北方应低于12%，在南方应低于10%；颗粒饲料的含水量应控制在12.5%，粉料的含水量应低于12%。

用以下四种方法可延长饲料保存时间。①在潮湿和高温季节加工的饲料原料与配合饲料极易发霉，用防霉剂，可延长其保质期。常用防霉剂主要是有丙酸及其盐类、山梨醇及其盐类、双乙酸钠、反丁烯二酸等。其中以丙酸及其盐

类（丙酸钠、丙酸钙）应用最广，有些防霉剂（如双乙酸钠）还可以提高饲料利用率，改善饲料的适口性。②贮藏温度在12℃以下，能有效控制霉繁殖和产毒。水分较高的原料和成品应贮藏在较低的温度下，如大米的含水量在12%以下时，可在35℃下贮藏；而含水量达14%时，贮藏在温度20℃以内才安全。③原料在充有二氧化碳气体的密闭容器内，可保持数月不发生霉变。大多数霉菌是需氧的，无氧便不能生长繁殖。同时此法还有防虫作用。④利用辐射可以防霉，同时还可以提高粮食和饲料的新鲜度。有研究证明，对粮食和饲料进行辐射后，在温度30℃、空气相对湿度80%以上的环境下，粮食和饲料存放45天也不发霉。

饲料装车运输时要保证车厢里没有水、不潮湿，运输时最好盖上防雨用具（如帆布），一则可以防雨水，二则可以防阳光暴晒。卸车时应注意将最上层的饲料或已被淋湿或破袋的放在最后堆，以便早点用掉。贮运设备和空气粉尘中会有霉菌孢子，因此，应尽可能保持仓库和各个生产、运输环节的清洁。

严格控制生产过程中的水分，控制饲料加工过程中添加的水蒸气的质量、输送管道的长度、调节器温度和压力、冷却器冷却温度，以控制饲料的水分。严格控制原料和成品贮藏仓库的相对湿度，贮藏前仓库要清洁干燥，散装库应有通风设备。尽量缩短保存期，采用先进先出的原则，在越短的时间用完越好，养殖场自配饲料最好不要超过3天。

三、饲料青贮过程霉变预防措施

根据需求，原料宜选择抗倒伏等抗逆性强的品种。青贮窖应建在养殖场生产区常年主导风向的上风向、地势高、通风、阴凉、干燥处。应建有防止鼠、猫或鸟类等动物侵入的设施。青贮窖大小应根据羊场规模和一天的取用量设计。青贮窖与青贮玉米所有接触面应做硬化处理，面上磨平，无裂缝。青贮窖地面宜向排水沟方向做1%~3%相对坡度的倾斜，排水沟沟底须有2%~5%相对坡度，保持排水通畅。青贮前，应清扫青贮窖去除霉变饲料残渣及其他杂物。

青贮原料应逐层压实。可使用青贮添加剂，青贮添加剂的选择和使用应按照相关规定执行。薄膜可用两层，内层为透明薄膜，外层为黑白膜。黑白膜交接处，应用耐热胶水密封。青贮原料填满压实后，应在72小时内密封。封顶时青贮原料装填高度高出青贮池上沿1.5米以上，青贮原料装填越高，青贮池利用率越高，青贮的效果也越好。黑白膜交接处以及青贮窖墙边缘处，宜用沙袋紧密压实；青贮窖窖顶宜用废旧轮胎等物品紧密盖压；黑白膜与地面交接处，宜用土密封。定期或不定期进行检查。检查薄膜有无损坏，如有损坏及时封补；检查积水或漏水，及时排除或封补。

取用时若表层有霉变部分，应清除霉变部分，从横截面逐层取用，取用截面应保持最小和平整。一旦开窖，应每天取用青贮深度达到30厘米以上，直至用完整堆青贮饲料。如连续2天以上不取用，应将青贮横截面切割整齐，重新密封青贮窖。

第六节
饲料及原材料的脱毒

目前饲料及原材料脱毒的方法有多种，如物理脱毒、化学脱毒、有机溶剂脱毒、生物脱毒等。研究表明，简单的方法有剔除霉烂法、碾压除尘法、水洗法、微生物脱毒法、辐射法、黏结剂法等，添加维生素 A、维生素 C、维生素 E 和有机硒等也能有效缓解动物霉菌毒素中毒。

一、剔除霉烂法

观察饲料，判断污染与否，剔除污染严重者。喂羊粗饲料、青贮饲料时应仔细检查，发现有霉变，应剔除。机械隔离和分拣可以有效剔除受损的变色的有可见霉菌附着的饲料。通过霉变饲料在紫外灯照射下的荧光反应也可以分拣出受感染的饲料。利用机械浮选和密度分离原理可以对受呕吐毒素、玉米赤霉烯酮和黄曲霉毒素污染的饲料隔离脱毒。

二、碾压除尘法

秸秆饲料不可避免地附带霉变茎叶和泥土，经过晾晒、碾压或机械揉搓实现霉变茎叶和泥土的脱离，再通过筛分或风吹可把附着物除去。

三、水洗法

部分霉菌素不溶于水并且对热稳定，霉菌毒素在农作物中分布很不均匀，如黄曲霉毒素在胚部或表皮存在的总量可达80%以上，水洗法就是将碾碎后浮在水面上的胚部或表皮除去而达到去除大部分毒素的目的。用水和碳酸钠溶液对受呕吐毒素和玉米赤霉烯酮等污染的饲料、原料进行水洗是一种简单有效的脱毒方法。但对于现代规模化养殖来说，由于费工、费水而遭弃用。

四、微生物脱毒法

微生物脱毒是近年来国际研究的热点，它具有低成本、高效率和专一性强的特点，微生物脱毒的方法主要利用了微生物或其产生的酶来降解霉菌毒素，研究发现很多微生物能够转化霉菌毒素，从而降低其毒性，并阻止霉菌毒素的吸收。乳酸菌、醋酸菌、面包酵母、酿酒酵母、米曲霉和枯草菌等对黄曲霉毒素均有一定的降解作用。研究表明，通过发酵产生的乳酸杆菌、链球菌、双歧杆菌能降低牛奶中的赭曲霉毒素和黄曲霉毒素 B_1。由于国内研究起步较晚，实际应用中缺乏理论指导，而微生物脱毒的专一性也同时限定了其适用性，作为一项新兴的饲料脱毒技术，微生物脱毒的推广和应用仍需要进一步的研究和探索。

五、辐射法

紫外线或射线可有效地破坏黄曲霉毒素的化学结构，以达到去除毒素的目的。用高压汞灯紫外线大剂量的照射，去毒率可达 97%~99%。冯定远（1995）报道自然日光照晒 30 小时花生饼后，黄曲霉毒素 B_1 下降 42.31%，黄曲霉毒素 G_1 和黄曲霉毒素 G_2 几乎完全被去除。

六、黏结剂法

目前使用黏结剂在体外黏结黄曲霉毒素 B_1 的功效已经得到肯定，黏结剂有水合铝硅酸钠钙、黏土、沸石、膨润、活性炭、蒙脱土等黏结剂。但水合铝硅酸钠钙在体内的黏结效果同体外一样。

第七节
霉菌毒素中毒治疗

一、及时更换饲料

霉菌中毒特效药不多，应立即停喂霉变饲料，给予青绿多汁饲料，更换优质饲料。可适当及时投喂盐类泻剂排毒。

二、解毒保肝

日粮或饮水中添加保肝护肾良药，可增强羊肝脏解毒的能力，提高降解霉菌毒素、清除体内各种毒素的能力。另外可用25%葡萄糖500～1 000毫升、0.9%氯化钠液1 000～1 500毫升、5%碳酸氢钠液按每千克体重1毫升，一次静脉注射，选加维生素C制剂；心脏衰弱病例，皮下注射或肌内注射强心剂（樟脑油等）。

三、对症治疗

出现神经症状可用甘露醇快速静脉注射，防止脑水肿；心脏衰竭时用强心剂等；腹痛不安时用止痛剂；极度兴奋不安时用镇静剂；脱水严重者应及时补液。

四、紧急治疗

很紧急或很严重病例可选用硫酸阿托品，配合10%葡萄糖、大量维生素C、肌酐、维生素肌B_6和腺嘌呤核苷三磷酸治疗。

第十四章
内耗让企业气血两虚

规模化养殖场失败的原因是多方面的，企业内耗是重要因素。经营者不但要懂技术，而且更要善于与员工搞好关系。人多事杂，多种势力并存必然明争暗斗，由于各方利益不一致，很难达成真正统一的意见。在多个部门的衔接过程中，任何衔接点出现瑕疵都会给生产运营环节造成障碍与损失。劳资分歧必然存在，关键是领导者怎样处理。

第一节
农企"超规模病"

一、内耗

农企"超规模"是相对"适度规模"而言的概念。"适度规模"经营的概念是指在适合的环境和适合的社会经济条件下，各生产要素（土地、劳动力、资金、设备、经营管理、信息等）的最优组合和有效运行，取得最佳的经济效益。我认为所谓"适度规模"还要与经营者综合能力相匹配，能够做到令行禁止、使命必达，能够抵御各种风险而可持续发展，否则，就是"超规模"。

老子说"物壮则老，是谓不道，不道早已。"任何事物都有限度，越过限度就会走向衰朽，不符合"道"就会很快死亡。当农企超越一定规模时，不可避免地发生"超规模病"。这是一种"基因病"，病因：先天缺陷、环境诱变、病原感染等互相作用。主要病变："系统、组织、细胞"灰色化。主要症状：内耗严重、气血两虚、正不压邪、精津耗尽。转归：亏损破产。

二、内耗产生的根源

企业内耗产生的根源是层级利益分配不均衡。现阶段，企业利益平均分配被证明是不可行的，利益分配不公问题普遍存在，所以，内耗在所难免。但是，如果企业管理者运用高超的管理方式驾驭企业，就能把内耗降低到最低程度。

有人把内耗归结于中国传统文化，本人不能苟同，西方国家没有内耗吗？他们的利益争夺更直接、更剧烈。影响中国人的主要思想文化中，儒家讲中庸，道家讲无为，佛家讲出世。中国传统文化历来注重天人合一、集体主义、以民为本、以和为贵等。中国的管理哲学强调"盛德大业"和"内圣外王"，其实现途径是"格物、致知、诚意、正心、修身、齐家、治国、平天下"，"先修己而后安人"。中国向来讲求"和"，一贯以避免"人与人之间冲突"、维稳为目标。而西方文化则强调个人意识、提倡竞争，他们更容易走向街头抗议。为了维持公司安定，西方企业家习惯用道德说教对员工洗脑，用伪善缓和矛盾，以至于员工福利待遇虽有提升，但两极分化形势依然严峻，比中国企业的

"内耗"更加严重。

第二节
企业规模越大越容易发生"超规模病"

一、自体反应病

生、老、病、死是生命的过程，也是企业经营的过程，但有快慢、好坏、轻重之分。免疫系统对于动物健康至关重要，没有免疫系统动物不能生存。但是，免疫系统本身也会出乱子，即自体免疫疾病，就是自己免疫系统攻击自己身体的器官造成身体的伤害。

可以把"规章制度"比喻为企业的免疫系统。动物是上天设计得精妙无比的有机体，其免疫系统都能发生错乱，人造的"规章制度"不可避免地会走向复杂自订的境地。对于"超规模病"专家开出的处方基本一致：全员素质教育、完善规章制度、铁腕执行。大型农企不停地制定、修改"规章制度"的时候，就是走下坡路的时候，说明机制已经衰老。

完善的规章制度对于企业十分必要，但是执行"规章制度"是有成本的，"规章制度"数量与企业效益呈负相关。企业"规章制度"是由利益攸关方制定的，必然掺杂个人立场，保护既得利益，把各阶层的明争转为暗斗。"规章制度"是双刃剑，既具有约束规范行为的一面，也有打击积极性和创造力的一面。所有"规章制度"都有边界，"规章制度"越细越具体，留下的边缝越多，越容易被"合理规避"。"规章制度"越多，企业就越僵化，灵活机动性越差，效率越低。发挥关键作用的是一个企业具有共同的目标、核心凝聚力、正确的决策。"规章制度"随着企业年龄的增长逐步完善，内部矛盾日积月累，机制苍老钙化，最终走向系统崩溃。家庭是社会的细胞，是最稳定的组织结构，以家庭为单位的实体，不需要"规章制度"也可以稳定延续。大公司的生死轮替引发系列的社会问题甚至动荡，家庭实体常常是自然更新换代，即便是少数家庭实体败落，不会构成社会影响。大企业总希望通过条条框框这种表象的东西解决系统问题，试图把管理简单化、表面化。对于复杂的大型企业，补丁式制度化管理是解决不了问题的，因为背后的自由度太大了，太复杂了。其实，除了完善规章制度，也没有别的路可走。

二、先天性的基因病

随着企业的扩张，各种势力盘根错节，矛盾逐渐积累，矛盾激化时会在自身所能承受的范围内寻找妥协的办法、措施，使矛盾得以缓解，但不会根除，循环往复逐步尖锐到不可调和，就像老化的手机不更新系统就会死机，最终还要报废。

农业不像工业生产那样容易监察、考核或计件，员工存在不满、报复心理很容易找到隐蔽发泄的机会。劳资双方同时具备较高的道德素养，做到相对公平的利益分配，才能有效避免企业内耗，但只有极少数企业有这种良好的机缘，所以，也只有极少数农企能够做大做强，走得较远。更多的情形是双方相互猜忌、斗智斗勇，预期的目标总是不能实现，也搞不明白问题出在哪里。

三、规模超越治理能力

农业分为原始农业、传统农业和现代农业。原始农业和传统农业没有技术门槛，普通人也可以从事，给人的错觉是可以轻而易举实现农业现代化。我国很早就提出农业现代化，至 2021 年中央一号文件连续 18 年聚焦"三农"，但到目前为止，农业现代化依然是四个现代化的短板。随着我国经济社会转型，在惠农政策引导下，一批批富商把资金投向农业这片"蓝海"，牛人们踌躇满志、雄心勃勃、怀揣宏伟规划，开疆扩土，缔造一片豪华田园产业王国。但是，大多数投资者为自己的轻率付出惨痛的代价，实现既定目标者寥寥无几。做农业看似简单，大规模产业化经营比工商业的现代化产业化经营难得多。难归难，也不是一概而论都做不好，一部分大型农业相当璀璨夺目，这跟领头人的治理能力有关，企业越大，治理难度越大，有多大能力做多大事，适度规模才能让企业健康发展。

人的治理能力千差万别、高下悬殊，它是一种综合能力，包括智商情商、三观素养、学识阅历、手段、经济实力、政治背景等。你的能力做好家庭农场绰绰有余，却不自量力搞什么一体化全链条大企业，就像让一个班长指挥一个军，结果就是全军覆没。

四、上下沟通不畅

企业在运作中，最重要的是沟通，沟通则需要坦诚和诚信的氛围。很多企业内人与人之间缺乏坦诚，大家总是相互猜疑。领导的一句话往往会引起员工之间的互相猜测。于是，企业的市场问题、生产问题最终变成了人际关系的问题，简单的问题最终复杂化。

企业做大了，有100个人，就有100个心思，通过有效的沟通才能凝聚共识、平衡利益、避免对抗。在私企，员工该拿的钱没拿到时，他就会立即跳出来讨说法，在关切的问题或者尊严长期被忽视时，底层员工一般不会有显性的对立行为，他有的是办法让你毫无察觉地流失大量的财产。

五、部门设置难题

在企业运作、实现价值的过程中，需要员工和各部门之间的鼎立协作，而这些合作并非总是一帆风顺的。"彼亏我盈"的思维方式往往把视野和个人发展局限于一个很小的组织内部去计算利弊得失，员工之间、上下级之间，以及部门之间在分工合作中会产生不一致或冲突，从而导致企业内耗。具体表现是部门壁垒、各自为政、互不买账、内生障碍、信息不对称、沟通成本高、响应迟钝、流程低效等。

部门是一个小利益的群体，大企业部门设置太少，权力过于集中，责任不明确，缺乏有效监督，容易产生漏洞，职员晋升渠道窄，没有奋斗动力；部门设置太多，人浮于事，利益竞争激烈，责任互相推卸。部门越多越容易推卸掉责任，一般出了问题推来推去，经常到最后谁的责任都没有。销售部经理偷偷找管理者说："这个季度业绩不好是因为市场部的方案不行。"市场部经理知道了，找管理者说："方案没问题，出现这种局面是销售部经理能力太差，执行力不好。"以后整个营销工作都会陷入人际斗争的困局中，内耗就此产生。

部门之间协调起来特别困难，如果不是自己牵头或者自己部门牵头负责的项目，很难调动其他部门资源。部门主管一般都只提倡自己部门内部相互协作，希望协作中能给自己的组织带来好绩效，当自己部门要协作外部门时，就开始推三阻四了。很多这种自私的假协作最终带来内外都不协作，各部门都以自身利益为中心做圈子运动，这种运动对大企业来说是灾难性的。

当把业务部门和生产部门割裂开来的时候，很容易带来前后方的冲突。生产部门负责提供产品和服务，不承担用户开发和维持责任；业务部门有开疆扩土责任，却不承担生产的责任。这导致业务部门或营销只会大量地去提需求，生产部门累得要死，产生抵触情绪。

组织和流程设计存在缺陷，造成权责不明。试想，一个公司共20人，却有1个总经理、4个副总、6个部门经理，这种设置虽然一定程度上满足了职员的心理需求，却在公司运营上制造了更多的内耗机会。员工常常埋怨，业务因为没有领导的决策拍板而无法继续开展。如此多的领导只会导致人人插手管理，而人人最后都不管的局面。权力潜藏着利益，下级总抱怨上级不授权，权力太小，无法管理员工。可是遇到真正麻烦的时候，他们又会把问题往上级推。这些经理不去想，他拿的薪水比员工多，权力比员工大，问题就应该到他为止，不然要那么多干部干什么？权力、责任和利益是对等的，有多少权力，就得到多少利益，就要负起多少责任。

六、缺乏优秀企业文化

成功的企业没有制定很多制度，靠团队成员的自我约束所达成的最大公约数，就是企业文化的力量。企业文化是企业的根和魂，优秀的企业文化可以使企业兴旺发达、基业长青，低劣的企业文化可以滋生企业内耗，使本来健硕的企业轰然倒塌。

1. 什么是企业文化

企业文化是企业的思想、行为、习俗、精神财富、物质财富的总和。简单而言，就是企业在日常运行中所表现出的各方各面。文化是骨子里面的东西，是一切言行表现出来的善恶美丑，是一种内部认同和外部客观评价，具有传承、演绎、发展特性。优秀企业文化是扬善，是升华，是企业的立德、立功、立言，是企业的灵魂和灯塔。优秀企业文化是一种大家共同认可的思想和行为准则，让团队可以同频高效思考，统一行动；是一种氛围，让团队可以自由呼吸；是一种使命，让团队散发出微光，携手向前。领导核心信念决定了企业文化方向。各种群体都有其内在的文化，就像基因一样决定发展状态和未来。企业也不例外，但存在文化的差别和优劣。

2. 企业文化的认知误区

误区一：偏重宣传。认为企业文化只反映在企业外在形象，将文化建设的重心放在企业外在形象的塑造上，通过品牌商标、广告、销售促进等营销手段在消费群体中塑造正面积极的形象。但这样的文化建设并不能触及文化建设的本质。

误区二：大搞形式。很多公司的企业文化都是流于形式，在走廊、办公室的墙上四处可见形形色色、措辞铿锵的词汇装饰门面，如"团结""求实""博爱""拼搏""奉献"等。这些被滥用的词汇无法真实准确地反映该企业的价值取向、经营哲学、行为方式、管理风格，与企业实际潜移默化的文化毫不相干，无法在全体员工中产生共鸣。

有的把企业文化等同于空洞的口号，缺乏企业的个性特色，连企业的决策者本身都说不清楚其所代表的具象表现，无法对员工起到凝聚力和向心力的作用，陷入"高层自嗨、中层敷衍、基层无感"的尴尬境地。

有的企业把企业文化看成是唱歌、聚餐、爬山、打球。于是纷纷组建跑团、成立球队，并规定每月或每季活动的次数，作为企业文化建设的硬性指标来完成，这是对企业文化的浅化认识。

有的企业过于强调优美的办公环境，注重企业外观色彩的统一协调、花草树木的整齐茂盛、衣冠服饰的整洁大方、设备摆放的流线优美。但这种表面的繁荣并不能掩盖企业精神内核的苍白。

误区三：宣贯僵化。认为文化建设即是通过单纯的文化宣贯的方式向企业内部员工宣贯文化理念、企业精神和企业宗旨，在文化建设的过程中全面依靠观念宣传、文化教育等方式建设企业文化。通过文化宣贯的方式的确有助于统一员工的思想，让企业上下遵循共同的价值理念，但理念最终还是需要落实到行动才能发挥作用，单纯依靠文化宣贯是难以带来员工行为习惯的转变的。有些企业片面强调井然有序的工作纪律、下级对上级的绝对服从，把对员工实行严格的军事化管理等同于企业文化建设，造成组织内部气氛紧张、沉闷，缺乏创造力、活力和凝聚力，这就把企业文化带到了僵化的误区。

误区四：一劳永逸。优秀的企业总是小心地维护着自己的核心价值观，这是企业得以成功的核心关键因素之一。也正是因为这一点，导致了人们认为企业文化是一成不变的误解。企业文化必须与环境互动，必须与变化互动，必须与变化的趋势站在一起，这就要求企业文化能够持续更新，保持开放，并能够吸收和借鉴其他企业的优点。无论是文化本身自我更新的特点，还是企业自身需要持续改善的特点，都要求企业文化具有更新和自我超越的特性，做到这一点的企业文化才可以推进企业的成长，如果相反，就会阻碍企业的发展。

3. 挖掘锻造企业文化

企业文化的打造不能一蹴而就，需要精准找到属于企业自己的灵魂本质，由内到外，打通信念圈、制度圈与行为圈，并设置相应的制度保障，以确保文化的有效落地。最终，让文化成为驱动企业持续成功的不竭动力，助你从眼前的苟且走向远方的田野。

打造企业文化的关键动作：通过思想、生活、目标团建唤醒赢的本能，创造赢的状态，实现赢的目标。通过一次次打胜仗，不断提炼成功因素，形成共同价值观，指导和约束员工的日常行为。一场胜利当然很重要，而胜利背后的理念信条、组织打法、团队协作也是硬核，这两样缺一不可，这样的宝藏才能取之不尽，也将会成为培养英雄的土壤。

让文化和业务完美融合在一起，把文化和领导力完美结合在一起。作为一个管理者，热爱生活、尊重人性、持续修炼都是很重要的，学习可以随时随地。只要不忘初心，做对事，真诚坚持，文化建设在企业成长过程中可以起着四两拨千斤的作用。但它不该是奴役员工自由思想的工具，也不是强迫他人无条件服从的巧妙说辞。不洗脑，不搞个人崇拜，不把人工具化，最大限度容纳多样性，鼓励大家用常识思考，用认真对待生活，用快乐进行工作，这些就是最朴素与具备"普世价值"的企业文化。

信念就是对假设的相信。决策者信念决定了企业文化方向，企业文化自上而下，在不违背顶层设计的基础上，鼓励部门亚文化。文化上接战略，下接人力资源，要上一个台阶思考，下一个台阶执行。

对愿景、使命价值观要有更深刻的理解，它们不是拍脑袋想出来的，是在业务开展过程中一步步磨出来的。使命是利他，使命是长期的愿景。愿景是利己，愿景是长期的战略。使命、愿景、战略、绩效是由远及近的目标，是对于未来的假设。核心价值观要有反馈机制，要有利益牵引。使命愿景化，愿景战略化，战略组织化，组织绩效化，绩效制度化。

4. 企业文化建设的四部曲

一是制定符合企业现状的企业文化手册。一定要企业各层级广泛参与制定。每个人用纸写 20～50 个团队的共性，然后交给下一个人划掉他认为不符合的。剩下 3～5 条，就是企业的核心价值观（3 个纬度：对客户的、对团队的、对个人的）。在凝练核心价值观之后，应对核心价值观的标准进行细化锚定。二是基于上述对核心价值观的锚定，应对各部分内容可视化，甚至形成专业的视觉系统。有些企业在进行企业视觉设计的时候，会将企业文化元素较好地融入，比如常见的企业海报、文化墙，对行为锚定进行诠释和强化。三是故事。故事是最容易被人记住并且被广为传播的，传播面最大的载体就是故事。在传播企业文化的过程中，可以收集内部题材，以故事的形式呈现，力求在组织内部传播后引起文化共鸣。四是企业文化的传播和塑造，离不开仪式。传播和强化企业文化，需要建立各种仪式，让员工有仪式感。仪式感的建立需要互联网思维，如抓住"关键场景"，比如建设企业文化的仪式场景：管理场景（绩效、奖惩、职业发展），活动场景（培训、会务、大型活动），福利场景（节日关怀、旅行、环境）等。

随着企业文化成长为一棵"深植中华优秀传统文化，嫁接现代科学技术，融合当代世界文明"的"文化大树"，企业也会枝繁叶茂、硕果累累。

5. 防止企业文化堕落

企业文化其实很脆弱，需要细心呵护，需要能量支撑，企业文化建设如同逆水行舟，不进则退。企业文化是经过日积月累沉淀下来的，当然，积淀下来的不一定都是"金子"。有点年头、上了规模的企业，内耗往往因为员工责任心下降、不敬业而产生。如果不注重开放包容的优良文化的培养，长此以往，恐怕会形成最可怕的全员内耗。

企业文化需要能量支撑。按照自组织理论，开放系统在远离平衡态时，系统内部会出现自组织现象。企业文化其实就是企业这个开放系统自组织的结果。但自组织有高低之分，高级较之于低级更加远离平衡态，也就是保持它的状态需要更多的能量。企业文化的高级状态对应高端的文化品格，低级状态对应低端的文化品格，如果没有源源不断的能量支撑，企业文化就会从高端滑向低端，也就是通常所说的文化的堕落。所以，要保持文化的高品质，防止文化堕落，企业必须不断提供动力。

加强清廉企业文化建设是构建惩治和预防腐败体系的重要组成部分，也是防止文化堕落的重要举措。清廉文化对企业的影响是深层次的、长期的。因此，要充分认识清廉文化建设的重要性，不断探索清廉文化建设的规律，通过清廉文化建设使全体干部职工注重文化修养，自觉做到不义之事不为、不正之风不染、不法之行不干，做一名优秀的、合格的员工和称职的管理者。

第三节
企业内耗治理方略

利益竞争决定了企业内耗从根本上无法根除。但从另一个角度看，把内耗控制在一定程度，既可以释放斗争能量，又有利于维持权力运转。"水至清则无鱼""不聋不瞎，不配当家"这些俗语看似是中国内耗文化，其实是权力运行的中庸之道，管理者试图彻底消除内耗，那就势必砸烂管理体系本身。企业内部在权利、利益、制度设计等方面采取积极的措施进行平衡，就能使企业内耗在可控范围内。那么，应该如何解决或者降低企业内耗呢？需要综合治理，才能见到成效。

一、势能匹配，以德补能

企业决策层面，有多大能力干多大事业，不要盲目扩大经营规模，不要想赚自己认知以外的钱；在企业管理运行层面，权力必须与能力（包括道德素养）相匹配；权力过大、能力不足必生乱子。确保管理者所在的管理层级与其领导技能、时间管理能力和工作理念相符合，企业不要把任人唯亲作为唯一标准，同时要考虑任贤用能；人力资源管理层面，根据人的才能和特长，把人安排到相应的职位上，保证工作岗位的要求与人的实际能力相对应，相一致，做到人尽其才。

有的人看起来很憨厚，但企业规模做得很大，是因为有德，或者叫大智若愚，员工具有满意的获得感、安全感，这种凝聚力有效降低了企业内耗。管理者应当德才兼备，严于律己，宽以待人，形成自己的人格威望。

二、合理分配，公平竞争

企业只有把大家一起挣来的财富尽量公平合理地分配，这样大家才会对这个集体充满依赖以及忠诚度，这个集体才有战斗力和凝聚力，才能扩展更大的疆域，干更大的事情。若是掌握权力的人把财富过于集中，而忽视个体的需求，那么久而久之这个集体就会涣散。

不患寡而患不均，不患贫而患不安。利益合理分配至关重要。很多公司为了促进营销工作，同等工作质量的情况下，待遇上明显倾斜于营销部门。或许三个月内，这种方式能激发营销人员的战斗力，但经过一段时间后，就会出现不配合营销工作的情况。拔高了木桶一个板子，周围的一圈都成了短板。这个问题需要从分配制度上来解决，不要忘记管理需要体现公平。

三、树立正气，压制"小人"

打铁还要自身硬，提倡规范透明的阳光操作，致力于企业内部诚信的建设，建立"小人"无法为所欲为的有效制度，尽可能降低"小人"的负面作用，并让"小人"为其所作所为付出代价。让正直的员工不被"小人"的暗箭和流言伤害、不被热衷于搞关系的人排挤、不会被打击报复，保证使干好工作的人有名有利。企业领导应杜绝越级上报，杜绝非工作问题汇报，任何问题都在桌面上摊开讲。

一个美国学者说过，所谓伟大的时代，也就是大家都不把"小人"放在眼里的时代。同理，一个有竞争力的企业，就是"小人"目的难以得逞、不良行为受到有效制约的组织。企业领导应倡导有话明说，培养企业内的君子之风，杜绝"小人"行径，长此以往，员工的心思才只会放到工作上。

四、创新机制，优化流程

建立有效的公司治理结构，企业内部应当形成职权明确、职责分明、避免内耗的组织管理体系。目前企业中流行扁平化管理，避免了很多中间环节的扯皮，也就是内耗。工作流程中的职责细化可以帮助减少内耗，同时部门协作也是不可缺少的，无论设置了多么合理的流程，明确定义了多少岗位，也应该尽量扁平化，以促使沟通的顺畅。

在企业中通过建立竞争的开放系统，真正做到"干部能上能下，员工能进能出，薪酬能高能低"，并根据环境的变化，进行组织的再造和管理的创新，形成耗散结构，以保证组织的活力。

五、善于倾听，以情感人

倾听是一个非常重要的技能，通过倾听，你可以得到更多信息、识别并澄清问题，做出决定并解决冲突。高明的管理者都善于沟通，有效的沟通，不在于表达，更重要的是倾听。倾听是拉近距离、建立信任、打开心扉的过程，也是发现并满足员工正当利益诉求的过程。从倾听到解决问题要做到以下四个方面。一是畅所欲言。让各方充分表达和解释自己的意见和观点，摆正自己的位置，陈述自己的理由。二是仔细聆听。通过倾听，尽最大努力去理解对方真正的观点和意图，并展开讨论，试着换位思考，认真反省自己观点和立场的局限性。三是提出方案。综合各方的观点与意见，提出各种解决方案。四是确定方案。大家就某个最行之有效、最能兼顾各方利益的解决方案达成一致意见。也许这个方案并不能让每一个人都百分之百满意，但至少比无休止的纷争或内耗要好得多。

六、文化自信，以人为本

企业文化根植于中华优秀传统文化，着力点是培育"平等、纪律、爱心、大家庭"的文化理念。在企业中，平等主要表现为人格的平等、机会的平等，以及在制度和责任面前的人人平等。平等的基本原则是对人的尊重，即尊重人格、尊重人性，特别要强调的是上级对下级、管理者对员工的尊重。纪律的具体表现就是服从命令、听指挥，核心是严格遵循各项规章制度，贯彻各种会议决议。爱心就是每个员工都有一颗充满爱的心灵，并把它体现在无私奉献的行动上。爱就要懂得为他人着想、奉献，甚至牺牲。大家庭就是把企业视为员工的家，每位员工都是家庭的一员，彼此之间互相帮助和互相关照，他们既是财富的创造者、奉献者，也是劳动成果的分享者和受益者。每个人都为这个家庭的发展出力，同时享受到家庭的关爱和温暖。悦他人所悦，悲他人所悲，同甘共苦是大家庭信赖关系的基本点，更是联系全体员工的坚实纽带。

通过企业文化建设，可以促使多数人真心热爱企业，相互包容，用企业的核心价值观去统一和提升个体及群体的价值观，调动各利益主体的积极性，实现企业的战略目标。

第三篇
羊业典型案例启示

　　人们对养羊情有独钟，他们愿意用勤劳和汗水去探索规模化舍饲养羊。一些人坚韧不拔，千辛万苦冲破黑暗看见了曙光；更多的人会浅尝辄止，会因为挫败、困扰、资金、韧劲、认知、经验、兴趣改变的原因而改行转业。他们在农业和农村现代化进程中有着不可磨灭的贡献。因为在全球化背景下的中国农业现代化面临着巨大的挑战：人均土地较少且碎片化、基础设施建设历史亏欠多、补贴与发达国家差距大、污染严重、比较效益低等。如果没有人不断地进行投入、尝试、探索、创新，中国农业就不会出现奇迹，就不会赶上世界先进水平。

　　多少怀揣致富梦想的人把养羊作为优先选择，但他们犯下了同样的错误——无知、轻视、自负。规模化舍饲养羊是尚未全面攻克的世界性难题，也是留给后来者的机会，但这是一块硬骨头，目前只有少数一部分人攻坚克难取得局部性的成功。他山之石，可以攻玉，听一听前人的故事，扬长避短，少走弯路！

第十五章
一个小白自创"四化放养模式"

　　我叫张富贵（化名），大学毕业在外打工8个年头，几经跳槽仍不如意。当了解到国家对返乡创业有支持政策，于是，我贱卖了尚在按揭还款的小户型产权，带着15万元现金回到家乡养羊。计划投资20万元，建设一个存栏达到400~500只羊的养殖场，然后滚动发展，逐步实现人生的梦想。

第一节
山区放牧养羊的峥嵘岁月与心路历程

我的老家在大山里，前几年实施易地搬迁扶贫，山上只有零星的几户人家，是非常好的养羊场所，漫山遍野绿油油，放牧不用愁。许多废弃的农家院舍，不用多少花费，稍加改造就成为不错的羊圈。可以说只要投入种羊和人工，其他成本基本为零。

我以为从小就放过羊，对羊有所了解，加上自己的努力，很快就能成就一番事业，向大家证明自己的能力和价值。我当时整天沉迷于一个数字游戏：100只羊，每年产2只羔（按照专家说的打对折，专家们说每年可以产4只），一年后就是300只羊，两年后就是800只羊，三年后就是1 600只羊……

我自己信心满满，但很多亲友泼冷水。一个在市畜牧局工作的远房亲戚也不支持我，他说了几个观点：如果养羊那么容易致富，就不用整体搬迁扶贫了；羊肉价格比其他畜禽肉价格高，而且连续几十年持续走高，不光是专家所说的市场需求强劲，也反映出羊生产效率低，不容易规模养殖。的确，坚持留下来养羊的寥寥无几，这些引起了我的反思，但改变不了我最初的投资方案，我决定先试试水，积累经验，稳健发展。

2014年年初，我花了2万多元从其他养羊户中接手了一批本地羊，因为邻村要搬走，羊又没法处理，所以就低价给了我，大大小小近40只，然后我又花高价从正规种羊场引进了1只种公羊，我的养羊生涯正式拉开帷幕。因为我们全村都搬到镇上的社区了，我家和我二叔家老院子连在一起大概400米^2，能用的老房子有140米^2，简单收拾一下就能开始养羊了。前期投资不算大，还有一个有利条件，大我12岁的三叔孤身一人，并且具有多年放羊的经验，跟着我放羊非常合适。一个月之后羊开始产羔了，我心情很激动，每天都睡在羊圈，就怕没发现哪只羊产羔。一年下来母羊从23只扩展到51只，卖了48只肥羊，收入近70 000元。除掉买小羊的6 000元、买饲料等消耗品的15 000元和生活费用900元，毛利润大概40 000元。我的感觉是自己并没有付出太多的劳动，第一次成为老板并比较轻松挣到了剩余价值，这也算是顺风顺水。

当时我想养几十只是养，养几百只也是养，反正也不难，价格还低。不如抓住时机扩大规模，争取更大的规模效益。于是便筹集资金买了当地的一些羊，半年后羊群增加到200只。和所有养殖户一样，一旦成了规模，就需要技术，而我却是一个小白。养几十只羊，不需要实施复杂的技术，让它们吃饱，对产羔前后的母羊进行个别的细心照顾就行了。羊群小也很少生病，遇到发烧不食、腹泻等小毛病，我三叔用土方就能应付，如他用废机油治羊皮癣，涂两次就好了；如果有羊烂嘴了，他用白醋清洗一下，再用青霉素抹上，基本一次见效，没好的第三天再重复一次，也就治好了；羊轻微腹泻时只需正常供水，减少精饲料和青草喂量，干草不限，不用喂药，1~2天就好了，严重的羊要肌内注射庆大霉素注射液和免疫素，喂服生命源，3天左右羊就好了。

但几百只羊就完全不一样了，我再也不能当甩手掌柜了，帮着三叔清理羊圈、放牧、备水备草、接生小羊等，明显感觉到忙不过来了，只好又请了1名工人，从此，我再也没有当老板的感觉，正式成为羊的奴隶。但就这样，羊还一直出问题，很多羊都长口疮、得羊痘，有的羊猝死，有的羊光吃不长肉，更麻烦的是母羊的繁殖率和羔羊成活率严重下降，从当初平均1只母羊年出栏3羔，到平均1只母羊年出栏1羔多一点。当时附近又没有兽医站，网络也不发达，我只能来回地跑到县里问诊，想请一个驻场技术员，但这样的养殖规模承担不起专职技术员的薪资待遇。无奈之下我把自己逼成了兽医，虽然没有给老师交过学费，但现实遭受的损失足够我一生的学费。扩大规模以后连续亏损了3年，几乎弹尽粮绝。同时，还要面对难以忍受的孤独。当时网络不发达，打电话还要到信号好的地方。晴天还好，青山绿水，白云悠悠，放羊闲暇时转转挺好，但下雨时，雾浓看不远，还怕羊丢。我百感交集，后悔自己的无知无畏，甚至想到放弃，把羊卖了一了百了。可是，开弓没有回头箭，我只能背水一战，咬牙坚持。

2018年我的事业有了转机。通过不断的学习和摸索，我掌握了驱虫、防疫、保健、补饲、选配、产羔护理、保育等关键技术，规程化生产渐渐成熟，各项生产指标明显提高，加之市场行情走高，实现了扭亏为盈。同时，国家政策锦上添花，我得到了2018年国家"菜篮子"产品生产扶持项目的补贴资金50万元，用于完善基础设施标准化生产，提质增效。乡政府有关人员找到我商谈利用扶贫资金"保底分红"模式发展养羊之事，鉴于盲目扩大规模的教训，我谢绝了。我想巩固这种"2345"生态放牧养羊模式，即2个人3千米范围放羊400只，年均50万元收益。等到条件、技术成熟，先进行技术培训，再进行区域性布局推广，打造特色品牌，推动产业化、社会化发展。

2019年我带动4个农户养羊，对他们进行技术帮扶，并注册成立了山羊养殖合作社，山羊存栏最多时达到1 700只。

这一年真是好事连连，各种荣誉纷至沓来，我当上了乡人大代表和县劳模，也收获了爱情，她是乡中心小学的一名教师，我那年34岁，大她5岁，刚好镇上有现成的安置房，在父母的催促下结了婚。从此我也多了一份困扰，家和养殖基地间隔20千米的山路，每到傍晚我都会在家的温暖和基地的效益间艰难取舍，忙的时候常常十几天才回家一次，让我高兴的是妻子没有怨言，有一次她半怒半开玩笑说"你那里'羊姐'成群，比我有魅力，以后就不用回家了！"，我知道她理解我，我感到内疚。同时，我三叔也因羊缘找到了归宿。邻村有一个留守养羊户，丈夫常年外出打工，14岁的女儿在镇里上中学，18岁的智障儿子与母亲以放羊为业。留守养羊户的丈夫因安全事故丧生，使得本来就贫困的家庭更是艰难，我的合作社向她伸出援手，她家成为"2345"生态放牧养羊模式的一个加盟羊场，我三叔对她很热心，后来在我和扶贫的同志的撮合下，他们就走到了一起。

2020年全球多灾多难，火灾、蝗灾、非洲猪瘟、禽流感、新型流感、新冠病毒等在多地发生。非洲猪瘟和新冠病毒双疫情下的中国百姓闭户，百业蒙尘，养殖业哀鸿遍野，经济严重下滑，但中国率先走出了新冠疫情阴霾。然而，我的养羊基地像是世外桃源，几乎没有受到影响，反而出现诸多利好，羊价追随猪价创历史新高，土地、环保和金融政策面向养殖业有所放宽，财政扶持项目逐渐增加，各级领导对我关注有加。领导指示我"视野再开阔一些，胆识再大一些，步子再快一些"，我附和称是，但心中没谱。我再一次咨询市畜牧局的那位远房亲戚，他说要根据个人能力量力而行，发展要靠政府、靠专家、靠团队，但自己没有能力驾驭，一切都靠不住！你有魄力、有智慧、有志向、有人脉，未尝不可大干一场，成就一番事业。但是如果你不具备这些条件盲目扩张，结果必定是摊子铺多大窟窿就多大，万劫不复。

我经过自我权衡，制定"因地制宜、生态放养、突出特色、持续稳健、步步为营、小步快走、一户一场、合作共赢"的发展战略。利用资源，创新传统放养生产方式，把电围栏分区轮牧、GPS定位、无人机放羊、营地自动补饲、旋翼无人机配送饲料、太阳能恒温感应、定量饮水、生物育种等现代技术手段逐步用于生产，打造高效的山区草牧经济示范模式，进行社会化推广和专业技术服务，联合千家万户横向产业化发展，健全产业链条，培养特色品牌，利用电商平台、新零售模式开拓市场，延伸价值链，提高综合效益。

第二节
"四化放养模式"的经验与教训

历经 6 年艰辛探索，虽有曲折，但庆幸没有走太大的弯路，已经看见曙光，期待美好明天。我了解到一些近几年起步的大小养羊企业或已经关门，或困难重重。我把这些年的养羊心得分享给业界同人，希望交流共勉。

一、自信来自无知，低估了养羊风险和困难

在进入养羊行业之前我也做了一些功课，学习了一些养羊知识，包括拜访行业部门权威人士和专家，了解的信息是"国家政策长期支持养羊业发展""羊价连续 30 年走高，今后会保持增长趋势""养羊业是农业最后的蓝海""规模化养羊技术已经成熟，趋势不可逆"等，使人振奋，热血沸腾，跃跃欲试，恍惚一幅壮丽的美景正在招手。入坑之后才知道水深火热、波涛汹涌。多亏有贵人提醒，逐渐试水，掌握水性，才避免一头扎进深渊，被激流打翻。其实专家说的都对，只是没有养过羊的人不能正确理解而已。羊价年年稳步上扬，一方面是因为市场越来越大的需求，另一方面是因为养羊很难上规模。

有一天晚上我与三叔闲聊，回顾小时候家家户户都养几只羊补贴家用，那时候人民公社生产队还有集体的羊场，最多的时候达到 200 多只，后来两户村民承包，一年后一分为二，再过三四年两家都不干了。改革开放后三四十年，算了下我们村养过羊的有 40 多家，大多数三五年结业，虽然总是后继有人，但始终没有谁发了大财。方圆几十里之内比较出名的是祁老鞭，放羊已经五十多年，羊群始终为 70～90 只，给两个儿子都在县城买了房子，自己坚持在山里放羊。石坪村五年前建了一个占地 60 亩的大羊场，据说是扶贫项目资金建的，养了一年多羊就人去楼空了。事实说明靠传统方式养羊是一条稳妥滚雪球式发展的致富之路，如果你想暴富不要选择它；养羊也是一条非常辛苦操心的致富之路，如果你想偷懒或意志薄弱不要选择它。我能走到今天是靠多种有利因素的叠加，最主要的是积极学习新技术、新知识，把别人的教训当作经验，让我

少走很多弯路。

二、天时地利人和

遇到好的投资机会很重要。2013 年我国爆发小反刍兽疫，诱发羊价进入下行周期。2014 年养羊者都在抛售活羊，我是个小白，浑然不知行业情况，一头扎进这个行当。如果知道必然会有心理阴影，就不敢贸然投入。误打误撞，我当时买羊价格很低，节约了不少投资。前四年我一直在摸索，没有多少产出，市场低迷对我影响不大，但许多老的养羊场撑不下去了，等我的养羊场状况稳定后市场也同步转好。同时，这几年赶上了产业扶贫政策支持。以上所述也算是天时。所谓地利是这里地处山区，整村易地搬迁后退耕还林还草，与养羊构成完美的生态循环，生物安全条件极好，资源条件得天独厚。再说人和，如果没有三叔作伴也许我根本坚持不了两年，换上别人会这么尽心尽责吗？会这样不计报酬吗？

三、意志坚强，贵在坚持

成功者无不意志坚定、锲而不舍，没有哪个人能够轻易成功。一般人的意志没有那么坚定，养一段时间的羊你会发现每天起早贪黑的很辛苦，牧工抱怨不好养，家属抱怨不顾家，引起焦虑、情绪低落，甚至想到放弃。中途遇到羊群生病、牧工罢工、别人的闲言、市场价格跌落时令人怀疑前途、心灰意冷。养羊效益并不像想象得那么好，大部分一直亏到倒闭。对于新手来说前几年只是摸索经验，不在实践中吃几次亏根本学不到真本事，即便是知识渊博的专家教授也未必能养好羊，只有背水一战，置之死地而后生。抱着投机心理、三心二意、急于求成的人千万不要去养羊。很多人失败在前几年接踵而来的挫折面前，还有很多人止步在以后漫长惨淡经营的路上，只有极少数人能坚持到稳定收获的那一天。其实就算是这样，如果谁养谁发财，这个世界早就没有贫穷了，大家都去养羊了。

四、人是关键要素

创业之初能自己去牧羊最好，可以积累经验、节约成本。养羊不亲力亲为很难成功，即使不是自己亲自放牧，起码自己几乎每天要去羊场管理，沉下心来不为任何诱惑和挫折所干扰，但是一般人难以做到，我看到的是 50% 的养羊失败人士是因为自己实在忍受不了寂寞。找到稳定合适的放羊人非常关键，要求勤劳、责任心强并且忠诚，但这样的人不容易找到，更换几次还遇不到合适的人，屡次三番折腾得筋疲力尽。我是因为三叔的缘故在前期并没有感受到用人之难，后来随着养羊规模扩大，需要员工越来越多，用人难的问题也越来越明显。前期为技术上的事焦头烂额，中期为人的事费尽心机，以后在运营管理方面也将面临挑战。不但要与员工斗智斗勇，还要调节人与人、小派系与小派系、部门与部门等的关系。

五、立足资源，因地制宜，创新发展

科学的放牧模式具有显著的市场竞争力，不要片面地认为自然放牧就是落后的生产方式。包括养羊强国澳大利亚所推广的"幸福饲养法"，其实也是坚持自然的放牧和轮牧，而不是直接地圈养，顶多是肉羊短期（一般6个月左右）育肥会采取完全圈养。有些山区明明有优厚的放牧条件，脱离实际强行推广所谓规模化舍饲养殖，盲目追求数量，看起来是产业进步，实际上是揠苗助长，舍本求末，丢掉自己的鱼米去抢别人的糠菜。看起来高大上的羊场，没有经过科学的工艺设计或内部配置不到位，不能真正满足羊对自然阳光、新鲜空气、全面营养的需要，舍饲养殖使饲养成本增加了许多不说，缺乏过硬的配套技术也会导致失败。当然，目前的小散放羊方式也需要技术总结配套和模式创新，可以借鉴国外先进草牧业经验，完成质的飞跃。

六、定量放养，维持生态平衡

过载放牧造成生态环境的破坏已经成为共识。据报道，内蒙古某地区草场放羊的密度，20世纪50年代为60万只羊，20世纪90年代初发展到2465万只羊，超过草场极限载畜量26.5万只羊，如此过载放牧，岂能不破坏严重。因而，20世纪50年代那水草丰美、牧歌声声、成片羊群如悠悠白云搏动于草原的富有诗意的兴旺美景已不复存在。我们发展草牧业必须严格控制载畜量，不能以牺牲环境为代价。

但是，完全禁牧也是不科学的。生态学里面有一个"中度干扰假说"，就是适当对生态系统进行干扰，那么在生态系统中更多物种可以共存而不被竞争排斥掉，可以使生态系统中物种多样性达到最高。牧食链在很多情况下也是如此，草食类动物可以对草场上植物进行啃食、踩踏，可以削弱生态系统中过分有优势的物种，有利于植物多样化繁荣。适当放牧有利于维持生态平衡，羊采食植被有利于新陈代谢，同时留下有机肥完成生态循环。植被不被利用，枯草落叶腐殖速度慢，容易引起病害或火灾。放牧最好选择灌木丛或草坡，灌木丛太高了也不行(1米左右，太高了羊吃不到)，草坡最好是禾本科与豆科牧草混播，羊不是很爱吃禾科类的植物。

七、现代放牧养羊需要科学设置补饲场所

传统放牧养羊的羊圈非常简陋，只能挡风遮雨，简单补食、补水。几十只羊问题不大，放牧人多操些心就行了。适度规模化的放牧羊群达到几百只，就需要科学建造羊圈，能够提供清洁的饲养环境，提高劳动效率，在雨雪天气可以舍内补饲，并且便于分群管理。

补饲场所选址应在交通方便、平坦开阔、有清洁水源、草场中心地带，注意避开风大的山口、空气不流通的山坳、洪涝谷底、易滑坡处等。

羊相对来说怕热不怕冷，干燥通风是羊圈最基本的要求，潮湿、阴暗、空气污浊容易引发羊病。我现在采用标准化的高架网床，羊舍有卷帘，屋顶有隔热层，冬暖夏凉，羊床漏粪板高于地面1米以上，冬季用卷帘把四周封起来，但要保留足够的通风缝隙，春夏秋其余四面可以敞开。羊圈安装自动饮水器随时提供清洁的地下水，还设置矿物质添砖架。在繁殖区还有标准更高的产羔房，冬季提供温水，羊床设置羔羊保温箱，大大提高羔羊成活率。

八、贮存足够的牧草用于补饲

羊若营养充足，则少疾病，生长快，种羊则繁殖力强，产羔多，羔羊成活率高。资源差的地方，在春、夏和初秋青草茂盛时放牧羊才能吃饱，有的还只能吃个八成饱。而在深秋、冬季和初春，羊一般只能吃个半饱，特别是在酷寒季节，羊仅能吃少量干草，维持生命尚且不够，根本谈不上生长。这种仅靠放牧而未喂给饲草，严重缺乏营养的羊往往多疾病，肉羊需一年半才可屠宰，且膘差，体重达不到应有的标准，屠宰率50%以下，种用羊的繁殖力低，产羔少，且成活率低。

我们那边地方大，春、夏、秋都不用为牧草发愁，冬天也有吃的，但光吃干草营养就不够了，碰到下大雪就更麻烦了。第一年没有准备那么多的干草，一场大雪过后，牧草都被盖了，只能吃干草，但又不知道雪要下多少天，只能

将有限的草慢慢地给羊吃，很焦急的。有时候雪小一点了，还是要把羊放出去。其实我是不想放的，但羊吃得不够，没办法呀。到了第二年，我就长教训了，种了几十亩青贮玉米，全都存起来了，同时，也储存了一定量的饲料添加剂、麸皮、玉米、饼粕等用于配制精饲料，再也不怕大雪封山。

九、创建"四化放养模式"，实行分群管理、选种选配

传统放牧养羊很粗放，技术含量低，不分群管理，公母混杂，造成了羊随意交配，近亲繁殖退化严重，影响了羊的性能，羊越养越小，有的羊养一年才20～30千克，繁殖率也下降。更缺乏现代选育技术，没有生产记录用来测量和科学地评估，通过沿袭几千年的外形选留种羊。据了解，新西兰20年前羊的饲养量超过5 000万只，但根据草场载畜量要求减少到目前的3 100万只。种用母羊减少了51%，但是羊肉总产量只减少7%，主要是因为提高双羔率，酮体重从10～12千克/只提升到18千克/只。生产水平每年提高2.5%，通过提高羊的繁殖力、牧场草的营养供给、动物福利和生产管理技术水平等方面提升肉羊生产效率。

现在我们的养殖站点已经有8个，有必要和有条件进行专业分工，通过不断的学习和探索，我们建立了育种核心群、专门繁殖生产群、专门育成育肥群。把最好的种羊集中在育种核心群，并配置一些育种设施，通过选种选配提高生产性能，把符合标准的种羊分发到专门繁殖生产群，更新即将淘汰的种羊，把不合格的公、母羊送到专门育成育肥群育肥后作为商品羊出售。专门繁殖生产群按公、母比例1∶30配置，所生羔羊断奶后送到专门育成育肥群。专门育成育肥群最简单，就是把断奶羔羊放养3～4个月，特别优秀的育成羊选送到育种核心群，有人购买种羊时就把符合标准的作为种羊销售，其余的都作为商品肉羊销售。我的这种模式是在"2345生态放牧养羊模式"的基础上升华为"四化放养模式"，所谓"四化"就是现代化、规模化、良种化、生态化。特点主要是：不用频繁外地引种，节约费用，羊群的品质逐年明显提高；分工明确，工艺专一，便于规范化放牧，每一个站点执行各自的生产规程就能把羊养好；难易程度不一样，可以优化人力资源和自然资源的配置，人尽其才，物尽其用。

十、搭上信息化革命便车，让"四化放养模式"插上现代科技翅膀

过去交通不方便，影响了羊的销售价格。我养羊的地方在半山谷，离沟底的公路还有5千米。通往养殖基地的路是十几年前集全村之力修建的，可以通农用车辆，前几年勉强可供我养羊使用，但搬迁以后人越来越少，基本没人养护了，有的垮了，有的坏了。我也请人修过几次，但坏的很快。这就造成了羊出售时不方便，也不了解市场行情，价格上总是吃亏。有人来买羊，在山下给我打电话，我选一些羊赶下去，卖不完的再赶回来，需要一天时间。羊赶下去了，不能不卖吧，有人就会趁机压价。按理说我的羊是散养，价格应该更高一点才对。

5G的到来注定要改变一个时代，我与互联网企业合作，利用养羊智慧信息化管理系统、大数据平台，推进放牧养羊大规模、自动化、智能化、集约化、组织化、专门化、产业化、市场化进程，提高生产效率，降低成本，增强市场竞争力。

养羊智慧信息化管理系统通过聚焦智慧农牧业、食品安全可追溯、动物疫病防控和畜禽政务监管等领域，运用物联网、人工智能技术实现养殖户、农资企业、采购商的直接撮合成交，实现养殖企业、养殖户可视化在线交易。农户可使用大众版养羊随手记，日常记录养殖过程，养殖场使用专业版，精细化管理，同时节约成本，降低风险，提升管理手段。除此之外，养殖户还可通过安装智慧畜牧APP，完善个体档案，上报养殖信息，链接合作社、养殖户、保险公司、金融机构、政府单位等相关部门，APP还提供保险和信贷金融等服务。

"互联网+农牧现代产业"新技术让我的"四化放养模式"插上了信息科技翅膀，我只要拿着手机就能对基地生产情况一目了然，随时随地都能下达指令，了解行业整体态势，进行全面问题咨询。从此买羊再也不难，并且还产生了品牌溢价。

十一、从临床兽医到无为兽医的转变

通过学习我才知道大学里把兽医分为了基础兽医、临床兽医、预防兽医学科等。刚开始养羊我什么都不懂，随着羊场规模扩大，问题越来越多了，疫病损失与日俱增，有病乱投医，我经常跑到镇上、县里甚至省城寻医问药。久病成良医，经过几年的实践，自己也练成了临床兽医的基本技能，附近的养羊户也找上门来。治疗羊病越来越得心应手，死淘率有所降低，但我突然意识到养

殖场一旦有了高明的临床兽医，那这个养殖场肯定付出过非常大的代价。我早就从书本上知道"防重于治"，但在实践上没有真正贯彻落实，或者说不得要领，血的教训让我重新审视"防重于治"的含义，结合实际引入预防性驱虫、疫苗接种和药物控制程序，几经调整把它固定下来，真实有效地得到执行，完成临床兽医向预防兽医的升级，危害最严重的寄生虫、传染病基本上被杜绝，养殖效益显著提高。特别强调的是"真实有效"四个字，有时候驱虫、疫苗接种和药物控制都做了，羊为什么照样发病？因为预防兽医没有那么简单，必须把握药品质量、给药有效途径、机体健康状况和抗体水平等。人为因素也很关键，执行者有意无意地不按规程操作，并缺乏监督和检验，不但浪费人力物力，效果也会大打折扣。做好"防疫＋治疗"并不等于高枕无忧，控制了传染性疾病只是避免了灭顶之灾，影响生产性能和经济效益更主要的是常见病，而常见病的病因主要是管理不善和环境不良，具体来说就是营养搭配不合理、饲料和饮水供给不科学、光照不足、空气污浊、温度不适等问题，把这些问题都克服了对于动物来说无疑是最强的保健，也就是说兽医应该懂得营养、管理和环境控制，满足了动物对营养和环境条件的所有需求，常见病就根除了，也就达到了保健兽医的层次。做好"预防＋保健"临床兽医基本上就没有用武之地了，回过头来再学习兽医学基本原理，融会贯通临床兽医、预防兽医、保健兽医技术，完成"实践—理论—实践"飞跃，就达到了"无为兽医"的境界。

十二、尊重产业发展规律，有所为有所不为

我的事业有了起色之后，得到了很多关注和期待，但稳妥发展是我的既定方针，只要坚持不懈往前走，该来的总会来。吹起来的泡泡很快就会破，我想要的是可持续的、薪火相传的余庆之家，实现自己的小康梦想，带动一部分乡亲致富。延伸产业链，做强价值链固然是很好的主张，但自己要做力所能及的事，一个人把一件事做到极致对社会就是不小的贡献了。还有农业休闲观光项目，一开始我很有兴趣，在财政资助下改善环境面貌，对提升企业形象、提高产品知名度都会有一定的作用。我这里群山环抱、绿水长流、鸟语花香，经常有三三两两的驴友路过这里。但了解到项目建设企业需按 1∶1 配套资金、具备完善旅游服务设施（吃、住、玩、训、学等）、年接待游客 5 万人以上等要求时，我就果断放弃了。这里虽然风景优美，但没有知名度，距离最近的城市85 千米，整体搬迁之后一年也难有 100 人造访。这种劳心费钱、短期见不着利

的事不能干，项目从申报到完工验收十分烦琐，会分散精力。在产业发展过程中应有农业休闲观光这种设想、谋划，预留发展空间，注重文化积淀，有意营造农业休闲观光功能，随着产业发扬光大，人流、物流、财流都会聚集，产业振兴、自然风光与人文相结合，亮丽的风景线才能水到渠成。

第十六章
孟武伟——九曲十八弯的养羊之路

　　我叫孟武伟，从我十几岁起，家里就一直养着羊，少的时候有七八只，多的时候有差不多20只，养羊不是为了吃肉，而是为了贴补家用，如家里需要一笔比较大的开支或者逢年过节的时候就卖掉一两只。从2008年开始，在外面销售兽药的弟弟每逢见面就跟我说："养羊可以啊！羊病少、吃的是草，并且咱家还有点养羊的经验。"据他观察，羊的价格近几年一直在上涨。连续几年春节相聚的时候，类似的话都在重复提起，这最终打动了我。2011年春天我把工作以来攒的钱拿出来开始投入养羊，"一入侯门深似海"，入了这个行业后才明白这个行业的不易，尤其是入行的前几年，基本是头破血流，到处碰壁，硬件建造、品种、技术、管理等反复走弯路交学费，所有的精力和资金都投入了进去也没有取得想象中的效益。从机会成本、理财上来说，因为资金投入到羊场而错过了房价上涨期和2014年的股票牛市，养羊投资回报显然很差。但是，无论投资房市或股市都是虚拟经济的零和游戏，并没有产生社会价值，而养羊是第一产业，无论经营者赔赚，它都创造了社会需求和供给。还好，经过了反复折腾，我最终坚持下来了，粗略估计了一下，2015年之前认识的周边同行，现在还在从事这个行业的一半都不到。人过留名雁过留声，把我走的弯路和经验分享出来，如果能让后来者少走一点弯路，也算是对这个还不是特别成熟的行业尽了点绵薄之力。

第一节
九道弯路

养羊的路并不是一帆风顺，以下是我自身走过的九道弯路。

第一道弯路：我基本没有经过调查，只是看了一家羊场，感觉这个行业有很多优点就比较自信的（后来看是盲目）进来了。比如养羊属于农业范畴，羊场周边农作物较多，可以利用废弃的秸秆喂羊，羊病较少，羊的价格比较坚挺等。进来以后才知道这里面水有多深，远没有想象的乐观，一步一个坑，只能硬着头皮往前走，回望身后才知道走了多少冤枉路。

第二道弯路：找一个合适的地方远远比想象中要困难。农村有些关系比城市更复杂，适合养羊的地方哪怕是一片荒地，一直荒着可以，一旦你要去利用了，就会有人出来说东道西，千般阻拦。当时根本没有土地性质和环评的概念，所以这第二个弯跟第一个弯是一个性质，没有摸底没有调查就开工，院墙刚拉起来，有关部门就上门叫停，花了很多钱疏通关系、补办手续，得到关照才勉强把羊场建起来。

第三道弯路：预算严重不足，没有经验，考虑不周全，比如只考虑了买羊和饲料成本，没有考虑必须投入的设备等投资，另外也是形势所逼被动投入，从最初的利用现有的房子、现有的土路，到盖羊舍、硬化路面、修建办公室等，投资计划从最初的100万元被动滚动到300万元左右。

第四道弯路：羊场规划建造不合理，如道路设计不科学；羊舍建设不合理，羊舍用单层彩钢瓦，冬冷夏热；羊槽设计的太小又二次改造，提高了建筑成本；没有安装自动饮水装置；最初没有考虑漏粪板，后来铺上漏粪板、安装刮粪机后，刮粪机安装的位置不对等。就像画一幅画，不是有了整体的布局才开始动手，而是边干边调整，等到发现很多问题的时候，想调整已经很难了，除非推倒重来。

第五道弯路：图便宜的心理导致损失惨重，准备买羊的时候考察过一个养殖场，因为觉得价格高，就从当地的各个集市、农户家里买羊，但是买到的母羊大部分是有问题的，要么是不孕，要么流产，要么产单羔。

第六道弯路：把体型看起来不错的杂交羊（当时还分不清楚二元、三元和级进杂交）当作纯种种羊。因为不懂并且感觉只要是种羊，应该区别不大，不是考虑的质量而只是以自己能接受的价格来买种羊,俗话说"种公羊好,好一坡"难道是瞎说的吗！所以不懂很可怕。

第七道弯路：繁殖率上面走的弯路。养母羊如果见不到一定量的羔羊就是瞎胡闹,刚开始买的母羊不孕的多,接下来产单羔的多,再接下来才调整到产双羔、三羔的多。产羔率的多少主要取决于什么？抛开繁殖辅助技术来说,主要是靠品种,多羔品种当然生得多。

第八道弯路：认为不赚钱的原因是行情,是羊的数量太少,是固定资产投入太大而羊的数量太少,所以就在羊数量上做文章。

第九道弯路：只要羊不生病状态很好就认为是好的,每天看着这么多羊就高兴,没有配种计划,没有测孕意识,没有意识到什么是浪费,例如空怀期。

以上最大的弯路是什么？是选错了品种。品种不对,辛苦白费！同样的人工和饲草成本,不同品种的产出会有天壤之别。如果品种不行,要调整会非常漫长。经验是需要慢慢积累的,但品种绝对不是,品种是需要跟男女相亲一样,看准了就稳准狠地拿下,否则看走眼了再离婚那是要付出代价的。产羔率低或者生长速度慢的品种难道养时间长就养成赚钱的品种了？代价都是要命的,我们需要方向和方法,需要稳准狠地得到我们想要的东西。

第二节
十一条建议

第一条：入行之前多调查,通过网络了解或者熟人介绍后,一定要实地参观几个甚至更多的养殖场,不要吝啬这笔考察费用,只有这样才能根据看到的情况再结合自己的实际情况选择合适的模式,即圈养、放养或者半圈半放,根据当地地形、气候、消费习惯等选择山羊或者绵羊。

第二条：养殖场的选址一定要咨询当地政府和相关的职能部门,如县乡政府、国土资源局、环保局等,了解是否处于禁养区或者限养区,从土地性质来说,不属于基本农田的土地都可以,但是各地具体要求不一样,从环保部门来说,养殖场距离主干道或者村庄居民区要达到500米以上,有些饮水源地要求距离更远。

第三条：不要把全部资金计划进去,预留30%的备用金,这个行业在资金的预算层面上跟装修一模一样，甚至比装修更严重。另外生物资产与硬件投入不能比例失调，比如拿70%的资金来建羊场，拿30%甚至更少的资金来购买羊，最好是轻固定资产重生物资产。

第四条：投资羊场按照"租—收购—新建"的顺序来做战略选择，这样做的好处是固定资产的投入少，可以把大部分资金用到跟效益有直接关系的生物资产上面。另外，租场地或者收购场地要厘清债务关系，这样不但比自己建场费用低，还可以避免很多在建场过程中需要付出协调的精力。

第五条：羊场的规划设计不要自作主张，如果是小规模羊场，可以多到几个养殖场参观学习，然后根据自己的场地画草图，再找业内有经验者论证，然后再建造。如果是大中型羊场，一定要抛弃自己规划设计的想法，要找专业的设计机构。对于大中型羊场来说，支付一笔规划设计费用，远比自己比葫芦画瓢建造使用起来不合理而造成的浪费要划算，如羔羊补饲栏的位置设计到哪个位置，可能很多场都不一样，有些羊场需要饲喂人员跨过栏杆才能添加草料，天天如此，不但增加了饲养员的工作难度，而且每次都会给羊群造成一定的应激。但是专门的设计机构设计的羊场会更加专业合理。

第六条：从合适的渠道买合适的品种，去正规的养殖场引进优良的种羊，种公羊一定要从专门的种羊场购买，母羊方面，如果自己经验不足，就选择产羔率适当（200%左右）的基础母羊，如澳湖母羊；如果有一定的养殖经验，就选择繁殖率高的品种，比如湖羊。有很多小型的养殖户，习惯从集市上抓羊，觉得自己的养殖成本低，买回来养了一年见不到几只羔也觉得是正常的，那是因为从来没有享受到多羔带来的好处，一旦思路打开了，效益之门也就打开了。

第七条：一定要掌握一些关键技术，比如同期发情人工授精、B超测孕、羔羊护理、营养配方、疫病防控等。掌握同期发情人工授精技术既可以节省成本缩短空怀期，也可以统一产羔、统一出栏，容易管理。

第八条：可以靠量来博取利润，但绝对不是盲目地靠量，发展过程中，要学会加法、减法和乘法。加法就是把握好行情，市场价格低的时候逐步增量，在养殖经验成熟的时候逐步增量。减法就是在行情持续高涨的时候逐步减量，把老弱病残和不孕的羊淘汰。乘法就是不但要会养，还要养得有特点，比如长得快，或者生得多，或者抗病能力强，或者不仅仅卖羊还包含技术输出，这样就能卖出相对高的价格，获取更多的利润。

第九条：永远是防大于治，防止养到最后赚不到钱却成了当地有名的兽医。

第十条：一定要有计划，有总结。不是瞎忙，是有计划地忙，什么时间配种，什么时间增加精饲料，什么时间断奶等一定要一清二楚。

第十一条：控制成本，各阶段精饲料饲喂量要算细账，某阶段饲喂量不够会使羊的生产潜力不能充分发挥；超过营养需要，又会浪费精饲料，使羊发生代谢疾病。充分利用当地的农作物下脚料资源，如豆类加工厂、中药厂、食品加工厂等副产品。

十年的养羊经历告诉我：最不容易回头的弯路是规划设计和固定资产建造不合理，一旦建成就无法更改；最大的浪费是时间，该配种的不配种，该测孕的不测孕，该断奶的不断奶，该出栏的不出栏；最愚昧的想法是只钻研治疗，不考虑病因，不做好预防；最大的风险是烈性传染病；最容易忽略的是寄生虫，驱虫不到位，喂啥都白费；最不容易理解的操作手法是高峰期减量；最大的成本是饲草料成本，每天都在发生，每天多支出一点，日积月累下来就是一大笔开支；最基础的饲养知识是学会给羊补充营养；饲料转化率高低最终取决于品种；最核心的要素是人，懂管理、懂技术、有头脑、有责任心的管理和技术人员才是最大的财富。

第十七章
豫东牧业可持续健康发展纪实

　　豫东牧业是河南省一级种羊场、河南省布鲁氏菌病净化示范场、河南省农业产业化重点龙头企业、豫东肉山羊研究培育基地、国家级标准化畜禽示范场。主要饲养豫东肉山羊等，总存栏种羊13 220只，其中能繁母羊9 000只，豫东肉山羊核心育种群2 000只，后备母羊4 000只。

第一节
山羊"育繁推"之星

农业企业的生命在于造福群众，在于带动农民增加财产性、工资性收入，与群众一起携手发展。

位于中原大地的豫东牧业有限公司，从全国产业扶贫的一面旗帜到乡村振兴的"领头羊"，始终秉承"发展一个企业，带动一项产业，带活一方经济，带富一方百姓"的科学发展理念，豫东牧业有限公司聚焦聚力山羊养殖这个主业，不断延长产业链条，打造集肉羊养殖、母羊繁育、种羊培育推广、定点屠宰加工及线上线下一体销售的现代化养殖全产业链企业，构建"上下游融会贯通、农工商无缝对接、农产品高附加值"的绿色养殖产业体系，助推当地现代畜牧养殖业的全链开发、集群发展，为巩固拓展脱贫攻坚成果，推进乡村振兴有效衔接添动力、增活力、做贡献。

走进豫东牧业，一排排整齐划一的标准化棚圈、一头头体形健硕的良种山羊映入眼帘，新年的新气象扑面而来。

在胡业勇的带领下，大家穿梭在一栋栋羊舍之间，在他热情又不失幽默的介绍下，一幅田园牧歌的美丽画卷在眼前徐徐展开。豫东牧业从创业到兴盛，再到未来规划的成长故事，如同一个个跳跃的音符，伴随着连绵不绝的羊叫声，仿佛在上演着一曲乡村振兴、种业创新、绿色发展的动人心弦新牧歌……

20多年来，豫东牧业以畜牧业高质量发展为目标，深入实施绿色发展战略，全面推进畜牧现代生态养殖和育种，不断壮大企业规模，让企业向规模化、标准化、智能化、全产业链化转型，向良种化、区域"无疫化"推进，致力于打造养殖标准科学化、经营销售市场化、生产设施规范化、育种研发创新化的企业，全力向产业培育、群众增收、绿色发展的畜牧企业迈进。

第二节
贫苦"放羊娃"的艰辛创业路

颠覆传统的山羊养殖模式，带动当地群众摘帽脱贫，从贫困小村庄成长起来的豫东牧业，一跃成为全国产业扶贫的先锋和表率。

托尔斯泰曾说，幸福的人都是相似的，不幸的人各有各的不幸。相对于创业来说，成功的企业家都是相似的，但创业的历程各有各的苦难。

在河南省宁陵县，说起养殖产业，离不开豫东牧业；说到豫东牧业，离不开胡业勇。他是豫东牧业的顶梁柱，是豫东牧业的当家人，更是宁陵县、商丘市和河南省的养殖"明星"。胡业勇从农民的儿子到全国劳动模范、全国脱贫攻坚奉献奖获得者，他从养殖50只山羊起步，凭着顽强的意志艰苦创业，一辈子干好养羊一件事，用25年时间发展到拥有20万只能繁母羊、总资产9 800万元的现代养殖企业，走出了一条山羊育种推广的可持续发展之路。

胡庄村是宁陵县华堡镇的一个偏僻乡村，与柘城县交界，距离县城有5千米路，被列入重点贫困村。胡业勇，就出生在这里。

自童年起，贫困的印记就深深刻在了胡业勇的脑海里。祖辈世代为农，他家中姊妹6人，小学没毕业就开始了"放羊娃"的生活。

豫东农村地区的农家院里随处可见猪羊牛、鸡鸭鹅等牲畜家禽。自记事起，胡业勇每天都要赶着家里的几只羊到河边去吃草。那时他感觉放羊比上学有意思，胡业勇对羊有种莫名的亲近感。

人生就是如此充满诗意，令胡业勇没想到的是，他这辈子竟与羊结下了不解之缘。

1996年，眼看读书无望，胡业勇开始到广东省东莞市打工。爱钻研、好观察的胡业勇与其他打工仔闷头干活不一样，他发现老板其实也是小学文化、农村出身。可老板一年能挣几十万、上百万元，他们打工累死累活干一年苦力才能拿到几千元工资。当时，胡业勇就萌生了自己创业当老板的想法。

机会都是留给有准备的人。胡业勇虽然文化水平不高，但他头脑灵活、善于观察、勤于学习、擅于思考。听说搞养殖挣钱，胡业勇就在打工期间学习，别人不干活就睡觉、喝酒、打牌，他有空就往书店跑，开始有针对性地找有关养殖方面的书看，准备用打工挣的钱回家养羊。

"别人放假休息的时间，我去新华书店看书看报'充电'，找山羊养殖方面的书籍。没有本钱，就东拼西凑借钱购买了50只母山羊；没有销路，我就既做饲养员也做销售员，牵着山羊赶集售卖。"胡业勇说道，就这样，他凭借着顽强的拼搏精神、坚韧不拔的毅力，一步一个脚印，打造出发挥自身价值的畜牧养殖事业平台。

当时，打工一年回来，别人都买了几身新衣服，胡业勇却买了一大堆养殖方面的书籍。返回老家后，他又从亲戚朋友那里借了一部分钱，购买50只山羊开始了自己的创业之路。但现实是无情的，仅靠书本上的知识，没有实践经验，一年不到他的羊就死了一大半。

挫折并没有打垮胡业勇，反而令他意志更加坚定。他不顾家人的反对，决定正式拜师学艺，到畜牧局报了养殖技术培训班，决心走养殖这条路发家致富。

有了系统的学习和养殖专家的指点，胡业勇的养殖事业像滚雪球一样越发展越大。多年的养殖生涯，也练就了胡业勇吃苦耐劳、踏实本分的品质，为他今后事业的发展壮大夯实了基础。

胡业勇用20多年的拼搏与努力，将豫东牧业发展成为豫东地区规模最大的畜牧养殖基地之一，实现了他从"放羊娃"到脱贫致富"领头羊"的身份转变。

第三节
脱贫"领头羊"的产业致富经

进入新时代，围绕新要求，豫东牧业大力推进生态养殖、育种创新等工作，在现代新兴农业主导产业的发展道路上不断创新实践，成为河南畜牧养殖行业的"领头羊"。

接待各省市的访客与养殖户、与前来"学习取经"的同行沟通交流、两个手机不间断接听全国各地养殖户的咨询电话……这，就是胡业勇的日常生活的真实写照。

创业成功，事业有成，各项荣誉也接踵而至。虽然获得了全国劳模和全国脱贫攻坚奖奉献奖等多个"国字头"的荣誉，但胡业勇依然坚守初心，每天都在围着山羊和养殖场忙碌。用他的话说，"一天不到羊棚转转心里就发慌，总感觉少点什么似的"。

25 年来，始终不忘劳动、坚持创新，是胡业勇的底色。

"我当时就是想着通过自己的双手致富，让一家人不再受穷、过上好日子。"回想曾经的创业历程，胡业勇至今历历在目。他说，2014 年是他人生中最大的转折点。

因地制宜、精准施策，方可事半功倍。经过多年的发展，2014 年胡业勇的养殖公司与基地合作社农户总规模已发展到 6 万只能繁母羊，并带动周边群众通过养殖脱贫增收，规模和效益都不错。当年他应邀去商丘参加扶贫大会，会议安排他发言，介绍养殖脱贫致富的经验。他把创新实施"无款包送、无病包防、有病包治、养死包换、养成包收"的"五包"扶贫养殖模式做了推介。会后，豫东牧业的这一模式，得到了有关部门的认可与支持，也开启了胡业勇带动更多群众脱贫增收的新局面。胡业勇饱含深情地说："在自己的创业路上，能够带动乡亲们共同致富奔小康，让乡亲们过上幸福的生活，这是我最大的心愿。"

产业发展是打赢脱贫攻坚战的根本支撑，也是乡村振兴的"金钥匙"。一人富不算富，大家富才是新出路，秉承着"授人以鱼不如授人以渔"的理念，在脱贫攻坚战中，豫东牧业积极主动融入，创新实施推进，通过养殖产业带贫模式，不断进行肉羊良种繁育推广，优先安置贫困人员就业，实行"政府＋公司＋合作社＋农户"养殖模式，发展一个村、带动一个乡、覆盖一个县，带动千家万户致富，户均年收入近万元，取得了良好的社会效益，实现了由"输血式"扶贫到"造血式"扶贫的实质性转变，由体力型增收向技能型增收的根本性改变。

白手起家成长为当地规模化畜牧企业后，胡业勇却没有停止发展的步伐，他开始致力于山羊新品种繁育领域。

多年来，胡业勇立足本土，针对豫东地区传统牲畜品种繁殖慢、效益低的问题，先后到南非、澳大利亚等国考察，引进被称为世界"肉用山羊之王"的波尔山羊，并与本地传统山羊杂交，改良并培育出了自己的种羊品牌——豫东肉山羊、豫东马头山羊、豫东白山羊等新品系。这种山羊体型庞大，酷似矮马，具有产羔多、生长快、耐粗饲、好饲养、抗病力强的特点。因此，豫东牧业也先后被授予国家畜禽种业阵型企业、国家畜禽养殖标准化示范场、河南省科技养殖先进企业、河南省农业产业化优秀龙头企业、河南省畜牧行业高质量发展企业、河南省无公害畜牧良种生产基地。目前，河南省农业良种联合攻关"豫东肉山羊育种关键技术研制及新品种培育"项目正在豫东牧业实施，并正积极申报国家羊核心育种场和国家级疫病净化场。

创新无止境，创业不止步。如今，善于学习的胡业勇借助互联网优势，让豫东牧业通过快手、抖音等新媒体平台进行网络推广销售优质能繁母羊，业务遍及全国16个省，建立了合作加盟良种推广基地600多家，每个基地年纯收入在5万元以上。

第四节
振兴"致富羊"的种业创新梦

种子是农业的"芯片"。种业要发展，自主创新是关键。当前，我国拥有自主知识产权的优质肉羊品种较少，高端核心种源依赖引进。深耕养殖业25年，胡业勇深刻认识到，豫东牧业作为国家畜禽种业阵型企业和河南省种羊繁育基地之一，更要全力推进山羊良种繁育工作，解决种源"卡脖子"关键技术攻关，实现"种业振兴"梦。

"我几十年来一直有一个愿望，就是培育出拥有自主知识产权、能提供优良品质羊肉的新品种。"胡业勇坚定地说，育种是一项长期工作，不能为了育种而育种，或者是脱节于生产者和消费者而育种，那样都难以持续性发展。育种不仅解决国家种源"卡脖子"的难题，提升生产效率和促进肉羊产业升级，同时能满足消费者对优质食材和美好生活的追求。

畜禽良种既是畜牧业现代化的基础，也是我国畜牧业发展中亟待加强的薄弱环节。随着国家畜禽遗传改良计划的实施，我国肉羊良种供给能力不断增强，有力地支撑了现代羊产业发展。胡业勇介绍说："但在生产上，一些地方存在着'重引进、轻选育'现象，品种退化，缺乏市场竞争力。同时，不少养殖企业自主育种能力严重欠缺，拥有自主知识产权的优质肉羊品种匮乏，高端核心种源依赖引进。"

产业要提升，科技是支撑。为加快优质山羊品种的培育，多年来，豫东牧业一直与河南省畜牧总站、河南农业大学、河南省农业科学院、西北农林科技大学等保持紧密合作，持续投入资金、整合力量、技术攻关，加大对豫东肉山羊品种选育、改良和新品种培育。科研院校在宁陵养殖基地设立了种羊繁育实验室，并派驻科技特派员常年进行技术服务，为豫东牧业的"种业创新"注入了新动力。

"过去我们只能依靠自然培育，现在可以通过人工授精等科学技术手段进行良种培育。"看着正在给羊做人工授精的技术人员，胡业勇颇为自豪地介绍，他们不仅与知名高校合作，还计划引进更多专业技术人员，自己打造品种繁育实验室，做养殖企业自己的科技创新、良种研发。

2021年，河南省畜牧总站在豫东牧业组织召开了豫东肉山羊新品种培育工作推进会，现场查看豫东肉山羊群体情况，现场指导加快推进豫东肉山羊新品种培育工作。多年来，豫东牧业坚持育种与推广养殖同步的原则，坚持以品种繁育求发展，致力于波尔山羊、马头山羊、槐山羊、豫东肉山羊等多个品种的繁育与推广，对优良的地方品种予以提纯复壮，保护地方优良品种，立足畜牧业，打好打赢种业翻身仗，助民致富奔小康，为发展壮大山羊产业贡献智慧和力量。

胡业勇在发展中不断创新，在豫东牧业原来"六大扶贫模式"的基础上，围绕种业振兴和乡村振兴工作，依托企业的养殖产业优势，以市场为纽带，以脱贫户为基础，探索实行"政府+龙头企业+合作社+贫困户"的能繁母羊集中托养带富模式，即脱贫户与豫东牧业签订协议，将4只能繁母羊托管到企业，托管能繁母羊生产的羔羊归公司所有，公司连续5年给每户分红1 000元。

与党同心同，与民同行。把责任记在心上、扛在肩上、抓在手上，豫东牧业与多地政府建立了全面合作，由粗放式向精准式帮扶转变，由短期性突击增收向长效性稳定致富转变，由"输血式"扶贫向"造血式"脱贫的根本性转变，真正实现了群众稳定增收、企业转型发展的双赢目标。

如今，豫东牧业投资2 000多万元建设的30栋标准化羊舍红红火火，实现了养殖自动饮水、自动刮粪、自动消毒。目前，该公司在宁陵县带动1.4万户脱贫户养殖的山羊开始繁殖，并实现分红受益。"如今，让乡亲们利用养羊脱贫的愿望已经实现，我新的梦想便是让更多人通过养'品种羊'来致富。"眼光独到而深远的胡业勇说，他将抓住实施种业振兴的机遇，深度开展联合攻关，加快培育具有自主知识产权的突破性豫东肉山羊新品种。

其实，豫东牧业一直牢抓两个关键：一是良种繁育，二是生态养殖。

走进豫东牧业，可以看到工人熟练地将打捆的农作物秸秆倒入饲草粉碎机，然后将刚加工完的秸秆碎末与特制的饲料配比，再开始投喂。多年来，豫东牧业坚持通过优化产业结构，大力发展"秸秆回收—饲料加工—活畜补饲—畜肥还田—作物种植"的闭环式循环农牧业经济。每年夏秋两季，公司都会回收当地群众的农作物秸秆,储存加工后作为养殖原料,实现资源集约利用、绿色发展。

豫东牧业南侧,古宋河静静流淌,河水碧绿向东流,独特的自然风光与现代化养殖场构成一幅生态畜牧业画卷。

"在北京人民大会堂捧着奖章和荣誉证书时,我感觉分外沉重,这意味着我要肩负更多的责任,带动更多的群众脱贫致富。"胡业勇感慨,他做梦也没想到,一个农村"放羊娃"能站在北京人民大会堂接受表彰。胡业勇自幼出身贫寒,却有红色传承,爷爷是抗美援朝英雄。作为省市两级人大代表,他坚定地说,豫东牧业将坚守"红色基地·绿色牧场"的总目标,在乡村振兴的道路上,带动更多的群众通过发展山羊产业过上幸福小康生活。

"畜"势待发谋跨越,又踏层峰望眼开。秋日的暖阳穿过羊舍,金色的光芒洒在洁白的山羊身上,也照射在胡业勇的脸上,他那笃定的眼神似乎在告诉人们:夕阳西落,却意味着更加美好的明天与充满希望的未来即将来临……

从"放羊娃"到"羊司令",从"扶贫羊"到"致富羊",从"领头羊"到"振兴羊",豫东牧业一直在创新中发展、在发展中创新,坚持依托企业核心优势,以肉羊养殖和育种产业为核心,推行"养羊—育种—繁育—推广—深加工—电商销售"的现代化全产业链循环发展模式,联合科研院所、国内高校等技术团队,开展良种选育,进行杂交快繁肉羊商品模式探索,提升河南省肉羊核心种源自给率和肉羊种业竞争力,创建肉羊育繁推一体化种业企业,建设肉羊全产业链大数据平台、农业全产业链重点链和肉羊全产业链标准体系,推动实现"羊、种、肥、饲、销"等农业内部各个产业间横向一体化有机融合和一二三产业间纵向一体化协调发展,带动地方肉羊产业成为区域经济持续发展的核心支撑,成为当地群众稳定持续脱贫致富和继续增收不轻易返贫的坚实基础,助力河南农牧产业转型升级、乡村产业全面振兴。

中流击水,时代弄潮,考验着弄潮人的勇毅和智慧。回首20余年走过的养殖之路,豫东牧业砥砺奋进,顺势而行,奋楫远航,永不止步。企业创始人胡业勇更是坚守初心、勇担使命,秉持"一生只干养羊一件事"的匠心品质,持续增链、补链、强链、延链,把养羊这项事业做到底、做到精,通过种业创新解决"卡脖子"核心难题,让山羊养殖和能繁母羊培育推广齐头并进,全面助推乡村振兴。

参考文献

［1］ 陆桂荣,李志贤,刘雪兰.畜禽舍空气质量控制技术研究进展［J］.家禽科学,
　　　2015（7）：48-54.

［2］ 吕茂,马宏,陈怀森,等.富川林下经济生态养羊模式的实施［J］.当代
　　　畜禽养殖业,2015（11）：15-16.

［3］ 李佳琦,潘一峰,陈燕,等.菜—草—羊生态循环种养技术示范模式实践探
　　　讨［J］.现代农业科技,2018（20）：210-211.